THE THIRD WAVE

第三次浪潮

Alvin Toffler

[美] 阿尔文·托夫勒 著

黄明坚 译

中信出版集团 · 北京

图书在版编目（CIP）数据

第三次浪潮 / (美) 阿尔文·托夫勒著；黄明坚译
. -- 北京：中信出版社，2018.6 (2025.7 重印)
（未来三部曲）
书名原文：The Third Wave
ISBN 978-7-5086-8506-9

Ⅰ. ①第… Ⅱ. ①阿… ②黄… Ⅲ. ①未来学 Ⅳ.
①G303

中国版本图书馆 CIP 数据核字（2017）第 317444 号

第三次浪潮

著　　者：[美] 阿尔文·托夫勒
译　　者：黄明坚
出版发行：中信出版集团股份有限公司
（北京市朝阳区东三环北路 27 号嘉铭中心　邮编　100020）
承 印 者：北京通州皇家印刷厂

开　　本：880mm×1230mm　1/32　　印　　张：15　　字　　数：350 千字
版　　次：2018 年 6 月第 1 版　　印　　次：2025 年 7 月第14次印刷
京权图字：01–2002–6092
书　　号：ISBN 978–7–5086–8506–9
定　　价：79.00 元

目录

序　言 // IX

第一部分　浪潮的冲击

第一章　主要的竞争

革命性的前提 // 005
变化的前沿 // 007
未来的浪潮 // 009
金甲虫与刺客 // 012

第二部分　第二次浪潮

第二章　文明的结构

用暴力解决问题 // 019
活电池 // 021
技术的发源地 // 022
朱红宝塔 // 023
现代化的家庭 // 024

隐秘的课程 // 026
不朽的存在 // 027
音乐工厂 // 028
纸片满天飞 // 030

第三章　看不见的巨斧

市场的意义 // 037
性别分裂 // 040

第四章　打破规则

标准化 // 045
专业化 // 048
同步化 // 050
集中化 // 052
极大化 // 054
集权化 // 057

第五章　技术专家的权力

整合者 // 063
整合引擎 // 066
权力的金字塔 // 068
超领导阶层 // 068

第六章　潜在的蓝图

机械狂 // 073
代议制度 // 074
全球法律工厂 // 075
选举仪式的充分保证 // 076

第七章 国家狂热

朝令夕改 // 082
镀金铁钉 // 085

第八章 帝国的动力

花园中的气泵 // 090
生产人造奶油 // 092
美国式整合 // 095

第九章 工业现实观

进步原则 // 100
时间软件 // 104
空间变化 // 107
现实的“粒子” // 111
终极原因 // 114

第十章 倾泻的洪水

第三部分 第三次浪潮

第十一章 新的综合方法

第十二章 一切的主宰

太阳能及其他能源 // 138
明日的工具 // 143
绕行轨道的机器 // 147

向海洋深处发展 // 149
遗传工业 // 151
反科技运动 // 154

第十三章 多样化的传播方式

形象储存库 // 160
传播工具 // 162
碎片文化 // 168

第十四章 计算机领域

提升人类智慧 // 175
社会记忆能力 // 178

第十五章 超越批量生产的阶段

“一口牛奶”与圆领衫 // 183
剧变的效果 // 186
秘书不见了？ // 188

第十六章 电子住宅

在家中工作 // 196
电信的发展 // 201
以家庭为中心的社会 // 205

第十七章 未来的家庭

支持核心家庭运动 // 213
非核心的生活形态 // 215
丁克文化 // 216
热烈的关系 // 220

爱情加法 // 222
支持儿童劳动 // 224
电子大家庭 // 225
父母失职 // 227
顺利迈入未来 // 228

第十八章 大企业的危机

货币犹如歌舞伎 // 231
瞬息万变的经济 // 234
多样化的社会 // 236
大企业的新使命 // 239
五大压力 // 240
多重目标的企业 // 243
多重标准 // 246

第十九章 新的社会规范

不再是朝九晚五 // 251
永不休息的城市 // 253
安排朋友会面 // 256
何必守时 // 257
后标准化的心灵 // 260
新式的矩阵结构 // 263
寓小于大才美 // 268
未来的组织 // 270

第二十章 产消合一制度的崛起

不可见的经济 // 274
暴饮暴食者和寡妇 // 276
一切自己动手 // 278
外行与内行 // 282

产消合一的生活形态 // 284
第三次浪潮的经济 // 288
市场扩张的结束 // 293

第二十一章　思想的变动

自然的新形象 // 300
进化由人设计 // 302
全面的进步 // 304
时间的未来 // 306
空间旅行者 // 309
整体主义与半体主义 // 312
宇宙游戏室 // 315
白蚁的教训 // 318

第二十二章　民族国家的崩溃

阿布哈西亚人与得西哥人 // 323
由上而下 // 329
跨国企业 // 331
国际组织的出现 // 334
全球意识 // 336
神话与创新 // 338

第二十三章　甘地与人造卫星

第二次浪潮的战略 // 342
破碎的成功典范 // 344
第一次浪潮战略 // 346
第三次浪潮的问题 // 350
太阳、河虾与晶片 // 351
富有创意的产消合一者 // 358
起跑线 // 362

第二十四章　历史的洪流

明日世界的基础 // 365
“实托邦”的概念 // 371
错误的问题 // 373

第四部分　终局

第二十五章　心理领域

反击寂寞感 // 381
电信沟通 // 386
生活需要秩序 // 388
教派的秘密 // 389
生活安排者与半教派 // 391

第二十六章　未来世界的人格

不同的一代 // 398
新型工人 // 399
产消合一者的哲学 // 402
拼凑成自我 // 404

第二十七章　政治的归宿

黑洞 // 407
私人军队 // 412
救世主情结 // 415
世界如网 // 421
整体问题 // 422
速度加快 // 423
意见不一致 // 425
决策爆炸 // 428

第二十八章　21世纪的民主

少数权力 // 437
半直接民主 // 444
决策分工 // 449
扩大领导阶层 // 452
未来的主要竞争 // 454
创新的使命 // 458

序言

我们每天翻开报纸，头条新闻令人触目惊心：恐怖分子挟持人质，大玩死亡游戏；谣传第三次世界大战即将爆发，货币市场风声鹤唳；大使馆火光冲天，冲锋队四处救援；最能表现人心向背的黄金价格创历史新高；银行业摇摇欲坠；通货膨胀犹如脱缰野马；各国政府运作陷于瘫痪，无计可施。

面对此情此景，悲观主义者唱起末日之歌，虔诚之士在街头大声吆喝“这是一个疯狂的世界”，而专家学者则宣称所有的趋势均指向一场浩劫。

本书提出了一个截然不同的观点。

从这个观点来看，世界并没有失常，事实上，在这些看似没有道理的事件背后，存在着一个耸人听闻却让人满怀希望的模式。本书所讨论的就是这一模式和这份希望。

本书是献给那些认为人类的故事不仅没有结束而且才刚刚开始的人的。

一阵强劲的浪潮正席卷今日大半个世界，创造出奇异的新环境，人们在其中工作、娱乐、结婚、生儿育女、退休。在这个艰难的时代，商人要逆泳于易变的经济波涛，从政者眼睁睁地看着民意调查结果上下波动，大学、医院和其他机构绞尽脑汁应对通货膨胀。价值体系瓦解崩溃，一向被视为“救生艇”的家庭、教堂、政府，如今备受谴责。

我们可以把这些剧变视为代表不安、破裂、灾害的孤立事件，但如果我们退后一步，看得远一点儿，就会发现向来被我们忽略的一些事情变得异常清晰。

首先，当前的许多变化都不是孤立事件，也不是偶发事件，如核心家庭的瓦解、全球性的能源危机、流行热和有线电视的风行、弹性工作时间和新的福利制度的普及、从加拿大魁北克到法国科西嘉岛的分裂主义等。乍一看，这些都是孤立的事件，事实上正好相反，这些事件和其他许多看似不相干的事件与潮流都是息息相关的，是一个大现象的片段。这个大现象就是：工业主义灭亡，新文明崛起。

如果我们把上述事件视为孤立的变化，不去深入思索其意义，就无法设想出连贯、有效的应对方法。我们个人的决策不是漫无目的就是虎头蛇尾的。政府当局在危机和决策失误间摇摆不定，没有计划、没有希望、没有见识，就这样步履蹒跚地走向未来。

我们缺乏系统化的架构以了解今日世界的权力冲突，就像一艘被卷入风暴的船只，企图不借助罗盘和航海图，航行于危险的暗礁之间。各种不同的解决方案已经被埋在碎片化的数据和无关痛痒的分析之下，因此，综合处理事情的能力已不可或缺。

本书是一本庞大的综合之作，书中将叙述我们许多人历经的旧文明，并详细地介绍闯入我们生活的新文明。

这一新文明带来了巨大的变革，我们此前所有的假设都将遭到挑战。旧的思维方式、旧的公式、旧的教条、旧的意识形态，不论以往多么受到推崇、多么妙用无穷，都不再是真理了。新的价值观、新科技、新的地域政治关系、新的生活形态和联络方式出现，这个世界就从这些新事物中迅速浮现出来，因此，我们迫切需要全新的观念、推理、分类和概念。我们不能把初生的明日世界硬塞入昨日的老式鸽笼中，传统的心态和想法已经不再适用了。

当这个奇异的新文明在字里行间缓缓展现时，我们会有理由向今日弥漫各地的悲观主义发起挑战。利益至上和自我放纵已影响社会文化十几年，这不禁令人感到绝望。本书认定，绝望不仅是一种错误的态度［英国科学家、作家C. P. 斯诺（C. P. Snow）如此认为，我也认同并重申这一点］，而且是毫无根据的。

我不是盲目的乐观主义者。我们不必多费笔墨来描写眼前所存在的危险，包括核武器的杀伤力、生态遭遇的破坏、种族冲突、区域性暴力。战争、经济崩溃、大规模的科技灾害，都可能无情地改写未来。

然而，我们也发现许多新态势的崛起，比如能源形态的改变促使新的家庭生活方式产生，制造方法的改良促使DIY（自己动手制作）运动流行起来。这时，我们会突然发现，给今日世界带来大灾害的因素，也正给我们带来良机。

本书将介绍这些良机。在毁坏和衰败之中，我们可以发现惊人的迹象，表明生命仍在出生和成长。在本书中，我清晰地表达了我的看法：只要运用智慧，加上少许的运气，新生的文明就会比我们以往熟知的一切更为健全、明理、持久、高尚，也更民主。

如果本书的论据无误，我们就有足够的理由乐观面对未来，尽管眼前这几年仍将风雨飘摇、危机重重。

在我创作本书之际，许多前来参加我的演讲会的听众一再问我，这本书和我早先写的《未来的冲击》(*Future Shock*)[①]有什么不同。

作者和读者在同一本书中从来不会看到相同的事物。我认为本书的形式和重点都与《未来的冲击》完全不同。首先，本书包含一个更大的时间跨度，囊括过去和未来，比较有规律可循，其结构也与《未来的冲击》不同。(聪明的读者会发现本书的结构反映出其中心意象——浪潮的冲击。)

其次，这两本书本质上的差异更加明显。《未来的冲击》呼吁人们进行某种改变，强调个人和社会的改变成本；而本书则关注适应的困难，强调不迅速改变某些事物将付出的等额代价。

最后，在《未来的冲击》中，我曾提及“未来的早产”，我当时并无意以任何广泛或系统化的方式来勾画新兴的未来社会。该书的重点在于变化的过程，而不在于变化的方向。

本书的角度正好相反，不看重变化速度，而着眼于变化引领我们去的方向。也就是说，《未来的冲击》比较偏重过程，本书比较偏重结构。基于上述理由，这两本书的设计是互相配合的，不是作为

---

① 《未来的冲击》中文版已由中信出版社于2006年出版。——编者注

正续篇，而是同属一个整体的互补。两本书各不相同，但是互相观照。

创作本书这样大规模的综合工作，简化、概括、归纳乃是必需的，否则不可能在一本书中囊括这么多论点。当然，有些历史学家会斟酌本书将文明分成三个阶段的做法——这三个阶段是第一次浪潮农业阶段、第二次浪潮工业阶段、新兴的第三次浪潮阶段。

我们可以轻易指出，农业文明包含许多相当不同的文化，工业制度本身也经历了许多不同的发展阶段。我们当然可以将过去（和未来）分成许多不同的阶段，但是这样做，我们会在混乱的分支阶段中找不到主干阶段的踪影。我们可能需要一个图书馆而不是一本书来涵盖同样的领域。就目的而言，简单的区分虽然粗糙，但比较有用。

本书规模庞大，需要我采取其他的表述方式来便于阐述。因此，我偶尔会把文明人格化，说第一次浪潮文明或第二次浪潮文明“做”了这事或那事。当然，我知道，读者也知道，文明不会做任何事，做事的是人，但是偶尔把这事或那事归因于文明，可以节省时间和精力。

同理，聪明的读者都知道，无论是历史学家、未来学家、规划师、占星学家还是布道家，都无法知晓未来。当我说某事“将会”发生时，假设的是读者会斟酌其中的不确定因素，否则本书中将会夹杂太多不堪卒读的保留条件。而且，对社会现象的预测，不论使用多少计算机资料，都绝不可能避免主观的价值判断，也都不可能是绝对科学的。本书并不是客观的预测，也不冒充科学实证的结果。

但是，这并不表示本书中的观点反复无常、不成体系。事实上，读者会发现本书是根据大量资料，基于一个文明与人类关系的准系统模式创作而成的。

本书利用“科技领域”“社会领域”“信息领域”“权力领域”等名词来描述一个垂死的工业文明，并试图揭露这些领域如何在今日世界发生革命性的改变。书中还试图展示这些领域彼此之间的关系，以及它们与“生物领域”和“心理领域”的关系。“心理领域”是心理与个人关系的结构，外在世界的变化通过这些结构可以影响我们最私密的个人生活。

本书认为，文明也经历了某些过程和利用了某些原则，发展出自身的“超意识形态”，以解释现实，辩护其存在。

一旦了解了这些过程和原则如何互相作用，如何彼此转换，触发强大的变革浪潮，我们就会对冲击当前生活的巨大变化浪潮有更清晰的认识。

本书最大的意象，就是已经昭然若揭的变化中的冲击浪潮。“浪潮”这一形象并不是我独创的。社会学家诺贝特·埃利亚斯（Norbert Elias）在他的《文明的进程》（*The Civilizing Process*）一书中提及“几个世纪以来进步整合的浪潮”。1837 年，曾有一位作家以一连串的浪潮来形容美国西部人的定居过程：首先是拓荒者；其次是农民；最后是商业团体，即迁移而来的“第三次浪潮”。1893 年，历史学家弗雷德里克·杰克逊·特纳（Frederick Jackson Turner）在他的经典之作《边疆在美国历史上的重要性》（*The Significance of the Frontier in American History*）中也使用了同样的比喻，因此，浪潮的意象并不新鲜，新鲜的是它在今日文明变化中的意义。

本书中这一意象的应用确实非常有帮助。浪潮的观念不仅是组织众多不同资料的工具，而且可以帮助我们看清汹涌的变化浪潮。当我们应用浪潮之意象时，许多混淆的观念都变得清晰了，而熟悉的事物往往在耀眼的强光下显现出来。

自我从变化浪潮的观点来思考，想到浪潮冲击又重叠，造成我们周围的冲突和压力，我对变化的观念就完全改变了。在各个领域，从教育、健康到科技，从个人生活到政治，我们都可以分辨出哪些只是工业时代延伸的表面革新，哪些是真正的改革。

然而，即使是最有力的意象也只能传达部分真理，任何意象都无法描绘全局，因此没有一种现在观（更不用说未来观了）是完备和确定的。我在十几、二十几岁的时候，和许多年轻人一样，以为自己握有一切的答案，但是，我很快就了解到我的“答案”不仅褊狭、片面，而且落伍，并逐渐懂得提出正确的问题比获得错误问题的正确答案更为重要。

我希望本书在提供答案的同时，也提出许多新鲜的问题。

没有一种知识是完备的，也没有一种比喻能涵盖一切，这种认识本身是非常合乎人情的。一位批评家曾说：“问大问题可能会走上岔路，可是噤口不问又扼杀了知识的命脉。”

在这个变化万端的时代，个人的生活被撕裂了，社会秩序荡然无存，崭新的生活方式正从地平线浮起，探问人类前途这个宏大的问题，不仅仅是出于求知的好奇心，更是生死存亡的抉择。

不论是有意还是无意，我们当中大多数人都已经参与了反抗或者创新文明的活动。我希望本书可以帮助每个人知其所选择。

第一部分

浪潮的冲击

第一章　主要的竞争

一个新的文明正在我们的生活中成形，而到处都有盲目的人企图压制它。这个新文明带来了新的家庭形态，改变了工作、感情和生活的方式，同时带来了新经济、新政治冲突，以及不同的意识形态。今天存在着许多新文明的碎片，数以百万计的人已经把生活调整成明日的节奏，其他人却不敢面对未来，他们绝望地转向过去，企图重建赋予他们生命的垂死世界。

这个新文明的崛起是我们生活中最具爆炸性的事件。

这一事件也是了解未来的关键。它的意义深远，正如 1 万年前农业发明掀起了第一次浪潮，工业革命带来了惊天动地的第二次浪潮一样。我们是下一次浪潮——“第三次浪潮”的参与者。

我们极力搜索字句来描述这一特殊变化的威力和界限。有人称之为新生的太空时代、信息时代、电子纪元或地球村。兹比格涅夫·布热津斯基（Zbigniew Brzezinski）告诉我们，我们面临“电子技术时代”；社会学家丹尼尔·贝尔（Daniel Bell）说“后工业社会”就要来了；苏联未来学家说这是“科学技术革命”；我自己屡次撰文谈到“超级工业社会”的来临。然而，我认为这些名词，包括我自己的在内，都不是十分恰当。

有些名词专注于单一因素，缩小而非扩大了我们的理解；有些名词是静态的，暗示一个新的社会可以平稳地进入我们的生活，不会引起任何冲突和压力。这些名词都不能表达扑面而来的变化的全部威力、范围和动态，以及它们所引起的压力和冲突。

人类面临一次量子跃迁，面对的是有史以来最强烈的社会变动和创造性的重组。我们并没有清楚地认识到这一事实，却参与了建立新文明的基层工作。这就是第三次浪潮的意义。

到目前为止，人类经历了两次重大的变化浪潮，每次都抹杀了先前的文化和文明，以前人无法想象的生活方式取而代之。第一次浪潮——农业革命经历了几千年才结束，第二次浪潮——工业文明崛起后只有300年的寿命。今天，历史的发展速度更快，第三次浪潮很可能将会横扫历史，在几十年内结束，生活在这个爆炸性时刻的我们会感受到第三次浪潮对这个时代的全面影响。

第三次浪潮拆散了我们的家庭，动摇了我们的经济，冲击了我们的政治制度，粉碎了我们的价值观，每个人都受到其影响。所有旧的权力关系、今日处境危险的领导阶层的特权都遭到挑战，明日的权力争夺将在此背景下进行。

这一新文明在很多方面和传统的工业文明相冲突。它既包含了高科技，又包含了反工业化。

第三次浪潮带来了崭新的生活方式：提倡使用多样化、可再生的能源；新的生产方式淘汰了大多数工厂的流水线；新式非核心家庭，被称为“电子住宅”的新机构，以及未来变化很大的学校和企业都将出现。新文明为我们制定新的生活规范，带领我们超越标准化、同步化、集中化，超越能源、金钱和权力的集中化。

新文明向旧文明发起挑战，企图推翻官僚制度，减轻国家的分量，在后帝国主义的世界里建立起半自动化的经济。新文明需要比当今更简单、更有力、更民主的政府。新文明有其特有的世界观，以及处理时间、空间、逻辑、因果的方法。

最重要的是，我们将会看到，第三次浪潮的文明着手弥补生产者和消费者之间长久存在的裂痕，促成了明日“产消合一”的经济。因此，第三次浪潮的文明借助人类理性的帮助，可以成为历史上第一个真正人性化的文明。

革命性的前提

两个极端冲突的未来形象占据了今日大众的想象。对愿意思考未来的人而言，大多数人假设他们所熟知的世界会永远延续下去。他们很难为自己构想完全不同的生活方式，更不用说去接受一个全新的文明了。当然，他们了解事情在改变当中，但是他们假设当前的改变会掠过他们身边，任何事物都不会动摇他们熟悉的经济结构和政治结构。他们满怀信心地指望未来会延续目前的局面。

这种线性思维方式呈现出两种面貌：一方面，这是一种没有经过检验的假设，隐藏在商人、教师、父母和政治家的决策背后；另一方面，其冠冕堂皇地出现在统计学、计算机化数据和预测未来者所用的术语中。这两方面都使人觉得未来的世界和现在大致相同——只不过第二次浪潮工业化散布得更广，普及更多的地方而已。

近期发生的事件狠狠地动摇了这个充满自信的未来形象。层出不穷的危机占据了头条新闻的版面，伊朗爆发战争，石油价格直线上升，通货膨胀不可抑制，恐怖主义四处横行，政府似乎也无力阻止，悲观论越来越流行。因此，许多人看多了坏消息、灾难电影、噩梦般的景象，便武断地认为今天的社会无法迈入未来，因为未来根本不存在。对他们来说，最后的决战就在眼前，世界正冲向最后的剧变。

表面上看来，这两种未来观似乎完全不同，然而两者都会产生类似的心理和政治影响，因为两者都导致想象力和意志的瘫痪。

如果明日世界只不过是目前景象的大银幕立体电影，那么我们不需要做任何准备。如果世界注定会在我们有生之年毁灭，那么我们什么事也不能做了。总之，这两种未来观都会造成否定和被动的心理，使我们动弹不得。

然而，如果能了解我们周围发生的事情，我们就不会被困于最后决战和统统一样的简单选择之中。我们可以从许多清晰、具有建设性的角度观察未来，为明日做准备，更重要的是帮助我们改变现状。

本书的基础是我所谓的“革命性的前提”。我认为，即便在今后数十年内，世界充满激变、动荡，甚至处处可见暴力，我们也不会彻底自我毁灭。我们现在体验到的变化并不是杂乱无章的，事实上这些变化构成了一个清晰可见的轮廓。同时，这些变化会累积起来，使我们的生活、工作、娱乐和思维方式发生大变动，而理想的未来是可能实现的。总之，以下所述都基于一个前提，那就是现在所发生的一切不亚于一场全球革命、一次历史的量子跃迁。

换言之，本书假设我们是旧文明的最后一代和新文明的第一代，而我们个人的苦闷、困惑、茫然多半可以归因于垂死的第二次浪潮文明与蓄势待发的第三次浪潮文明所造成的个人冲突和政治制度冲突。

了然于此，许多看似无意义的事件突然变得清晰易懂了，变化的轮廓清楚地显露出来，为生存而采取行动也变得可能了。总之，革命性的前提使我们的智慧和意志得到解放。

变化的前沿

然而，单说我们面临的变化是革命性的还不够。在我们能够控制及引导变化之前，需要从崭新的角度辨认和分析这些变化，否则我们会迷失方向。

一个最理想的方法是所谓的社会“浪潮前”分析法。这种方法把历史视为一连串波动的变化浪潮，并探寻每个波浪的前沿是否引导着我们。我们的注意力与其说集中于历史的连续性（自有其重要性），毋宁说集中于历史的断续期，即革新和中断时期。这种方法能找出关键的新生变化形态，使人们能左右之。

从最简单的观念出发，农业兴起是人类社会发展的第一个转折点，工业革命是第二个大突破，这些都不是断续的瞬时事件，而是以一定速度进行的变化浪潮。

在第一次浪潮出现之前，大多数人生活在经常迁徙的小团体中，以采集、渔猎、畜牧为生。大约在1万年前的某一时刻，农业革命开始了，它缓慢地横扫整个世界，形成了村庄、部落、耕地及新的生活方式。

17世纪末，第一次浪潮还未结束，工业革命便在欧洲爆发，掀起了第二个全球变化的大浪潮。新生的工业化以更快的速度蔓延至各个国家。从此，这两股截然不同的浪潮以不同的速度同时席卷了整个世界。

今天，第一次浪潮已经平息了，只有南美和新几内亚等少数地区的原住民仍然未接触过农业。可以说，第一次浪潮的力量多半已耗尽了。

同时，第二次浪潮在短短几个世纪里改造了欧洲、北美和其他地方的生活，而且继续蔓延，许多至今仍以农业为基础的国家努力兴建钢铁厂、汽车厂、纺织厂、食品加工厂和铁路。今天，我们仍然可以感觉到工业化的冲力，第二次浪潮的力量尚未完全耗竭。

但是在此期间，另一项更重要的发展已经开始了。工业主义在第二次世界大战后的10年内达到最高峰，同一时期不受人关注的第三次浪潮开始出现，而且所向披靡。

许多国家同时感受到这两股甚至三股不同的变化浪潮在以不同的速度和不同的力度进行活动。

在本书中，为了方便讨论起见，我们把第一次浪潮时代定为始于约公元前8000年，然后一直主宰着世界，直到1650—1750年。之后，第一次浪潮失势，第二次浪潮继之而起。第二次浪潮的产品——工业文明继而主宰地球，直到达到顶峰。最近的历史性转折点约在 1955 年开始出现于美国——此后 10 年内，白领和服务业就业人员的人数首度超过蓝领人数，同时计算机、商用喷气式飞机、避孕药等许多颇具影响力的新发明风靡一时。在这一时期，第三次浪潮开始在美国蓄积势力，然后在不同时期登陆其他工业国家，如英国、法国、瑞典、德国、苏联和日本。今天所有科技先进的国家都受到第三次浪潮与第二次浪潮落伍的经济和制度之冲击。

只有了解这一形势，才能明白我们身边的各种政治和社会冲突。

未来的浪潮

变化的浪潮一旦占据了某一社会，未来发展的形态就很容易被辨别出来。作家、艺术家、新闻工作者等发现了“未来的浪潮”。因此在 19 世纪，欧洲许多思想家、商业领袖、政治家和普罗大众对未来抱有清晰、正确的认识。他们觉察到历史朝着工业主义击败非机械化农业的胜利迈进，而且他们相当准确地预见许多第二次浪潮带来的变化：更强大的科技、更大的城市、快捷的运输方式、大众教育等。

这种清晰的观点产生了直接的政治影响。政治党派和政治活动朝着以下三个方向发展：未工业化的农业团体实行防卫措施，对抗具有破坏性的工业主义，对抗“大企业”“联营的大老板”“坠落的城市”；劳工和管理阶层控制住新兴工业社会的主力；少数民族人士认为他们在工业世界中的地位应有所改善，他们要求获得工作机会、商业地位、都市住宅、较高的薪酬、公共教育等。

工业化的未来观也对人们产生了重要的心理影响。人们不服从，他们会加入激烈甚至流血的冲突。社会景气或不景气都可能会扰乱人们的生活。然而，一般来说，工业化的未来给人以有限的选择权，人们不仅知道他们是谁，而且知道他们可能会变成什么样的人。这种观念使人即便处在极端的社会变动中，也能得到某种程度的稳定和自我意识。

相反，如果社会受到两种或多种变化浪潮的冲击，而且没有一种占有绝对优势，那么未来的形象就十分零碎了，我们也就很难找出变化和冲突的意义。波涛冲击之下形成了狂暴的大海，喧腾着浪潮的旋涡，淹没了更深、更重要的历史浪潮。

在美国和许多其他国家，第二次浪潮与第三次浪潮的冲击造成了社会压力、危险的冲突和奇异的新政治浪潮，各阶层、种族、性别、党派的团体都受到波及。这种冲击使得传统政界人士惴惴不安，很难分辨出彼此是激进派还是保守派，是敌是友。往日的对立和合作关系都崩溃了。工会和雇主抛开对彼此的成见，共同对抗环保主义者。黑人和犹太人曾经联手反对种族歧视，现在却反目成仇。

在许多国家，一向支持收入再分配等“激进”政策的劳工，现在往往在妇女权利、家庭规范、移民、关税、区域主义等问题上维持“保守”的立场。传统的左派往往支持集权、国家主义、反环保论者。

在同一时期，我们看到瓦莱里·吉斯卡尔·德斯坦（Valéry Giscard d’Estaing）、吉米·卡特（Jimmy Carter）、杰里·布朗（Jerry

Brown）等政界人士在经济方面持“保守”态度，在艺术、性道德、妇女权利、生态保护方面则持“开明”态度。难怪人们感到迷惑，看不懂这个世界是怎么回事。

同时，媒体无休无止地报道新发明、淘汰物、奇异事件、谋杀、绑架、太空探索、政府垮台、突击行动、丑闻，所有的事情似乎都互不相关。

政治上明显的不一致现象也反映在人格分裂上。心理医生、宗教大师大发横财，人们在互不买账的治疗团体间徘徊不定，从起初的尖声大叫到失去控制。人们陷入教派或病态的否定论调，相信现实是荒谬、疯狂、无意义的。在某种广泛的意义上，生命可能确实是荒谬的，但是这并不能证明今天的事件中没有秩序存在。事实上，只要我们试着从消逝的第二次浪潮中去辨认第三次浪潮的变化，就可以看清潜在的秩序。

了解这些冲击的浪潮所产生的冲突后，我们不仅对未来有了比较清楚的概念，而且能透视我们周围的政治和社会力量，同时也认识到个人在历史上所扮演的角色。我们每个人不论多么渺小，都是历史中的一员。

这些变化浪潮所造成的浪涛反映于我们的工作、家庭生活、性观念和个人道德等各方面，也显现于生活方式和选举活动。因为不论我们是否明白，在个人生活和政治活动上，发达国家的大多数人都要么是尽力维护垂死秩序的第二次浪潮的人士，要么是建立崭新明日的第三次浪潮的人士，或者是困惑、矛盾的这两种人的混合体。

金甲虫与刺客

事实上，第二次浪潮和第三次浪潮之间的冲突是今日社会最重要的政治压力。不论现在的政党成员和候选人鼓吹些什么，他们之间的竞争都不外乎争执谁将从没落的工业制度中得到最多的利益。换言之，他们是在一艘即将沉没的“泰坦尼克号”邮轮上争夺一把躺椅。

我们会看到，更基本的政治问题不是谁能控制工业社会的末日，而是谁能塑造新文明，迅速取代旧文明。短期的政治斗争耗尽了我们的精力和注意力，同时，一场更重要的战争已经暗中开始了。一边是支持过去工业文明的党派；另一边是新生的群众，他们意识到世界上最重要的问题（粮食、能源、武器限制、人口、贫穷、资源、生态、气候、老龄化、都市社区的崩溃、对生产力的需求、薪酬）都不可能依据工业社会的结构来解决。

这一冲突即为明日的“主要竞争”。

拥护第二次浪潮和第三次浪潮的人士之间的冲突已经像电流一样穿过每个国家的政治领域。甚至在非工业国家，昨日的战线也因第三次浪潮的来临而不得不重新规划。往日封建农业集团与工业领导阶层之间的战争（不论是资本主义还是社会主义）随着工业主义的日渐没落而产生新的意义。现在，第三次浪潮所带来的新文明出现了，迅速的工业化是意味着把人们从新殖民主义和贫穷中解放出来，还是意味着人们将永远处于从属地位呢？

唯有以这个广阔的背景作为基础，我们才会懂得头条新闻的含义，理出先后次序，设计合理的策略来控制我们生活中的变化。

走笔至此，头条新闻正在报道伊朗的狂乱和人质事件，韩国的暗杀事件，疯狂炒作黄金，美国黑人和犹太人不和，联邦德国大量增加军费支出，长岛的连续纵火事件，墨西哥湾大量石油外溢，历史上最大的反核武器大会，发达国家与发展中国家争夺无线电频率控制权，宗教复兴主义进袭利比亚、叙利亚和美国，新法西斯党徒宣称在巴黎的政治谋杀中应居“首功”，通用汽车公司宣布一项电动汽车技术新突破。这些互不相干的新闻碎片迫切需要统一或综合。

一旦我们了解维护工业主义的人和排挤工业主义的人正在进行一场激烈的竞争，我们就得到了一把认识世界的新钥匙。更重要的是，不论我们是为国家制定政策，为企业规划措施，还是为个人生活拟定目标，我们都握有改变世界的新工具。

然而，在使用这个工具之前，我们必须能够清楚地分辨维系旧工业文明的变化和促成新文明出现的变化的不同。总之，我们必须同时了解旧工业文明和新文明。我们多数人出生于第二次浪潮工业制度中，而我们和我们的子女将生活于第三次浪潮文明中。

在下面各章中，我们将重新仔细考察第一次浪潮和第二次浪潮的变化，为探索第三次浪潮做准备。我们会发现第二次浪潮文明不是许多因素的随机组合，而是一个“系统”，其中各部分在或多或少可以预测的情况下互相影响，而且工业社会基本的形态（不论是文化遗产还是政治差异）并不因国别而有所不同。这是今日左派和右派“保守主义者”都极力维护的文明，而这个世界也正受到历史性的第三次浪潮文明变化的威胁。

第二部分

第二次浪潮

第二章　文明的结构

300 年前（前后不超过 50 年）[①]，一波爆炸性震荡波及全世界，破坏了古老的社会，创造了全新的文明。当然，这一波震荡就是工业革命。扑向全世界的巨大浪潮——第二次浪潮，冲击着所有旧制度，改变了成千上万人的生活。

在第一次浪潮文明称霸时期，地球上的人口可以分为两类："原始人"和"文明人"。所谓的原始人，生活在小部落里，以采集、渔猎为生，他们已经被农业革命淘汰了。

相反，文明世界中大部分的人都靠土地维生。农业一兴起，文明即生根。从中国、印度到贝宁、墨西哥、希腊和罗马，文明起伏聚散，形成无数多姿多彩的混合体。

各种文明在表面的差异之下隐藏着相似之处：土地是其经济、生活、文化、家庭结构及政治的根本；生活围绕着村落进行；简单的分工盛行一时，少数明确的身份和阶级也于此时出现，比如贵

① 本书英文原版出版于 1980 年，中文版行文的时间背景亦为 1980 年。——编者注

族、教士、军人、奴隶；权力是严格的集权；出身决定了一个人的社会地位；经济很分散，每个地区都可以自给自足。

其中也有例外——历史并不是如此简单。水手横渡大洋，形成商业文化；在庞大的灌溉系统周围，权力非常集中的王国建立起来。撇开这些差异不谈，我们不妨把这些看似各不相同的文明视为同一现象的特例，而所谓的同一现象就是第一次浪潮文明——农业文明。

这一时期出现了一些偶发事件。在古希腊和古罗马，出现了新兴的批量生产工厂。在公元前 400 年的一个希腊岛屿及公元 100 年的缅甸，都展开了钻探石油的工作。大规模的官僚制度盛行于巴比伦和埃及。大都市崛起于亚洲和南美。货币和交易都出现了。贸易路线跨过沙漠、海洋和高山，从中国延伸到法国。企业和国家的雏形已经形成。在亚历山大港甚至出现了蒸汽机的前身。

然而当时并没有任何可以称为工业文明的迹象。这些未来的先兆只是历史上的异象，在不同时期零星散布于不同的地方，从未形成一个凝聚的制度。因此，直到 1650—1750 年，我们才能谈到第一次浪潮的世界。虽然原始部落和工业化的未来共存于这一时期，但是农业文明主宰了全世界，而且似乎会永久长存。

工业革命就发生在这样一个世界里，掀起了第二次浪潮，创造了一个奇异、强大、精力充沛的对立文明。工业主义不仅仅是烟囱和流水线，更是丰富多元的社会制度，触及人类生活的方方面面，冲击第一次浪潮社会的所有内涵。工业主义产生了底特律郊外的大工厂，同时也把拖拉机引入农场，将打字机带入公司，把冰箱送入厨房。工业主义还带来了报纸、电影、地铁、DC–3 型飞机，带来了立体主义绘画和 12 音阶的音乐，带来了包豪斯派的建筑、巴塞罗那的椅子、静坐罢工、维生素，以及更长的寿命。它使手表和投票箱得以普及。更重要的是，它把所有事物连接在一起，像机器一样分别装配，构成世界上最强大、最团结、最具包容力的社会制度：第二次浪潮文明。

用暴力解决问题

当第二次浪潮横扫各个社会时，既往农业的护卫者和未来工业的支持者之间展开了一场血腥的长期战争。第一次浪潮的力量和第二次浪潮的力量正面冲突，不仅淘汰了生存于其间的“原始人”，而且往往对其赶尽杀绝。

在美国，这一冲突始于欧洲人的到来，他们努力建立起农业的第一次浪潮文明。白种人的农业浪潮无情地向西延伸，吞噬了印第安人，留下了农场和农村，一路向太平洋蔓延。

追随农民脚步而来的是最早期的企业家——第二次浪潮未来的使者。工厂和城市崛起于新英格兰与大西洋中部各州。到 19 世纪中叶，东北部的工业发展迅速，能制造枪械、手表、农具、纺织品、缝纫机等产品，而美洲大陆其他地区仍然偏重农业。第一次浪潮与第二次浪潮之间的经济和社会紧张局面不断升级，最后在 1861 年爆发了武力事件。

很多人认为，美国南北战争纯粹是因黑奴制度的道德问题或税制等狭隘的经济问题而爆发的。其实还有一个更大的问题：这块富饶的新大陆会由农民还是企业家来统治，也就是由第一次浪潮的势力还是第二次浪潮的势力来主宰？未来的美国社会将以农业还是工业为主？北方军队获得胜利后，局势已定，美国的工业化正式确定。从此，在经济、政治、社会和文化各方面，农业隐退，工业出头。第一次浪潮消散，第二次浪潮涌现。

同样的文明冲突也出现在其他地方。日本从1868年开始明治维新，就日本而言，这一改革运动也伴随着既往农业和未来工业之间的冲突。1876年废除封建制度，1877年萨摩藩[①]叛乱，1889年采用西式宪法，这些都反映出日本第二次浪潮文明的冲突，促使日本成为新兴的工业强国。

俄国也发生了同样的第一次浪潮与第二次浪潮的冲突。1917年的俄国革命是美国南北战争的翻版，战争的目的并不只是建立共产主义，同时还包括了工业化问题。布尔什维克党摧毁了农奴制度和封建政体最后的残迹，把农业推上舞台，而且有意加速工业化，其成为俄国第二次浪潮时代的执政党。

在各国内部，第一次浪潮势力和第二次浪潮势力发生的争执催生了政治危机和动乱、罢工、叛变、军事政变和战争。到20世纪中叶，第一次浪潮的势力没落了，第二次浪潮文明统治了世界。

今天，工业带环绕于北纬25度到65度之间。在北美，有2.5亿人过着工业化的生活。在西欧，从斯堪的纳维亚到意大利，另有2.5亿人生活于工业制度下。在东欧的工业地区，也有2.5亿人生活

① 萨摩藩，现为鹿儿岛地区。——译者注

于工业社会。最后，我们看到亚太工业地区，包括日本、中国、新加坡、澳大利亚、新西兰和韩国，又有工业化的人口 2.5 亿。工业文明总共约涉及 10 亿人口，占全球人口的 1/4。

这些第二次浪潮下的社会虽然在语言、文化、历史和政治方面存在着明显的差异（因为差异太大，战争应运而生），但也具有共同的特点。事实上，在显著的差别之下隐藏着相似之处。

要了解今天变化的冲击浪涛，我们必须能够清楚地辨认所有工业国家相似的结构——第二次浪潮文明潜在的架构，因为今日摇摇欲坠的正是工业的架构。

活电池

任何新旧文明的先决条件都是能源。第一次浪潮社会从“活电池”（人力、畜力）或太阳、风和水中获取能源。森林因烹饪和取暖的需求而遭到砍伐；水车利用水流的力量来运转，从而转动石磨；风车在田野间作响；家畜牵犁。据估计，直到法国大革命时，欧洲能源仍来自约 1 400 万匹马和约 2 400 万头牛。所有第一次浪潮社会使用的能源都是可再生能源，大自然最后总可以重新补充人们砍伐的森林、张帆的风、转动水车的水流，就连动物和人也是可再生的“能源奴隶”。

相反，所有第二次浪潮社会开始从煤、天然气和石油等不可再生的化石燃料中获取能源。纽科门（Newcomen）在 1712 年发明了一台可以运转的蒸汽机后，掀起了革命性的改变，新的文明首度吃自然的老本，而不只是靠利息维生。

挖掘地球的能源蕴藏为工业文明带来了不为人知的好处，大大加快了经济增长的速度。从此，第二次浪潮所到之处，各国均建立起大规模的科技与经济结构，而其前提是廉价化石燃料取之不尽，用之不竭。不论在资本主义还是共产主义的工业社会，也不论在东方还是西方，这一转变均十分明显——从分散式能源到集中式能源，从可再生能源到不可再生能源，从众多不同的资源和燃料到少数资源和燃料。化石燃料成为所有第二次浪潮社会的能源基础。

技术的发源地

新能源体系的出现与科技的巨幅进步相呼应。第一次浪潮社会仰赖 2 000 年前罗马工程师维特鲁威（Vitruvius）所谓的“必需的发明”，但这些早期的绞盘、楔子、弩、榨汁器、杠杆、起重机主要都是用来对人力和畜力进行补充的。

第二次浪潮使技术达到全新的水准，产生了庞大的电动机器，其可拆卸的零件、传送带、水管、轴承和螺丝钉全都会转动作响。这些新机器的效率超过原始的人力。工业文明赋予了新技术以“感官”，使机器比人类更能准确地听、看及触摸。工业文明赋予技术一个容器，发明可以一直生产新机器的机器——工作母机。更重要的是，工业文明把机器合并成相连的系统，安置在同一处，因而产生了工厂和工厂中的流水线。

在这个技术基础上，出现了一系列工业，为第二次浪潮文明烙下印记。起初是煤、纺织和铁路，然后是钢铁、汽车制造、铝、化学和机械。大型工业城市出现了：纺织城市里尔和曼彻斯特、汽车城市底特律、钢铁城市埃森和后起的马格尼托哥尔斯克等。

这些工业中心生产出无数一模一样的产品——衬衫、鞋、汽车、手表、玩具、肥皂、洗发水、照相机、机关枪和电动马达。以新能源体系为动力的新技术开启了大规模生产之门。

朱红宝塔

不过，如果分配系统不相应做出改变，大规模生产就毫无意义。在第一次浪潮的社会里，人们通常手工制造产品。产品是依据顾客的需要，每次生产一件。分配大致也是如此。

在西方旧封建秩序崩溃之际，商人已经建立起复杂作业的大贸易公司。这些公司在全球拓展贸易路线，组织船队和骆驼商旅，贩卖玻璃、纸张、丝绸、肉豆蔻、茶叶、酒、羊毛、靛蓝染料和香料。

但是这些商品多半都由小商人或游摊小贩肩挑车运送到顾客手中。恶劣的通信环境和原始的运输方式大大限制了市场的发展。这些小商人和游摊小贩只能提供极少数货样，而且往往不是缺了这样就是少了那样，等上几个月，甚至几年，还不能补齐。

第二次浪潮为这个不胜负荷的分配系统带来的改变不亚于广受关注的生产进步。铁路、公路及运河打开了内陆要道，工业主义带来了“贸易皇宫”——第一家百货商店。中间商、批发商、经纪人、制造商的代表纷纷出现，形成了复杂的贸易网络。1871 年，乔治·亨廷顿·哈特福德（George Huntington Hartford）把纽约的第一家商店漆成朱红色，将出纳员的柜台设计成中国宝塔的形状，哈特福德在分配方面的贡献相当于亨利·福特对工业生产的影响。哈特福德更进一步跃入全新的阶段，创建了世界上第一家大型连锁商店——大西洋与太平洋茶叶公司。

直接将产品销售给消费者的方式被大规模分配和大规模销售方式取代，这些销售方式同机器一道，成为所有工业社会最熟悉、最重要的因素。

因此，如果我们把这些变化综合在一起，就形成了所谓的“科技领域”之变化。所有的社会——原始社会、农业社会、工业社会，都使用能源，生产货物，分配货物。在所有的社会里，能源系统、生产系统和分配系统都是一个大系统的组成部分。这个大系统就是科技领域，而它在社会发展的每一个阶段都会出现不同的形式。

第二次浪潮横扫全球，农业的科技领域被工业的科技领域取代，不可再生能源被直接注入批量生产系统，而这一系统又把货物送入高度开发的大规模分配系统。

现代化的家庭

然而，第二次浪潮的科技领域需要一个同样具有革命性的“社会领域”来配合，也就是需要崭新的社会组织形态。

比如，在工业革命之前，家庭的形态具有地域差异。在农业至上的地方，人们多半生活在一个几代同堂的大家庭里，叔伯、婶婶、姻亲、祖父母、堂表兄弟都住在同一屋檐下，都为同一个经济生产单位而工作——不论是印度的“联合家庭”、巴尔干半岛的

“扎德鲁加”[①]还是西欧的“数代同堂的大家庭”。这些家庭都是定居的——根植于土地。

当第二次浪潮开始横扫第一次浪潮社会时，家庭感受到了变化的压力。在每个家庭里，波涛冲击之下产生了冲突，家族内部挑战家长的权威，改变了亲子关系，促成了新的礼仪观念。由于经济生产由田野转向工厂，家庭成员之间不再并肩工作。为了将工人送入工厂，家庭的主要机能被转移到新的专业化机构。儿童教育交给了学校，老年人的照料工作移交给养老院、老年之家和疗养院。最重要的是，新社会需要流动性，工人必须随着工作从一处迁往另一处。

大家庭拖着老弱病残和孩子，毫无流动性可言。因此，家庭结构逐渐开始进行痛苦的转变，家庭因移入城市而宣告分裂，再遭受到经济风暴的打击，不得不减少与远房亲戚的来往，变得更小、更具流动性、更能满足科技领域的需要。

在所有的工业社会里，不论是资本主义社会还是社会主义社会，所谓的核心家庭——父母加上几个孩子，在没有亲属拖累的情况下，变成社会认可的标准“现代化”模范。就连一向崇拜祖先、特别重视老年人的日本，在第二次浪潮来临后，几代同堂的紧密大家庭也开始分解，出现了越来越多的核心家庭。总之，就像化石燃料、钢铁工厂和连锁商店一样，核心家庭变成所有第二次浪潮社会的显著特征，与第一次浪潮社会形成对比。

---

① 扎德鲁加是古代南部斯拉夫人、克尔特人的家长制家庭公社，这种公社包括几个或十几个在血缘、经济、土地上有联系的家庭。——编者注

隐秘的课程

在工作场所由田地和家庭外移的同时，孩子必须迎接工厂生活。1835 年，安德鲁·尤尔（Andrew Ure）表示，在工业化的背景下，英国早期的矿场主和工厂主发现“几乎不可能把成年人变成工厂的有用人手，不论他们来自农村还是手工行业”。如果未成年人能够预先适应工业制度，那就可以大大减少他们日后在工作中的纪律问题，结果就产生了另一个所有第二次浪潮社会的中心结构：大众教育。

大众教育依据工厂模式，教授基本的读、写、算术及一点儿历史和其他科目的知识。这是“表面的课程”，大众教育还包括一个更为重要的“隐秘的课程”，其中包括三项内容：一是守时，二是服从，三是单调而重复的工作。工厂的工作要求工人准时上班，尤其是流水线工人，还要求工人无条件服从管理层的命令，不论男女，都要在机器旁或公司里进行非常单调的作业。

因此，自 19 世纪中叶第二次浪潮掠过各个国家后，人们发现了一项无情的教育进展：孩子的入学年龄越来越小，在学校的年限越来越长（在美国，教学年限从 1878 年到 1956 年提高了 35%），义务教育的时间不可避免地被延长了。

大众教育显然是一项人性化的措施。1829 年，一群技术人员和工人在纽约市宣布：“除了生命和自由外，我们认为教育是人类享受到的最大福祉。”然而，第二次浪潮社会的学校把一代代的未成年人打造成电机科技和流水线所需要的顺从、整齐划一的工作人员。

总之，核心家庭和工厂式的学校变成未成年人为进入工业社会做系统准备的一部分。在这方面，不论是资本主义还是共产主义，也不论是北半球还是南半球，第二次浪潮社会都是一样的。

不朽的存在

在所有第二次浪潮社会里，出现了第三个将核心家庭与工厂式学校的社会控制功能加以延伸的机构——大公司。在此之前，典型的商业机构是由个人、家庭或者合伙人所有的。虽然也有公司，但是为数很少。

根据商业史学家阿瑟·杜因（Arthur Dewing）的说法，直到美国革命时期，“还没有人可以断定”，（非合伙或个人所有）公司会成为主要的组织形态。到1800年，美国只有335家公司，而且多半均从事半公共行业，如修建运河或经营收费公路。

批量生产崛起后，情势一变。第二次浪潮科技需要的大量资本，绝非个人或一个小团体所能供应的。如果所有者或合伙人必须把所有财产孤注一掷，他们自然不愿意投资庞大或有风险的行业。为了鼓励他们投资，有限责任公司的概念就此诞生。即便公司倒闭，投资者也只损失他所投资的资金。这一创见打开了投资的水闸。

同时，公司在法律上被视为“不朽的存在”——公司可以比原始投资人活得更长。这也就意味着，公司可以制订长期计划，开展非常大规模的工程。

1901年，世界上第一家资产达10亿美元的公司——美国钢铁公司成立，这笔资产的累积在早年是无法想象的。到1919年，有

6家这类大公司成立了。事实上，大公司成为（包括社会主义和共产主义在内的）所有工业国家经济活动的特征，其在各个国家的形式虽然不同，但实质（在组织方面）大致相同。核心家庭、工厂式学校、大公司三者构成了所有第二次浪潮社会的典型社会机构。

在第二次浪潮世界里，不论是日本、瑞典、英国、波兰还是美国，大多数人都遵循着标准的生活轨道：在核心家庭长大，一起进入工厂式学校，然后进入私营或国有的大公司工作。第二次浪潮的关键制度控制了人们生活的每个阶段。

音乐工厂

在这三种核心机构周围产生了其他的机构。政府部门、运动俱乐部、教会、商务部、工会、专业组织、政党、图书馆、种族协会、娱乐团体，以及其他成千上万的团体在第二次浪潮中纷纷出现，形成了一个各团体彼此服务、协调、制衡的组织生态。

乍看之下，这些不同的团体显示出随机和杂乱的迹象，但是仔细观察后就会发现一个潜在的形态。在各个第二次浪潮社会里，社会制度发明者相信工厂是最先进、效率最高的生产机构，他们希望将工厂的原则应用于其他机构。因此，学校、医院、监狱、政府机构等都采用了许多工厂的原则——分工、阶层结构、冷酷的无人性作风。

就连在艺术方面也可以找到一些工厂的影子。为投资人或顾客服务的农业文明时代的作风已经消失了，艺术家、作家都受到市场的左右，他们在为无名的消费者制作“产品”。由于在各个第二次浪潮国家都出现了这种变化，艺术生产的结构也随之改变。

音乐就是一个显著的例子。第二次浪潮来临后，音乐厅如雨后春笋般出现在伦敦、维也纳、巴黎等地，票房和经纪人也应运而生，经纪人是支持生产工作的生意人，他们卖票给文化消费者。

当然，票卖得越多，钱赚得越多，因此音乐厅的座位也越加越多。然而，大音乐厅只有配备响亮的音响，才能使最后一排的人听得清楚，结果便促成了由室内音乐向交响乐的转变。

库尔特·萨克斯（Curt Sachs）在他的名著《乐器史》（*History of Musical Instruments*）中说："18世纪由贵族文化过渡到民主文化，以越来越庞大的音乐厅取代了小客厅，而音乐厅需要更大的音量。"由于技术解决存在困难，乐器和演奏者的数目越来越多，用以产生足够的音量。于是产生了现代化的交响乐队，也正是这种工业化的制度促使贝多芬、门德尔松、舒伯特、勃拉姆斯创作出他们最伟大的交响乐乐章。

交响乐队的内部结构也反映出工厂的一些特征。起初，有些交响乐队没有领导人物，有些由演奏者轮流领导。后来，演奏者与工厂和官僚机构的工作人员一样，被分成许多部门（乐器组），每个部门都对整体的生产（音乐）有所贡献，每个部门由经理（指挥）负责协调，或由副领班（首席小提琴手或各组负责人）再细分管理阶层。这个机构把它的"产品"卖给广大的市场——在"产品"之外还录制唱片。音乐工厂由此产生。

交响乐队的生产模式只是第二次浪潮社会的例子之一，在这个社会里，三个核心机构和其他数千个机构都配合着工业化科技的需要和作风。文明不仅包括科技领域和社会领域，所有的文明都需要信息领域来生产和分配信息，而第二次浪潮在这方面的变化也是十分惊人的。

纸片满天飞

从古至今，所有人都依靠面对面、人对人的通信方式，但是跨越时空传送消息的需求自古有之。古波斯人建筑高塔或“喊话站”，让声音尖锐、洪亮的人在塔与塔之间喊话，借以传递消息。古罗马人则利用一种广泛的信差服务，叫作“公共邮路”。从 1305 年到 19 世纪初，“出租社”经营着遍布全欧洲的小马快递服务。1628 年时它雇用了 2 万人，信差穿着蓝银相间的制服，横越大陆，为君主、将军、商人、放高利贷者传递消息。

第一次浪潮时代，所有这些传递工具都只为有钱有势的人服务，一般人无法使用，正如历史学家劳林·齐利亚克斯（Laurin Zilliacus）所说：“连用其他方式送信都会引起当权者疑心或者遭到禁止。”总之，面对面交换消息是开放的，但利用新系统来传递消息到家庭或村庄之外在被禁止之列，其被用于对社会和政治加以控制，是领导阶层统治的武器。

第二次浪潮由一个国家波及另一个国家，摧毁了这种通信方式的垄断局面。这并不是因为有钱有势的人突然间主张利他主义，而是因为第二次浪潮科技与工厂的批量生产需要大规模的通信活动，而以往的传统通信方式已无力承担。

在原始社会和第一次浪潮社会里，经济生产所需要的信息比较简单，而且往往唾手可得，在形式上也多半是口述或打手势。相反，第二次浪潮经济需要人们在不同场所紧密协调并一致行动，不仅需要生产原料，而且必须提供大量信息并仔细地传送出去。

基于上述理由，在第二次浪潮掀起之后，每个国家都竞相开展邮政服务。邮局就像虽今日久为人所遗忘但曾经在人们生活中占据重要地位的轧棉机和纺织机一样，成为当时的一种富有想象力和社会意义的发明，激发了人们的热情。美国演说家爱德华·埃弗里特（Edward Everett）说："我不得不承认邮局仅次于基督教，它是我们现代文明的右臂。"

邮局为工业时代的通信掀起了第一个热潮。到 1837 年，英国邮局已不再限于为领导阶层传递消息，一年的邮递件数达 8 800 多万——按照当时的标准，简直可以称得上通信大爆炸。到 1960 年，在工业时代的巅峰和第三次浪潮初起之际，这一数字已经升至 100 亿。同年，美国邮局平均为国内每个成人和儿童递送了 355 件国内邮件。

工业革命之后，邮政信件的增加只大略显示出第二次浪潮信息的真实数量，更多的信息流通于大组织内部所谓的"小邮政系统"。备忘录就是从未被纳入大众通信的信件。1955 年，正是第二次浪潮在美国到达顶峰时，胡佛委员会偷看了三家大公司的档案，发现薪水册上的每位职员在档案里分别有 3.4 万、5.6 万和 6.4 万份文件与备忘录。

工业社会对信息的巨大需求无法仅仅通过书写得到满足，因此在 19 世纪发明了电话和电报，以分担逐渐膨胀的通信负荷。1960 年，美国人每天要打2.56亿通电话，一年超过930亿通，连世界上最先进的电话系统和线路也常常超载。

这些都是个人与个人之间传送消息的系统。一个大规模生产和消费的社会也需要传送大量消息——由一人同时向多人传送。工业社会以前的雇主可以亲自到为数有限的员工家中拜访，而工业社会的雇主不可能和属下数千名员工逐个接触，产品的经销商和分销商更不可能与顾客直接接触。第二次浪潮社会需要有效的方法把同样的消息迅速、可靠而廉价地传送给许多人，由此便产生了一些传递方法。

邮政服务可以把同样的消息传给数百万人，但是不够迅速；电话可以迅速传递信息，但是不能同时传给数百万人。这一鸿沟就要由大众传播工具来填补了。

当然，今天大量发行报纸和杂志已经成为工业国家人民日常生活的一部分，被视为理所当然的事。然而这些刊物能在全国范围内发行，正反映出许多新工业技术和社会形态集中发展的趋势。因此法国作家让–雅克·塞尔旺–施赖伯（Jean-Jacques Servan-Schreiber）说，这种情况的出现是由于“火车可以在一天之内运送刊物到一个相当于欧洲大小的区域；印刷机能在几个小时内印出千百份副本……最重要的是，义务教育使人人懂得阅读，而企业界必须大规模分配它们的产品”。

从报纸、广播、电影和电视等大众传播工具中，我们再度发现工厂基本原则的具体表现。这些传播工具让同样的消息映入无数人的脑海，正如工厂把一模一样的产品送入无数家庭。标准化、大规模制造的“真理”就像标准化、大规模制造的产品一样，由少数集权的“形象工厂”传给无数消费者。如果没有这种输送信息的有力系统，工业文明就不可能出现，也不可能有效地运作。

因此，在所有工业社会，不论资本主义社会还是社会主义社会，都出现了复杂的信息领域——可以像输送货物和原料一样迅速传播个人与大众消息的通信网络。这一信息领域与科技领域、社会领域相结合，使个人行为与经济生产步调一致。

这些领域在整个大系统中执行着重要功能，缺一不可。科技领域生产和分配财富；社会领域包括无数相关的组织，分派角色给大系统中的个人；信息领域传播必要的信息，使整个系统能够运转。这些领域构成了社会的基本结构。

我们现在已经大致了解了所有第二次浪潮国家的基本结构，不论它们的文化和气候有何差异，不论它们的民族和宗教传统有何不同，也不论它们称自己为资本主义国家还是共产主义国家。

苏联、匈牙利、联邦德国、法国、加拿大等国家的基本结构限制了其政治、社会和文化差异的表现程度。企图保留第一次浪潮旧式结构的人和认识到唯有新文明方能解决旧问题的人，在经历了痛苦的政治、文化和经济冲突之后，产生了上述结构。

第二次浪潮为人类带来了更大的希望。男女老少第一次敢于相信贫穷、饥饿、疾病和暴政都可能被征服。摩莱里、罗伯特·欧文、圣西门、傅立叶、蒲鲁东、路易斯·勃朗、爱德华·贝拉米等哲学家和未来派作家都在工业文明中看到了和平、协调、人人都有工作、财富和机会均等、取消出身决定的特权、消除原始社会和农业文明时代似乎永久存在且不可能改变的一切情况。

如果今日的工业文明并非乌托邦，事实上令人觉得窒息、可怕，生态环境很危险，战争迫在眉睫，人们精神压抑，那么我们必须了解个中原因。在此之前，我们必须先观察将第二次浪潮精神领域一分为二的一把“巨斧”。

第三章　看不见的巨斧

第二次浪潮就像某些核武器的连锁反应一样，粗暴地把我们一向单纯的生活劈成两半。它挥舞着巨大的斧头，砍入我们的经济、心理，甚至性别角色。

一方面，工业革命紧密结合了卓越的科技、社会机构、信息渠道，创造出非常统一的社会系统；另一方面，它也破坏了社会潜在的和谐，创造了充满经济压力、社会冲突和心理抑郁的生活方式。我们必须先了解这把看不见的巨斧如何塑造出第二次浪潮时代的生活，然后才会明白今日改造我们的第三次浪潮的全面影响。

第二次浪潮把人们的生活劈成两半：生产和消费。我们常常在想自己是生产者还是消费者，这种想法并不正确。在工业革命以前，人类生产的货物和提供的服务都是由生产者自己、他们的家人及少数剥削其剩余价值的领导阶层消费的。

在农业社会，绝大多数人都是聚居于半孤立地区的农民。他们的收入仅能糊口，庄稼收成只够自己维生和满足农场主。他们不知道长期储存食物的方法，没有可以把产品运往远方市场的铁路和公路，产量一有增加，就会被农场主或者封建主没收，所以他们也没有兴趣改进技术或者增加产量。

那时，当然存在商业。我们知道少数大胆的商人利用骆驼、篷车和船只把货物运到千里之外，我们也知道新兴城市依赖乡下供应食物。1519 年，西班牙人到达墨西哥之后，惊讶地发现有数千人在特拉特洛尔科买卖珠宝、贵金属、奴隶，以及鞋子、衣服、巧克力、绳索、皮革、火鸡、蔬菜、兔子、猪和各种陶器。16—17 世纪为德国银行家发行的专刊《富格尔简报》（*The Fugger Newsletter*）报道了当时各类贸易兴旺的一面。来自印度支那的一封信详细地描述了一个欧洲商人带领五艘船去那里买胡椒运往欧洲的事迹。他说："开胡椒店是一桩好生意，但是需要很大的热忱和耐性。"这个商人同时把丁香、肉豆蔻、淀粉、肉桂、豆蔻及其他药材运往欧洲市场。

然而，这些贸易和自给自足的农业生产相比，只占历史的一小部分。据对当时历史最有研究的费尔南·布罗代尔（Fernand Braudel）[①]表示，直到 16 世纪，整个地中海地区（从法国、西班牙到土耳其）有 6 000 万~7 000 万人口，其中 90% 的人靠土地维生，只有一小部分的生产供交易使用。布罗代尔说："有 60%，甚至 70% 的地中海生产活动从未进入市场经济。"这是地中海地区的情形，北欧又如何呢？当地的岩石地和漫长的严冬使农民更难从土地中获利。

我们不妨将工业革命前的第一次浪潮经济分成 A 和 B 两个部分，

① 费尔南·布罗代尔（1902—1985），法国历史学家，年鉴派的第二代代表人物。——编者注

这样有助于我们了解之后的第三次浪潮经济。在A部分，人们为自用而生产；在B部分，人们为交易而生产。A部分很大，B部分很小。对大多数人而言，生产和消费融合成单一的生活机能。希腊人、罗马人和中世纪的欧洲人并没有区分这两个部分，他们的词典中甚至根本没有“消费者”一词。在第一次浪潮时代，只有少数人仰赖市场为生，大部分人都活在市场之外。英国经济学家、历史学家R. H. 托尼（R. H. Tawney）说：“金钱交易只是自然经济世界的装饰品。”

第二次浪潮大大改变了这一情况。它创造了大量食物、货物和劳务的销售、交易制度，排除了为自用（不论是为生产者个人还是为其家庭）而生产的货物，同时创造出一个没有人（包括农民在内）能够自给自足的文明。每个人都几乎完全依赖别人生产的食物、货物和别人付出的劳动。

总之，工业主义打破了产消合一的局面，使生产者与消费者截然分开。第一次浪潮的融合经济变成第二次浪潮的分裂经济。

市场的意义

生产和消费的分离产生了巨大的影响。甚至到目前为止，我们还没有完全了解其意义。临时形成的小型市场第一次成为人们的生活中心。经济变成了“市场化”的经济，这种现象同时出现于资本主义工业社会和社会主义工业社会。

西方经济学家认为市场是纯粹的资本主义产物，而且往往把这个名词视为“利润经济”的同义词。然而，从历史的眼光来看，交易和市场比利润先出现，而且与利润无关。确切地说，市场只不过是一个交易网络、交换枢纽，货物、服务和消息由此处分配到适当的地点，它不是资本主义独有的产物。

总之，第二次浪潮所到之处，生产目的由自用变成交易，因此必须有可以进行交易的场所，必须有市场，但市场不是被动成立的。经济史学家卡尔·波拉尼（Karl Polanyi）解释了附属于早期社会与宗教文化目标的市场如何为工业社会拟定目标。大多数人被金钱制度吸引，商业价值变成重心，经济增长（以市场规模来衡量）变成政府的主要目标，不论资本主义国家还是社会主义国家都一样。

市场是一个自我扩张的系统，正如早期的生产分工鼓励了商业发展，市场的存在鼓励人们更进一步生产分工，从而大大提高了生产力，自我扩张的系统也在这一基础上得以成立。

市场爆炸性的扩张使全世界人民的生活水平迅速得到提高。

然而，在政治方面，第二次浪潮中的政府发现自己被生产与消费之间的新冲突撕裂，阶级斗争逐渐被更大、更深的冲突掩盖，生产者（工人和管理者）要求更高的工资、利润和红利，而消费者（也包括前者）要求更低的价格。经济政策就在这个支点上摇摆。

美国消费者运动的蔓延，波兰反对物价上涨的抗议暴动，英国无休无止的有关价格和收入政策的辩论，苏联重工业与轻工业孰重孰轻的意识形态斗争，都是生产和消费分离后在各个社会产生的深刻冲突。

除了政治外，文化也受到这一分离现象的影响。此时出现了历史上最拜金、最贪婪、最商业化、最斤斤计较的文化。即使不是马克思主义者也会同意《共产党宣言》中的著名论述：“它使人和人之间除了赤裸裸的利害关系，除了冷酷无情的‘现金交易’，就再也没有任何别的联系了。”人际关系、亲情、爱情、友情、社会关系都被商业的自利行为腐化了。

对金钱、商品和财物的迷恋并不是资本主义或社会主义的反映，而是工业主义的结果。这种现象反映出市场的重要角色，尤其是在生产和消费分离的社会中，每个人都是依靠市场而非个人的生产技术获得生活必需品的。

在这种社会里，不论其政治结构如何，买卖、交易的对象都不仅仅是产品，还包括劳动力、思想见解、艺术与灵魂。西方的采购员滥收非法佣金，与苏联的编辑收受作者的回扣作为采用其作品的报酬或水电工要一瓶伏特加作为小费并没有什么不同；法国、英国、美国的艺术家为金钱而写作、绘画，与波兰、捷克的小说家、画家和剧作家出卖他们的创造自由以换取津贴、买一辆新车或其他常人得不到的东西并无二致。

这种腐败现象源于生产和消费的分离。市场必须重新连接生产者和消费者，把货物从生产者流通至消费者，这种趋势自然赋予控制市场的人一股巨大的力量，他们也自然会为这种权力辩解。

生产和消费分离的现象成为所有工业社会和第二次浪潮社会的特征，并且影响到人的心理和对人格的假设，所有的行为都被视为一连串的交易。继以往建立于友情、亲情、部落、封建关系之上的社会之后，出现了以或明或暗的合约关系为基础的第二次浪潮文明，连夫妻关系都有婚姻合约。

生产者与消费者这两种角色的分离同时创造了双重人格。同一个人，（身为生产者）被家庭、学校和雇主教育得要节制，要接受培训、控制和约束，要服从命令，成为集体中的一分子，同时（身为消费者）要追求及时行乐，要快乐，不要算计，要放弃纪律，要追求个人的享乐——总之，要做一个完全不同的人。尤其是在西方社会里，广告火力全开地对准消费者，鼓励他们冲动消费，“挥霍趁今朝，付款待将来”，这种活动为经济巨轮的运转提供了忠贞不贰的服务。

性别分裂

最后，在第二次浪潮社会里劈开生产者和消费者的同一把巨斧也把工作劈成了两半。这种二分法对家庭生活、性别角色及个人内心的生活都产生了重大的影响。

在工业社会，最常见的性别分类就是把男人视为“客观的”，把女人视为“主观的”。如果说这种看法有任何真实性，那它可能并不符合某种不变的生理事实，而是这把看不见的巨斧所造成的心理影响。

在第一次浪潮社会里，大多数工作都是在田野或家中进行的，以整个家族为经济单位，而大部分生产是在农村或庄园之中消费的，工作和生活合二为一。每个村庄大多都是自给自足的，某地区农民的丰收和另一地区毫无关系。在一个生产单位里，大部分工人都可以执行多种工作，因季节、疾病或选择等需要而互相交换工作。工业社会之前的生产分工非常原始，结果第一次浪潮中农业社会的工作特色就是互相依赖的程度很低。

第二次浪潮横扫英国、法国、德国等地，把工作从田野和家中转入工厂，同时，人们工作之间的互相依赖程度也比以前提高了。现在工作需要合作、分工、协调许多不同的技术，工作的成功有赖于数千个分处各地的工人仔细地依照计划配合行动，这些人可能素未谋面。大钢铁厂或玻璃厂如果不能把所需的原料送入自动化工厂，在某些情况下就可能会影响整个行业或者整个区域的经济。

互相依赖程度低和程度高的工作之间在角色、责任、报酬方面产生了很大的冲突。早期的工厂主抱怨工人不负责任——工人不在乎工厂的生产效率，在最需要他们工作时出去钓鱼、玩耍或喝酒。事实上，早期的工人大多是农民，他们习惯于做互相依赖程度低的工作，而且对自己在整个生产过程中的角色及因自己的“不负责”而引起的减产、故障和错误没有什么认识。同时，由于薪水很少，他们根本没有生产积极性。

在这两种工作的冲突中，新形态的工作似乎占了上风。越来越多的生产转入工厂和公司，农村人口外迁，成千上万名工人变成高度互相依赖系统中的一部分。第二次浪潮的工作方式压倒了第一次浪潮落伍的工作方式。

虽然互相依赖战胜了自给自足，但是没有赢得全面胜利。

每个家庭都是一个分散的单位，从事生物生产，即生养孩子，传播文化。即便一个家庭没有生育，或者没有好好地抚养孩子，为孩子今后的工作做好准备，也并不一定会危及邻居家的生产任务。换言之，家庭生产仍然是互相依赖程度很低的活动。

家庭主妇仍然执行一些重要的经济功能。她们从事“生产”，但仅是前文提到的A部分（为家庭自用）生产，不是为市场生产。

丈夫投入直接的经济工作，妻子仍然留在家中从事间接的经济工作。男人承担起传统意义上比较先进的工作，女人则处理比较落伍的传统工作。男人向未来迈进，女人则停留在过去。

这种差别造成了人格和精神生活的分裂。工厂和公司的集体工作特性，协调与统一的需要，强调客观分析和客观关系的重要性。男人从小就为了工作而做准备，他们要进入互相依赖的世界，因此被要求要“客观”。女人从小就准备承担生育、抚养孩子、操持家务等工作，这些工作和社会的关系相对疏远，她们被要求要“主观”，因此往往被认为不能做需要客观、理性及分析性思考的工作。

因此，女人一旦离开家庭，外出从事互相依赖的生产工作，就往往被指责为不像女人、冷漠、心肠狠。

同时，性别差异和性别角色日趋明显，也是因为人们误将男人与生产、女人与消费联系在一起，但事实上男人也消费，女人也生产。总之，虽然女性在第二次浪潮出现之前一直受到压抑，但是近代的“两性之战”大部分应归咎于两种工作方式的冲突，以及生产与消费的分离。分离的经济使得性别的分离更为彻底。

因此，我们可以看到，看不见的巨斧将生产者和消费者一分为二，因而产生了许多重大的改变：市场的形成和扩大衔接了生产与消费，新的政治冲突和社会冲突出现了，新的性别角色确定了。然而，这一分离的意义远非如此简单，它意味着所有处于第二次浪潮的社会都将以这种方式运转，并且必须符合某些基本条件。至于生产的目标是不是利润，生产机构是公有的还是私营的，市场是“自由的”还是“计划的”，名称是资本主义还是社会主义，并没有差别。

只要生产是为了交易，而不是为了自用，只要生产必须经过经济总闸或市场，人们就必须遵守第二次浪潮的某些原则。

一旦这些原则被人们认可，所有工业社会潜在的动力就会被一览无余。同时，我们也可以据此推知第二次浪潮中人们共同的想法，因为这些原则构成了第二次浪潮文明的基本规则——行为规范。

第四章　打破规则

每种文明都有一套潜规则——这一连串规则反复不停地操纵着人类所有的活动。当工业主义风行全球之际，这特殊的潜规则变得十分明显，其中包括 6 个控制人们行为的相关原则。这些原则源于生产和消费的分离，影响着人们生活的方方面面，包括性、运动、工作、战争。

今天的学校、企业和政府内部许多激烈的冲突都集中于这 6 个原则，第二次浪潮中的人自然地运用和维护这些原则，第三次浪潮中的人却指责、攻击这些原则。不过这话题扯得太远了。

标准化

第二次浪潮的这些原则中最为人所熟知的就是标准化。众所周知，工业社会可以生产出数百万件相同的产品，但是很少有人注意到，一旦市场变得很重要，我们就不仅仅把可口可乐瓶、电灯泡、汽车变速器予以标准化，还把同样的原则应用到许多其他事情上。最早把握住这个重要观念的是西奥多·韦尔（Theodore Vail），他建立起庞大的美国电话电报公司。

韦尔在18世纪60年代末担任铁路邮局职员，他注意到没有任何一封信会经由同一路线到达其目的地，邮包来来回回总要花上好几周甚至好几个月才能到达目的地。韦尔首倡标准化路线的观念——所有前往同一地点的信件都经由同一路线递送，这一观念革新了邮局的工作方式。他后来成立美国电话电报公司，在每一户美国家庭安装一部一模一样的电话。

韦尔不仅使电话听筒和所有的零件标准化，而且使其公司的作业程序和管理都迈上标准化之路。他在1908年刊登的广告上辩称自己吞并小电话公司的行为是为了“全盘标准化”，可以节约“设备、线路和管道工程及作业方法、法律工作”的经济成本，当然还包括“统一的作业系统和会计系统”。韦尔认识到，要在第二次浪潮的环境中成功，“软件”，即程序和管理工作，要和硬件一样标准化。

韦尔是塑造工业社会的“伟大的标准化专家”。另一位专家是善于革新的机械师弗雷德里克·温斯洛·泰勒（Frederick Winslow Taylor），他相信可以通过使每个工人的工作步骤标准化，迈上工作科学化之路。20世纪初，泰勒断言每份工作都有其最好（最标准）的执行方法、最好（最标准）的工具和明确（最标准）的完成时间。

他以此哲学成为世界上首屈一指的管理大师，与弗洛伊德、马克思、富兰克林等齐名。不仅汲汲于榨取工人最后一点儿生产力的资本家赞扬泰勒主义，效率专家、按件计酬计划、进度制定者应运而生，而且共产主义者也加入热情赞扬泰勒的行列。事实上，列宁鼓励社会主义的生产作业实施泰勒的方法。列宁是工业主义者，也是共产主义者，更是标准化的热情信仰者。

在第二次浪潮社会，雇佣程序和工作逐渐标准化。标准化测验被用来辨别和剔除不合格者，尤其是在行政事务领域。整个行业的待遇水准、福利、午餐时间、休假制度、投诉方式都被予以标准化。为了让年轻人适应就业市场，教育家设计出标准化的课程。比奈①和特曼②等人设计出标准化的智力测验。学校的评分制度、教学方式和授予学位的规定都是标准化的。选择题测验盛行一时。

同时，大众传播工具散播标准化的影像，让千百万人观看同样的广告，阅读同样的新闻、同样的短篇小说。政府禁止使用少数民族的语言，加上大众传播的影响，使得威尔士语和阿尔萨斯语③等方言几乎完全消失。“标准的”英语、法语、俄语取代了“不标准的”语言。外观大致相同的加油站、广告牌、房屋随处可见，国家的各个地区越来越相似。标准化的原则遍布人们日常生活的各个方面。

更深一层来看，工业文明需要标准化的重量和长度单位。为法国带来工业时代的法国革命，首先淘汰了工业时代以前欧洲盛行的拼凑式测量单位，代之以公制单位和新历。统一的测量标准经由第二次浪潮被带到许多地方。

---

① 比奈，指比奈·阿尔弗雷德（Binet Alfred，1857—1911），法国实验心理学家、智力测验的创始人。——编者注

② 特曼，指刘易斯·麦迪逊·特曼（Lewis Madison Terman，1877—1956），美国心理学家。目前世界各国通用的标准智商测试就是他发明的。——编者注

③ 阿尔萨斯语是印欧语系日耳曼语族的一种语言，其使用区域主要在法国东北部的阿尔萨斯地区。——编者注

同时，由于批量生产需要标准化的机器、产品和生产方法，不断扩张的市场需要标准化的货币，甚至标准化的价格。以往货币是由银行、私人和国王发行的。直到 19 世纪，美国部分地区仍然使用私人铸造的货币，加拿大直到 1935 年仍然如此。工业化国家逐渐禁用各种非官方货币，以单一标准的货币取而代之。

甚至到 19 世纪，工业国家的买卖双方仍然在开罗市场上为每一桩买卖讨价还价。1825 年，一位年轻的北爱尔兰移民 A. T. 斯图尔特（A. T. Stewart）在纽约开了一家干货店，他的不议价作风令顾客和竞争者大吃一惊。这种不议价政策——价格标准化，使斯图尔特成为“当代商界之主”，同时为批量销售扫除了主要障碍。

前进中的第二次浪潮思想家力排众议，坚持标准化是合乎效率的，因此第二次浪潮无情地使用标准化原则消灭一切差异。

专业化

第二个风靡所有第二次浪潮社会的原则是专业化。第二次浪潮消灭了多样化的语言、休闲和生活形态，因此更需要多样化的工作。第二次浪潮加速了劳动分工，以狭隘的专家和只做一份工作的工人——泰勒作风，取代了多面手的农民。

早在 1720 年，英国一份名为“关于东印度贸易的利益”的报告中即指出，专业化可以使用“较少的时间和劳力”把工作做好。1776 年，亚当·斯密在《国富论》卷首特别强调：“劳动生产力上的最大的改进……似乎都是分工的结果。”

斯密曾经写下一篇谈论制造别针的文章，被誉为经典之作。他说，一个老式的工人如果独立进行所有的作业，一天最多只能做出20个别针，可能连一个也做不出来。相比之下，斯密谈到他所参观的一家“工厂”，由10个专业化工人操作18个不同的作业程序，每人负责一个或多个步骤。他们每天可以生产4.8万个别针，每人平均生产4 800个。

19世纪，工作逐渐转入工厂，生产别针的故事一再上演，而且规模越来越大，专业化的人员成本也逐渐上升。工业化的反对者指责高度专业化的重复劳动使工人的非人性化程度加深了。

1908年，当亨利·福特开始制造T型车系列时，完成一个单位的作业程序不再是18个，而是7 882个。福特在其自传中指出，在这7 882个作业程序中，有949个需要由“身强力壮、体力绝佳的男人”完成，有3 338个需要由“一般”体力的男人完成，其余的工作可以由“女人或年龄稍大一些的小孩”完成。他冷酷地说：“我们发现，有670个作业程序可以由无腿的人完成，2 637个可以由只有一条腿的人完成，2个可以由没有胳膊的人完成，715个可以由只有一条胳膊的人完成，10个可以由盲人完成。”总之，专业化的工作不需要一个完整的人，只需要部分肢体即可。由此可见，过度专业化将人仅仅视为劳动工具。

批评家将这归咎于资本主义，但这也成为社会主义的特色，因为所有第二次浪潮社会常见的极度专业化都根植于生产和消费的分离。如果没有精细的专业化，苏联、波兰、民主德国、匈牙利就不可能像日本或者美国一样经营工厂——美国劳工部在1977年发布了一份包括两万种不同职业的名册。

同时，在资本主义国家和社会主义国家，专业化带来了专门职业的兴起。某些专家趁机垄断独门知识，使新进者无法逾越，因而产生了专门职业。随着第二次浪潮的发展，市场将知识所有者和客户连接起来，把他们清晰地分割为生产者和消费者。因此，在第二次浪潮社会里，健康也被视为一种产品，由医生和“健康运输”机构提供，而不是病人自我治疗（为自用而生产）的结果；教育应该由学校教师“生产”，由学生“消费”。

从图书管理员到推销员，各种职业团体都极力争取被称为专业人员的权利，并且订立加入其所在专业的标准、价格和条件。美国联邦贸易委员会主席迈克尔·珀楚克（Michael Pertschuk）说：“我们的文化被专业人员霸占了，他们称我们为‘客户’，并且规定了我们的‘需求’。”

同步化

生产和消费分离的结果也迫使第二次浪潮中的人改变对时间的态度。在依赖市场的制度下，不论是计划性市场还是自由开放的市场，时间都等于金钱。昂贵的机器不容闲置，它们以自己的节奏开展工作。因而产生了工业文明的第三个原则：同步化。

即使在原始社会，工作也必须与时间密切配合。外出狩猎的人常常需要协同配合以捕猎同一猎物，渔猎的人必须协力划船和拖网。诺贝尔奖得主乔治·汤姆孙（George Thomson）多年前指出，不同的劳动号子代表不同的体力要求。船夫以简单的两音节声音“噢——呸”来代表劳动时间的节奏。第二个音节是出力最大的时刻，而第一个音节是准备的时间。他还发现，拖船比划船需要花费更大的力气，所以出力的时刻间隔更长。爱尔兰人拖船时的劳动号子是“吼——哩——吼——哈”，在最后出力前的准备时间较长。

第二次浪潮带来了机器，劳动号子已不复闻。在此之前，同步化的工作多半出自劳动者身体器官的需求，来自季节的流转、生物过程、地球的自转和心跳的节奏。第二次浪潮社会却根据机器的节奏运行。

随着工厂式生产的蔓延，高昂的机器成本和紧密的劳工关系都需要更精密的同步化作业。如果工厂中某一群工人完工太迟，其他人的工作就将被耽搁，所以在农业社会并不显得十分重要的守时观念，在工业社会却成为必需，钟表也开始普及各地。18 世纪 90 年代，钟表在欧洲已经成为常见的东西。用英国历史学家E. P. 汤普森（E. P. Thompson）的说法，“正是在工业革命要求劳工更为同步化之时”，钟表得以普及。

在工业文化中长大的孩子从小就要有时间观念。学生在上课铃响时就要到校，因此参加工作后，哨音一响，他们就会准时到达工厂或办公室。工作以时间为单位，被分成以秒计时的程序。“朝九晚五”成为数百万名工人的作息时间。

受到同步化影响的不只是工作，所有的第二次浪潮社会，不论出于对利润还是政治因素的考虑，人们的社交生活均受到时钟的摆布，以配合机器的需要，把一部分时间拨给休闲。标准长短的假期、休息时间和工作计划时间遍布各地。

学生按照统一的时间入学和毕业，医院同时唤醒所有的病人共进早餐，交通高峰期道路拥堵不堪，广播频道把娱乐节目都安排在同一个时段——“黄金时段”播放。每一家企业都有其旺季和淡季，供应商和分销商与之采取同一步调。同步化的专家出现了，包括工厂监工者、制表员、交警、研究时间的专业人员。

也有人反对这种工业化的时间制度。性别差异再次出现了。参与第二次浪潮工作的人——多半是男人，成为最守时的人。

第二次浪潮中的丈夫不断抱怨妻子害他们久等，说她们没有时间观念，永远在梳妆打扮，约会总是迟到。女人多半独立负责料理家务事，不受机器运转节奏的影响。同样的道理，城里人看不起乡下人，认为他们迟钝、不可信赖。“他们不准时！你永远不会知道他们守不守约。”这些抱怨可以追溯到高度互相依赖的第二次浪潮的工作与集中于田野和家庭的第一次浪潮的工作的区别。

一旦第二次浪潮成为主流，就连个人的生活习惯也被套入工业步调的模式中。在美国、新加坡、瑞典、法国、丹麦、德国和日本，由于整个文明在标准化和专业化之外，还应用了同步化的原则，家家户户都以差不多一样的步调同时吃饭、出门、工作、回家、上床、睡觉。

集中化

市场的崛起产生了另一个第二次浪潮文明的原则——集中化。

第一次浪潮社会依靠来源非常分散的能源，第二次浪潮社会则几乎完全依赖高度集中的化石燃料。

在第二次浪潮社会，不仅能源集中，而且人口也趋于集中，农村人口被重新分配到大都市中心。甚至连工作也趋向集中：在第一次浪潮社会，工作可以在任何地方进行——在家中、在乡村、在田野，而第二次浪潮社会的工作都是在工厂里进行的，数千名工人集中在同一屋檐下工作。

除了能源和工作趋向集中化外，斯坦·科恩（Stan Cohen）在英国社会学刊物《新社会》（*New Society*）中指出，除了个别例外情况外，在工业主义出现以前，“穷人要么待在自己家，要么去亲戚家；犯人被囚禁、鞭打或四处流逐；疯子被关在家里，如果没有钱过活就由地方予以补助”。总之，这些人遍布各地。

工业革命改革了这一情况。事实上，19 世纪初被称为“大监禁时代”——当时，犯人被集中关在监狱里，精神病患者被集中关在疯人院里，孩子被集中关在学校里，就像工人被集中关在工厂里一样。

集中化的趋势同样见于资本往来，第二次浪潮文明产生了大公司，以及托拉斯和垄断企业。到 20 世纪 60 年代中叶，美国三大汽车公司的产量占全美汽车产量的 94%；在德国，大众、奔驰、欧宝和德国福特 4 家公司占有 91% 的全国汽车产量；在法国，雷诺、雪铁龙、西姆卡和标致占有 100% 的市场份额；在意大利，菲亚特一家占有 90% 的全国汽车产量。

同样地，在美国，80% 以上的铝、啤酒、香烟和早餐食品是由四五家该行业的龙头企业生产的；在德国，92% 的石膏板和染料、98% 的摄影胶卷、91% 的工业用缝纫机，都是由相关行业的 4 家及 4 家以下龙头企业生产的。这样高度集中化的名单还可以一直列下去。

社会主义的管理人员也相信集中化生产“很有效率”。事实上，许多马克思主义者认为资本主义国家企业集中化的趋势是国有企业完全集中的必经步骤。列宁曾说，要“把全体公民变为一个‘辛迪加’，即整个国家的工作人员”。半个世纪以后，苏联经济学家N. 列柳欣娜（N. Lelyukhina）在《经济学问题》（*Voprosy Ekonomiki*）杂志上声称：“苏联拥有世界上最集中化的企业。”

不论是能源、人口、工作、教育还是经济组织，第二次浪潮文明集中化都深刻地渗透在各个方面。在莫斯科与西方之间，在理论上的确不存在任何分歧。

极大化

生产和消费的分离也为所有第二次浪潮社会制造出固执的“庞大热”——一种“得克萨斯式”的对庞大和增长的迷恋。如果工厂延长流水线能降低单位成本，那么同理，规模扩大也会使其他活动变得更具经济效益。“大”变成“效率”的同义词，而极大化也成为工业社会的第五个重要原则。

大家都爱吹嘘自己所在的城市或自己的国家拥有最高的摩天楼、最大的水坝、最大的高尔夫球场。同时，由于巨大是增长的结果，大部分工业化政府、公司和其他组织都疯狂追求增长。

日本松下电器公司的工人和管理人员每天都要合唱：

> ……竭尽全力，提高产量，
>
> 把我们的货物送给全世界人民，

无休无止，永不间断，

像喷泉中涌出的水流，

增长，企业，增长，增长，增长！

和谐又真诚！

松下电器！

1960年，美国度过了传统工业化的阶段，开始感受到第三次浪潮变化的影响，当时美国最大的50家企业每家平均雇用8万名员工。通用汽车公司雇用了59.5万人，西奥多·韦尔的美国电话电报公司雇用了73.6人。也就是说，以当年平均每户3.3人计算，有200万人依靠美国电话电报公司的薪水维生——相当于汉密尔顿和华盛顿创立美国时全国人口的半数。（美国电话电报公司后来通过兼并成为更庞大的企业，在1970年，它雇用了95.6万人，并曾在12个月内就增加了13.6万名员工。）

美国电话电报公司是一个特例，当时美国人也特别迷恋庞大的组织，但“庞大热”并不是美国人的专利。1963年，法国有1 400家公司（只占法国公司总量的0.002 5%）雇用了全国38%的劳动力。联邦德国、英国和其他国家政府主动鼓励合并以创造规模更大的公司，因为它们相信大规模有助于它们的企业和美国大公司竞争。

规模极大化并不单单是利润极大化的反映。马克思把企业扩大规模和实质能力的发展相提并论。列宁认为，“大企业、托拉斯和联合组织使批量生产技术达到最高发展水准”。他在俄国革命后给企业界下的第一道命令就是，把苏联企业合并成少数几家大企业。

斯大林更雷厉风行地推行极大规模，建立了新的大工程——在马格尼托哥尔斯克设立了钢铁中心，在扎波罗热设立了巴尔喀什湖炼铜厂，在哈尔科夫和斯大林格勒设立了拖拉机工厂。斯大林通常要知道某一座美国工厂有多大，然后下令建一座更大的工厂。

列昂·M. 赫尔曼（Leon M. Herman）博士在《苏联经济计划的庞大热》（*The Cult of Bigness in Soviet Economic Planning*）中说："事实上，在苏联各地，地方政客竞相吸引'世界上最大的工程'。"1938年，共产党警告大家要留心"庞大热"，但是并没有起到作用。即使在今天，苏联和东欧的共产党领袖也仍然是赫尔曼所谓的"庞大热"的牺牲者。

这种对规模的执迷来自第二次浪潮对"效率"的狭隘假设。工业主义对庞大的迷恋不仅限于工厂而已，同时还反映在许多不同资料综合成的统计工具——GNP（国民生产总值）上，这是将一个经济社会所生产的货物和服务价值合计起来，用以衡量这一经济社会"规模"的工具。第二次浪潮社会的经济学家的这种统计有许多错误之处。从GNP的角度看，不论产出的是食品、教育、健康服务还是军需品，都没有任何区别。雇一群人来盖房子和拆房子都会提高GNP，虽然前者增加建筑物的数目，后者减少之。GNP只衡量市场活动和市场交易，因此忽视了无酬生产（如育儿和家务劳动）在经济中的重要性。

第二次浪潮社会的政府无视这些缺点，盲目地、不惜一切代价地提高GNP，甚至冒着破坏生态和引发社会灾害的危险来扩大规模。庞大热的原则深植于工业社会的人们心中，成为最合理的原则。极大化与标准化、专业化等其他工业化原则并行不悖。

集权化

最后，所有工业国家都把集权看作一门艺术。虽然教会及第一次浪潮的统治者都知道如何集中权力，但是他们所处的社会并不复杂，和工业社会实行彻底集权的人相比，他们差得太远了。

所有复杂社会都需要集权和分权联合作业。在由各地自行生产所需的分权式第一次浪潮社会经济进入统一的第二次浪潮国家经济后，全新的集权方法产生了。这些方法出现于个别公司、工业和整体经济的各个层面。

早期的铁路行业就是典型的例子。与其他企业相比，铁路公司是当时的“巨人”。1850 年，美国只有 41 家工厂拥有 25 万美元以上的资本，而纽约中央铁路公司早在 1860 年就宣称拥有 3 000 万美元的资本。我们需要以新方法来经营这类庞大的企业。

早期的铁路公司管理人员就像今天的太空计划管理人员一样，必须发明新的技术。他们把技术、票价、行程都予以标准化；他们使几百英里[①]的作业同步化；他们创造了专业化的工种和部门；他们集中资本、能源和人员，极力扩大营运网络的规模。为了达成这些目标，他们以统一资料和指挥为基础，创造出新的组织形态。

员工被分配在“线路”上和“指挥”系统中。每日报告用以提供车辆调度、货运量、赔损、货运失事、机车修理、行驶里程数等

① 1 英里≈ 1.609 3 千米。——编者注

资料。这些资料集中于指挥中心，被送达总监手中，由他做决定，再把命令向各线路下达。

正如企业史学家艾尔弗雷德·D. 钱德勒（Alfred D. Chandler）所言，铁路很快就成为其他大型组织的模范，而集权化的管理被认为是所有第二次浪潮社会最先进、最成熟的工具。

在政治方面，第二次浪潮也鼓励进行集权化。美国早在 18 世纪 80 年代末就用比较集权的《美国宪法》取代了《邦联条例》。第一次浪潮的乡村团体反对中央政府的集权作风，但是由汉密尔顿领导的第二次浪潮商业利益集团在《联邦党人文集》(*The Federalist Papers*[①]）中主张，强有力的中央政府是不可或缺的，不仅是出于军事和外交原因，更是为了经济上的增长。

1787 年产生的《美国宪法》是一次巧妙的妥协。由于第一次浪潮的势力仍然很强，《美国宪法》为各州而非中央政府保留了很大的权力。为了避免中央政府过于集权，《美国宪法》中规定立法权、行政权、司法权三权分立，但是其表述留有余地，允许联邦政府大肆扩张其权力。

工业化推动政治体系朝更集权的方向发展，华盛顿的联邦政府因而取得了大量的权力和责任，将更多的决策权把持在中央手中。同时，联邦政府的权力由国会和法院转移到三权分立中最集权化的行政机构。尼克松执政时，曾被历史学家阿瑟·施莱辛格（Arthur Schlesinger，他自己也曾强烈主张中央集权化）抨击为“帝王总统”。

---

① 原书省略单词Papers。——编者注

在美国以外的国家，政治集权的趋势更强烈。乍看之下，和瑞典、日本、英国和法国相比，美国的制度显得相当分权。《没有马克思，没有耶稣》（*Without Marx or Jesus*）一书的作者让–弗朗索瓦·雷维尔（Jean-Francois Revel）即指出政府如何应对政治抗议事件："在法国，一场政治示威遭到禁止，人们根本不用去问禁令来自何处。如果是重要的政治示威，那么禁令必然来自（中央）政府。"雷维尔说："在美国，如果一场政治示威遭到禁止，每个人都会先问：'谁下的禁令？'"雷维尔指出，这往往是地方政府的自治决定。

一度分权的经济也逐渐迈向集权，此时出现了一个重大创造，它的名称即已泄露了其目的：中央银行。

1694 年，工业时代正蓄势待发，纽科门仍然在笨拙地敲打着蒸汽机，威廉·佩特森（William Paterson）已经成立了英格兰银行——该行成为所有第二次浪潮社会类似集权机构的模范。在第二次浪潮阶段，每个国家都必须打造这种控制货币和信用的机器。

佩特森的银行出售政府公债，发行政府支持的货币，后来又开始约束其他银行的贷款作业，最后垄断了今日所有中央银行的主要功能：集中控制货币的发行。1800 年，法兰西银行出于同样的目的宣告成立。1875 年，德国国家银行也成立了。

在《美国宪法》通过后不久，第一次浪潮和第二次浪潮之间的冲突导致了中央银行之争。第二次浪潮政策最精明的推动者汉密尔顿要依照英国模式设立国家银行，仍旧靠农业维生的南方人和西部拓荒者反对他的想法。然而，借着东北部工业集团的协助，汉密尔顿促成立法，成立联邦银行——今美国联邦储备系统的前身。

中央银行由政府控制，调节市场活动的水平和利率，为资本主义经济引入非官方的短期计划。货币流通于第二次浪潮资本主义和社会主义的各条干道。两种政治制度都需要，也都创造出集权的货币政策。中央银行和中央政府携手合作。集权化成为第二次浪潮文明的另一个重要原则。

以上所提到的6个原则是指导所有第二次浪潮国家的通用纲领。标准化、专业化、同步化、集中化、极大化、集权化这6个原则被应用于资本主义和社会主义的工业化国家，因为这些原则是在生产者和消费者分离及市场不断扩张的基础上产生与发展起来的。

这些原则彼此互相强化，促成了官僚制度的崛起，产生了世界上最大、最严格、最有力的官僚机构，使个人徘徊在卡夫卡式[①]的大机构阴影下。如果今天我们觉得受到这些机构的压迫，就可以追溯第二次浪潮文明的潜在规范。

这6个原则为第二次浪潮文明烙下了清晰的印记。今天，这些基本原则正遭到第三次浪潮力量的攻击。

应用这些原则的第二次浪潮领导阶层也遭到袭击。不论是商业界、银行、劳工关系、政府、教育还是传播工具，新文明都正在向所有旧文明的庞大团体发起挑战。

在即将来临的动荡局势下，所有工业社会的领导阶层（一向习惯于制定规则者）都会走上以往封建领主同样的道路。有些人会被

---

① 卡夫卡式，在此处可理解为无所不在的官僚体系和作风。——编者注

超越，有些人会被淘汰，有些人会变得不再重要或者地位降低，而那些最聪明、适应力最强的人则会成为第三次浪潮文明的领导人物。

要了解谁是第三次浪潮时代的主宰者，首先必须弄清楚谁是今日的主宰者。

第五章　技术专家的权力

“谁是主宰者？”这是一个典型的第二次浪潮时代的问题。在工业革命以前，我们没有理由问这个问题。不论主宰者是国王、巫师、将军、太阳神还是圣人，人们对谁握有主宰他们命运的权力都没有异议。衣衫褴褛的农夫从田野中抬头仰望，看到辉煌的皇宫和修道院浮现于地平线上。他们不需要政治学家和新闻评论员来解答权力的谜语，每个人都知道是谁是统治者。

然而，第二次浪潮所到之处，新的权力出现、扩散、消失。掌握权力的人变成名不见经传的“他们”，“他们”是谁呢？

整合者

我们知道，工业主义把社会划分成千上万个相互依赖的部分——工厂、教堂、学校、工会、监狱、医院等。工业主义破坏了教堂、国家和个人之间的指挥关系，把知识变成专业化的培训，把工作细分化，把大家族分散成小家庭。就这样，它粉碎了人们原来的生活和文化。

有些人不得不把事情拼凑成另一个不同的形状。

在这种需求下，产生了许多以整合为己任的新型专家。他们自称执行官、行政委员、协调人员、总经理、副总经理、官员、管理人员，他们在每家企业、每个政府，以及社会的每个阶层中不断涌现。他们证明自己是不可或缺的人物，他们是整合者。

他们决定角色，分配工作；他们决定人们的工资报酬；他们制订计划，发布标准，颁发或取消资质；他们把生产、分配、运输和通信连在一起；他们订立组织的应变规则。总之，他们把社会拼凑起来，没有他们，第二次浪潮的制度永远无法得以推行。

马克思在19世纪中叶认为，拥有工具和技术（生产资料）的人可以控制这个社会。他指出，工作是互相依赖的，工人可以扰乱生产，从老板手中获得工具。一旦他们拥有了工具，就可以统治社会。

然而，历史却跟他开了一个玩笑。这种互相依赖的关系把更大的权力交给一个新团体——协调和整合系统的人。最后，拥有权力的不是老板，也不是工人。在资本主义国家和社会主义国家，都是整合者登上权力顶峰。

权力不是来自拥有“生产资料”，而是来自控制“整合资料”。让我们探讨一下其中的意义。

在企业界，最早的整合者是工厂所有者、企业家、厂长。这些人加上少数几个助手往往就可以协调大批无技术的工人，把农场变成更大的经济单位。

在当时，所有者和整合者是同一人，难怪马克思混淆了这两者，过于强调所有权的重要性。然而，由于生产越来越复杂，分工越来越专业，企业界发现，介于老板和工人之间的管理人员与专家人数突然大幅增长，纸上作业迅速蔓延。很快，在大公司里，包括所有人和主要股东在内，没有一个人能够了解全盘作业。所有人的决策都要接受协调整个系统的专家的修改和控制。因此，新的管理阶层出现了，他们的权力不再依附于所有权，而在于整合方法。

管理者的权力不断扩张，股东就变得越来越不重要了。公司的规模扩大，小业主将股份出售给更多分散的股东，这些股东中很少有人了解企业的实际作业。股东逐渐开始依赖他们雇用的管理人员来处理公司的日常事务，甚至制定公司的长期目标和策略。董事会在理论上应该代表所有者，可是对于他们应该指挥的作业，董事会成员却越来越疏远、越来越不熟悉。同时，由于个别的私人投资减少，而养老基金、共同基金及银行信托部门等机构的间接投资增多，企业的实际“所有者”就更没有控制权了。

对于整合者的新权力解释得最清楚的人可能是美国财政部前部长W. 迈克尔·布卢门撒尔（W. Michael Blumenthal）。布卢门撒尔在进入政界之前曾掌管奔德士公司，有人问他是否希望有一天能拥有奔德士公司，他回答说："重要的不是所有权，而是控制权。身为总经理，这正是我所得到的！我们下周要举行股东会议，我手中有97%的选票，而我只‘拥有’8 000股。我认为控制权才是重要的东西。我想要控制这个庞然大物，并且以建设性的方法来运用控制权，而不是去做其他人要我去做的蠢事情。"

企业政策因而逐渐取决于公司雇用的经理或财务人员，而非真正的所有者，更不是工人。整合者成为主宰者。

整合引擎

整合一家企业，甚至一个行业，都只是人们该做之事中的一小部分。现代化的工业社会发展出了许多机构，从工会、贸易协会到教堂、学校、健康诊所、娱乐团体，处处都必须根据可预测的规则行事。法律是必需的。最重要的是，信息领域、社会领域、科技领域必须携手合作。

伴随第二次浪潮文明整合需求而来的是更大的协调者，即整个系统的整合引擎：庞大的政府。由于整个系统迫切需要被整合，各个第二次浪潮社会庞大的政府应运而生。

政治煽动家一再呼吁缩小政府的规模，然而一旦踏入政界，这些领导人物就不断扩大而非缩小政府的规模。这种口号和行动上的矛盾是可以理解的，只要我们能认识到所有第二次浪潮政府的最高目标都是建立和维护工业文明。在这个前提之下，所有的次要差异都消失了。党派和政客可能会为其他事情争论不休，但是在这件事上，他们默契十足。不论他们唱的是什么论调，庞大的政府都是默契中的一部分，因为工业社会要靠政府来执行必要的整合工作。

根据政治专栏作家克莱顿·弗里奇（Clayton Fritchey）的说法，美国联邦政府的规模即使是在过去三任共和党的领导之下，也从来没有停止扩大。“原因很简单，即使伟大的魔术师霍迪尼（Houdini）

也不可能在不造成严重有害后果的情况下把它解散。”

自由市场的支持者认为政府干涉了经济，可是如果让私营企业自行发展，就算工业化会出现，其发展速度也必然较为缓慢。政府加快了铁路的发展，建设了港口、道路、运河和公路，经营邮政服务，建立并且管制电报、电话和广播系统，制定商业规范，建立标准化的市场，运用外交政策的压力和关税政策来帮助本国企业的发展。政府将农民逐出农田，使其进入工业的劳动力市场。政府往往还通过军事途径支持能源和提升科技，并在不同层面上担负起其他机构无法执行的整合工作。

政府是最大的推动者。政府的强制力和税收收入可以用来推动私营企业无力承担的工作。政府以可弥补系统漏洞的方法来加速工业化的步调，赶在私营企业觉得有利可图之前采取行动。政府可以执行“预先整合”的工作。

政府制定大众教育制度，不仅使年轻人将来能担任工业社会劳动力的角色，由此惠及企业界，而且鼓励核心家庭的发展。政府让家庭放下教育及其他传统的功能，促使家庭结构配合工厂制度的需要，因而从不同层面统一了复杂的第二次浪潮文明。

当然，整合的重要性提升，使政府的实质和形态也发生了改变，总统和首相逐渐视自己为管理者，而非社会和政治领袖。在个性和态度上，他们与大公司和大企业的经营者几乎毫无分别。除了按照惯例口头上承诺的民主和社会正义外，工业世界的尼克松、卡特、撒切尔夫人、勃列日涅夫、德斯坦、大平正芳等政治领袖在执政之前都只是许诺有效率的管理而已。

因此，不论在社会主义国家还是在资本主义国家，都出现了同样的形式——大公司或大型生产组织和庞大的政府机器。马克思预言工人会掌握生产资料，亚当·斯密的追随者相信资本家会保有权力，然而一股全新的力量却向这两者发起了挑战。权力专家夺取了“整合资源”，以及对社会、文化、政治和经济的控制权。第二次浪潮社会是由整合者统治的。

权力的金字塔

这些权力专家自己组织成领导阶层和分支领导阶层。每个行业、每个政府的分支机构很快就都有了自己的制度和自己掌权的“他们”。

运动、宗教、教育各有其权力的金字塔。科学制度、防卫制度、文化制度逐一兴起。第二次浪潮文明的权力被分配给几十个、几百个，甚至几千个这类专门的领导阶层。

这些专门的领导阶层也为遍及所有专门职业的一般领导阶层所统一。在资本主义国家，杰出的商人和律师参与市政委员会。因此，我们在所有第二次浪潮国家所看到的是由整合者、官僚和行政主管组成的专业团体，这些人又由一群整合者加以协调。

超领导阶层

最后，在较高阶层担任整合工作的是负责投资分配的“超领导阶层”。不论在财政方面还是在企业方面，也不论在五角大楼还是在苏联计划委员会，工业社会中负责主要投资分配的人都设下了限制，而整合者不得不采取行动。一旦拟定了一个大规模的投资决策，不论是在明尼阿波利斯还是在莫斯科，它都限制了未来的选择余地。由于资源稀少，除非成本已经摊提完毕，否则我们不能随便拆毁贝塞麦转炉或捣毁工厂和生产线。因此，一旦资本储存固定了其中的变量，未来的管理者和整合者就受到了束缚。这些不露面的决策者控制了投资的权力，形成所有工业社会的超领导阶层。

结果，在各个第二次浪潮社会里，出现了一个平行的领导阶层。这个潜在的权力阶层在每一次危机和政治动荡后都会再生。姓名、口号、党派、候选人可能会改变，革命可能会来而复去，新面孔可能会出现在红木办公桌之后，但基本的权力结构依然不变。

过去300年里，各个国家的反叛者和改革者企图推倒壁垒，根据社会正义和政治平等原则建立新的社会。这些运动以自由作为承诺，一度激发了数百万人的热情。革命分子不断去撼动当时的政权。

然而，最后的结果都是一样的。反叛者在推翻旧政权之后都在自己的旗帜下重新创造了一个相类似的由分支领导阶层、领导阶层和超领导阶层组成的结构。对第二次浪潮文明而言，这一整合结构和权力专家就像工厂、化石燃料、核心家庭一样是不可或缺的。工业制度和它所许诺的民主事实上是相互矛盾的。

工业国家可以通过革命的行动被迫游移于自由市场和中央计划之间，也可以在资本主义和共产主义之间摇摆，但是，“江山易改，禀性难移”，这些国家不能没有强大的整合阶层。

今天，第三次浪潮开始冲击这座管理权力的城堡，这一权力系统出现了第一道裂痕：要求参与管理决策，要求工人、消费者和公民共同制定决策，要求预期的民主。这些呼声传遍了各国。在最先进的国家里出现了一些新的组织方法，即减少等级分化、增加项目小组。权力分散的压力增大，管理者越来越依赖下属提供的资料，领导阶层本身也越来越不持久、不稳定。这些现象都是早期的警报——指出政治制度即将面临动荡。

第三次浪潮已经开始袭击这些工业结构，为社会和政治改革带来惊人的新机会。将来，惊人的新机构将会取代我们落伍、压抑、行不通的整合结构。

在谈到这些可能性之前，我们必须先分析垂死的制度，透视落伍的政治制度，了解它如何配合第二次浪潮文明的结构，如何支持工业社会及其领导阶层，然后我们才会了解为什么这个制度不再适用、不再为人们所接受。

第六章　潜在的蓝图

对法国人而言，世界上最令人困惑的事莫过于美国总统竞选奇观了：大嚼热狗、拍肩握手、亲吻孩童、客气地拒绝预选、全国代表大会，紧接着疯狂地筹募基金、亲临各地、发表演说、做电视广告——都是假借民主之名。同样地，美国人也很难理解法国人选领袖的方法。当然，让美国人觉得莫名其妙的还有温和的英国大选、荷兰自由放任的二十几个政党、澳大利亚的优先投票制度、日本各党派的轮流执政制度。这些政治制度看似各不相同。更让美国人觉得不可思议的是苏联和东欧的一党选举。谈到政治，没有哪两个工业国家是相似的。

然而，一旦抛开地域观念，我们就会突然发现在表面的差异下潜藏着许多极为相似之处。实际上，所有第二次浪潮国家的政治制度似乎都建立在同一张潜在蓝图上。

第二次浪潮革命家推翻了法国、美国、日本等国家的领导阶层之后，面临制定宪法、建立新政府、重新设计新政治机构等任务。他们在创造的狂热中辩论新观念和新结构。他们在各地争论代议的性质。谁应该代表谁？代表是应该懂得如何替人民投票，还是应该相信人民自己的判断力？政府公职任期应长应短？各个党派应该扮演什么角色？

各个国家的新政治制度即源于这些冲突和争论。仔细观察这些制度，我们会发现它们是此前第一次浪潮的假设和工业时代带来的新观念的混合体。历经漫长的农业文明之后，第二次浪潮政治制度的创立者很难想象建立于劳动力、资本、能源和原料而非土地之上的经济。土地一直是人们生活的中心，因此地域因素深植于我们的选举制度之中。美国的参议员和众议员及英国等工业国家的议员都不是依照社会阶层、职业、人种、性别、生活方式等标准被选拔出来的，他们只是一个特定地区居民的代表。

第一次浪潮中的人口流动很少，因此工业时代的政治制度自然而然地假设人们一辈子都会待在同一个地方。直到今天，居住权仍是选举规则中的要项。

第一次浪潮中的人生活节奏很缓慢，通信方式很原始，一个消息由费城国会传到纽约可能要花一周时间，华盛顿的一篇演说可能要花好几周甚至好几个月才能传遍全国。迟至1865年，林肯遇刺的消息还要花12天才能传到伦敦。由于需要众人共议的事情进展很缓慢，国会的代议政体向来被视为“深思熟虑”——可以慢慢考虑他们需要讨论的议题。

第一次浪潮中的绝大多数人都是文盲，很无知，因此人们相信，那些代表，尤其是选自受教育阶层的代表自然会做出比大众更为明智的决定。

虽然第二次浪潮革命家在政治制度中引入了第一次浪潮的假设，但他们也把眼光投向未来，因此他们所建立的制度反映出当时最新的技术观念。

机械狂

工业时代早期的商人、知识分子、革命家都被机器催眠了。他们被蒸汽机、时钟、织布机、水泵筒、活塞迷住了，因此他们根据当时简单的机械技术原则建立了无数类似的制度。像富兰克林和杰斐逊等人既是科学家、发明家又是政治革命家，绝非偶然之事。

他们在牛顿伟大发明所产生的文化影响下长大。牛顿在探索宇宙之后，断言整个宇宙就是一个巨大的时钟，按照准确的机械规律运行。法国物理学家、哲学家拉·梅特里（La Mettrie）在 1748 年宣称，人本身就是一部机器。亚当·斯密后来把机器的理论引用到经济上，认为经济是一个系统，而系统“在很多方面和机器很相似”。

在谈论到《美国宪法》的争论时，麦迪逊曾经指出，必须“重新塑造系统”，改变政治权力的“结构”，以“不断过滤”的方式来选择公职人员。《美国宪法》本身就像大钟的内部结构，充满了“制动机和平衡轮”。杰斐逊也提到“政府机械”一词。

美国的政治思想中充斥着飞轮、锁链、齿轮、制动机和平衡轮的声音。马丁·范布伦（Martin Van Buren）发明了“政治机器”，随后，美国部分地区拥有了自己的政治机器：纽约市有了“特威德机器”，田纳西州有了“克伦普机器”，新泽西州有了“黑格机器”。

直到现在，美国政界人士仍然在国会和各州立法机构准备政治“蓝图”“机械选举”“蒸汽轧路机式”或者“铁路式”的方案。在19世纪的英国，克罗默（Cromer）爵士构想出一个“可以保证机器各个部件协调运转”的帝制政府。

这种机械化思想并不是资本主义的产物。列宁认为国家“只是一部资本家用来压制工人的机器”。托洛茨基（Trotsky）提及“资产阶级社会机械结构的所有轮子和螺丝”，同时以同样机械化的语气来述说革命党的机能，他称呼这种机能为强有力的“仪器”，并指出“和任何机械一样，仪器本身是静止的……物体的运动要能克服死的惯性……因此，蒸汽的动力在转动飞轮之前必须克服机器的惯性”。

第二次浪潮社会的革命家，不论是资本主义者还是社会主义者，都浸淫于这种机械思考之中，几近盲目地相信机器的能力和效率，因而发明了带有许多早期工业机器特色的政治制度。

代议制度

第二次浪潮社会的革命家所制定的政治结构是基于代议的基本观念的。每个国家采用一部分标准，这些标准来自所谓的全球代议制度。

这些标准包括：

1. 个人有选举权。

2. 党派集聚选票。

3. 候选人赢得选举后立刻成为选举人的代表。

4. 在立法机关（国会）里通过选举的方式，由代表制定法律。

5. 行政首长（总统、首相、政党秘书）把原料以政策的形式放入立法机器，然后执行最后的法令。

选票相当于牛顿机械论中的“原子”。选票由政党收集，而政党又成为制度的“复印本”。政党从各个渠道把选票集中起来，把它们输入选举计算机，按照政党的势力予以混合，产生“民众意愿”——这是推动政府机器运转的基本燃料。

代议制度的标准在不同的地方以不同的方式结合并运用。在有些地方，凡是超过 21 岁的人都可以投票；在有些地方，只有白种男人有选举权。在某个国家，整个选举程序只是独裁者走走过场；在另一个国家，选举结果确实代表大多数民意。有些国家是两党执政，有些国家是多党执政，还有一些国家则只有一党执政。然而，历史的轨迹很清晰，不论政党如何修正、重组，所有工业国家正式的政治机能所采用的都是同一套基本制度。

正如工厂代表了整个工业科技领域，代议政府（无论如何变化多端）也成为每个“先进”国家的地位象征。事实上，在殖民者的压力和自身盲目效仿心理的驱使下，许多非工业国家都匆忙建立起同样正式的制度，运用同样的全球代议政体。

全球法律工厂

“民主机器”并不仅仅存在于国家层面，州、县、地方政府，甚至议会都予以采用。今天，仅在美国，各大都市就有 50 万名民选的公职人员和 25 869 个地方政府单位，每个地区都有自己的选举活动、代议政体和选举方法。

在非都市地区，有数千部这类代议机器，全球总数不下千万。在瑞士各州、法国各区、英国各郡、加拿大各省、波兰各区、新加坡、海法、大阪、奥斯陆，公职候选人瞬间变成代表。至少有 1 万部这类机器在第二次浪潮国家制定法律、政令、制度和规则。

理论上，正如每个人和每张选票都是一个微小的单位，每个政治单位——国、省、地方，也都被视为微小的存在。每个单位都有其精心界定的权限、权势、权利和责任。各单位依阶层形态组合在一起，由上而下，由国到州到地区再到地方权力，但是工业制度日趋成熟，经济逐渐统一，每个政治单位的决策都会触及其权限以外的地带，引起其他政治体系的反应。

日本国会关于纺织业的决定会影响到北卡罗来纳州的就业和芝加哥的福利事业。美国国会表决外国汽车的配额会增加名古屋和都灵的地方政府的工作负荷。政界人士一度可以自行决策，不干扰他们权限以外的地带，但是这种情况越来越少见了。

到 20 世纪中叶，全球各地许多表面上很独立的政治团体，通过经济来往，广泛的旅游访问、移民和通信，不断互相影响。

各种代议制度也因而逐渐形成一部看不见的超级机器：一座全球法律工厂。我们现在就要看看这个全球体系的杠杆和控制轮如何操纵，以及由谁操纵。

选举仪式的充分保证

代议政府源于第二次浪潮革命的解放之梦，它比早年的权力制度迈进了一大步，在技术上的胜利远超蒸汽机和飞机。

代议政府摒弃了世袭制，代之以有秩序的政权转移。它为社会各个阶层开启了反馈通道。它提供了一个场所，让各个团体的歧见得以和平解决。

代议政府遵从少数服从多数的原则和一人一票的观念，帮助贫弱者从担负社会整合责任的权力专家手中获得利益。基于上述理由，就整体而言，代议政府的普及乃是历史上人性化的一大突破。

然而，代议政府从一开始就无法履行其承诺。不论我们如何运用想象力，如何下定义，它本身都不是由人民控制的政治。它确实无法改变工业国家的潜在权力结构——分支领导阶层、领导阶层和超领导阶层。事实上，代议机能不仅没有削弱管理阶层的控制力，反而变成他们掌握权力的一种主要整合工具。

选举不仅关乎输赢，而且为领导阶层承担起一项强有力的文化功能。每个人都有投票权，选举造成了人人平等的假象。选举提供了群众程序的保证，传递给人们一个观念——选择的进行是系统性的，和机器一样规律，因此自然是合理的。选举在形式上向选民担保，他们仍然是主宰者——至少在理论上，他们有选择领袖的权力。在资本主义国家和社会主义国家，确保履行选举程序往往比选举结果更为重要。

负责整合工作的领导阶层在各地运用不同的手法操纵政治机器，他们可以控制党派的数目或者左右选举的合法性。然而，选举的仪式（有人会认为是闹剧）却在各地上演。

同时，虽然有民主改革者和激进者的努力，领导阶层仍然保有永久控制代议政府的能力，人们提出许多理论来解释个中原因，但是多半都忽略了这一制度的机械本质。

如果以一个工程师而非政治学家的观点来看第二次浪潮的政治制度，就会突然发现一个不为人所关注的关键因素。

工程师往往把机器分成两种非常不同的类型：一种是间歇作业，称为“分段处理”的机器；另一种是不间断作业，称为“连续流程”的机器。一般的打孔机即属于前者，工人把一叠金属片放入机器，把它们压成所要的形状。一叠压完，机器就会停止，等候新的一叠出现。后者如炼油厂，一旦开工就永远不会停止。一天 24 小时，石油流经各个输油管道。

如果我们注意到全球法律工厂断续的选举制度，就会发现自己面对的是一部典型的分段处理机器。大众可以在规定的时间段选择候选人，时间一过，正式的“民主机器”就又开动了。

各个有组织的机构、游说团体和权力传播者发挥的却是持续的影响力。企业界和政府机构的说客在委员会前做证，组成蓝带审查小组，参加同样的宴会，在华盛顿用鸡尾酒、在莫斯科用伏特加举杯互敬，来回传递消息和增强影响力，因而持续不断地影响了决策程序。

总之，领导阶层创造了一部强有力的连续流程机器，和民主分段处理机器一起作业。我们只有在眼见这两种机器并肩而立时，才会了解国家如何在全球法律工厂里行使权力。

只要代议游戏继续进行，人民就最多只能间歇地利用投票的机会表达他们对政府及其决策是否认同。相反，权力专家却可以不停地左右那些决策。

最后，一种控制社会的有力工具被并入代议原则。选举某些人来代表其他人，因而形成了新的领导阶层。

当初，工人争取组织工会的权利时受尽压迫，被控以阴谋叛乱，被公司间谍追踪并遭受警察毒打。他们是政治制度的局外人，没有足够的权力在这一制度中当代表。

一旦成立了国会，就又出现了一个新的整合团体——劳工组织，其中的成员不仅代表工人，而且负责协调工人与政府及企业界的领导阶层。撇开美国劳动联盟前主席乔治·米尼（George Meanys）和法国劳工领袖乔治·塞格斯（Georges Séguys）的说辞不谈，他们自己就是整合领导阶层的主要成员。

在理论上，渴望再度当选的心理可以保证代表均会诚实不欺，继续为他们所代表的群众发言，但是并不能防止他们被权力吸引。代表和被代表人之间的鸿沟越来越大。

总之，代议政府——我们也称之为民主，是一种保证不平等的工业技术。代议政府是假代议。

稍微回看一下刚才的结论，我们所见到的是极端仰赖化石燃料、工厂生产、核心家庭、公司、大众教育、大众传播的文明，而这一切都奠基于生产和消费的分离之上，并由负责整合工作的领导阶层管理。

在这种制度之下，代议政府成为政治工厂。事实上，这是一座制造集体整合决策的工厂。和大多数工厂一样，它是由上层负责管理的；也和大多数工厂一样，它已经逐渐落伍，成为走进第三次浪潮的牺牲者。

如果说第二次浪潮的政治结构正逐渐落伍，不能应对今天的复杂局面，部分原因应归咎于另一个重要的第二次浪潮机构：国家。

第七章　国家狂热

阿巴科岛上有 6 500 个居民，这座岛屿是佛罗里达州海岸外巴哈马群岛的一部分。几年前，一群美国企业家、军火商、自由企业理论家，以及一位黑人情报员、一位英国上议院议员联合决定，阿巴科岛宣布独立的时刻到了。

他们计划占领该岛，与巴哈马政府决裂，允诺革命成功后给予当地居民每人一英亩[①]土地。（这样做会剩下 25 万英亩土地为不动产开发者和投资者所用。）他们最终的梦想是要把阿巴科岛建设成没有税赋的乌托邦，让害怕社会主义制度的富有商人有个避难处。

自由企业虽好，但当地居民对挣脱束缚毫无兴趣，致使疑议中的新政府胎死腹中。

然而，在这个到处有人争取建国，已有 152 个国家在联合国取得成员国地位[②]的世界，这类可笑的举动自有其意义。它迫使我们

① 1 英亩≈ 4 046.86 平方米。——编者注

② 此为作者写作时的数据。截至 2017 年，联合国已有 193 个成员国、2 个观察国。——编者注

向国家的观念发起挑战。

不论是否由古怪的商人支持，6 500 人口的阿巴科岛可能构成一个国家吗？如果 230 万人口的新加坡算是一个国家，那么 800 万人口的纽约市为什么不能跻身国家之列？如果布鲁克林区拥有喷气式战斗机，它就可能成为一个国家吗？这些问题看似很怪异，但是在第三次浪潮动摇第二次浪潮文明的根基之际，上述问题将会占有新的重要地位，因为这些根基之一就是国家。

除非我们能揭示“国家主义”的含义，否则我们不可能看懂头条新闻，也不可能了解第一次浪潮文明和第二次浪潮文明的冲突，以及第三次浪潮带来的突破。

朝令夕改

在第二次浪潮开始横扫欧洲之际，世界上大多数地区还没有合并成国家，而只是部落、党派、领地、公国、王国和其他地方组织的混杂局面。政治学家S. E.芬纳（S. E. Finer）曾说：“国王和诸侯拥有零散的势力。”边界没有明显的界线，政府的权力也很模糊，国家的权力还没有标准化。芬纳告诉我们，在一个村庄里，国家的权力仅限于为一架风车征税，在另一个村庄以向农民课税为限，在其他地方则以任命修道院院长为限。一个人如果在几个不同的地方拥有财产，就有可能必须向几个领主效忠。即使是最伟大的君主也往往统治许多地方自治小团体。政治控制仍然不统一。伏尔泰总结了这整个情况抱怨说，他在欧洲旅行时，法律朝令夕改，像更换马匹一样勤快。

当然，这一比喻的意义十分深远，频繁地更换马匹表明交通状况和通信条件十分原始，也缩小了最强有力的独裁者所能控制的范围。在离首都越远的地方，国家的权势越弱。

然而，政治不统一，经济不可能统一。第二次浪潮昂贵的技术只有在生产超出当地市场所需时才能被予以摊销。如果商人一踏出自己的地区就遇上各种不同的关税、税赋、劳工规定和货币，那么他们如何在大区域做买卖呢？为了弥补新科技的支出，地方性的经济必须并入全国性的经济，即全国性的分工和全国性的货物及资本市场，而这一切都需要全国性的政治统一。

简而言之，必须有第二次浪潮的政治单位来配合第二次浪潮经济单位的成长。

在第二次浪潮社会开始建立全国性的经济时，群众意识的转换也变得十分明显。第一次浪潮社会小规模的地方性生产培养出了非常狭隘的地方观念——大多数人只认同他们居住的地区或者村庄，只有极少数人对村庄以外的事感兴趣，如少数贵族和传教士，以及一些活在社会外围的艺术家、学者和外籍雇佣兵。

第二次浪潮使得更多人的利益与更广大的世界息息相关。通过蒸汽和煤炭燃料的技术及电力的应用，法兰克福的成衣制造商、日内瓦的手表制造商、曼彻斯特的纺织制造商都可以生产出远超本地市场需求的产品，同时他们还需要进口远方的原料。工厂的工人也会受到数千里外发生的财务事件的影响：人们的工作需仰赖远方市场的发展状况。

因此，人们在心理上眼界开阔了。新的大众传播工具带来了更多远方的资料和有关远方的印象。在这些变化的影响之下，地方观念逐渐削弱，国家意识因而崛起。

从美国革命和法国革命开始，一直到19世纪，国家主义的狂热横扫全世界工业化地区。德国350个分歧不睦的小国需要合并成单一的全国市场——祖国。分裂的意大利由萨伏依王朝、梵蒂冈、奥地利哈布斯堡王朝、西班牙波旁王朝统治，也必须予以统一；匈牙利人、塞尔维亚人、克罗地亚人、法国人都突然产生了神秘的种族亲和力；诗人争相推崇国家精神；历史学家发现了以往为人所忽略的英雄、文学和传说；作曲家为国家主义谱曲。这些现象都是工业化的结果。

一旦我们了解了工业化对统一的要求，国家的意义就变得十分明朗。国家不是德国哲学家施彭格勒（Spengler）所谓的“精神的结合”，不是“心理公社”或“社会灵魂”，也不是法国学者勒南（Renan）所谓的“丰富的记忆遗产”或西班牙思想家奥尔特加（Ortega）认为的“共享未来的形象”。

我们所谓的现代化国家是第二次浪潮的现象：统一的政治权威加诸或融合于统一的经济单位。自给自足、散处各地的地方性经济单位不可能形成一个国家。基于地方经济的严密划一的政治系统也不能形成现代化的国家。统一的政治体系和统一的经济的融合形成了现代化的国家。

美国、法国、德国和欧洲其他各地的工业革命引发了国家主义者的暴动，把政治整合的水准提升到与第二次浪潮相伴而生的经济整合水准。是这些暴动，而不是诗篇或神秘力量的影响，使世界分成明显的国家单位。

镀金铁钉

每个政府都企图扩张其市场与政治权威，反抗外在的限制——语言的差异，文化、社会、地理和策略的障碍。运输、通信、能源供给、技术生产力都限制了政治体系所能有效控制的范围，会计方法、预算控制及管理技巧的成熟与否也决定了政治统一的幅度。

不论是企业界还是政府机构，其整合的领导阶层都在这些限制下努力谋求发展。他们所控制的领域越广、经济市场范围越大，拥有的财富就越多、权力就越大。每个国家都极力扩张其经济和政治疆界，不仅企图突破这些天然的限制，而且希望推翻敌对的国家。

领导阶层以进步的科技来突破这些限制，他们投入到对 19 世纪的“生存空间”的争夺——修建铁路中。

1825 年 9 月，英国斯托克顿和达灵顿之间修建了一条铁路。1835 年 5 月，布鲁塞尔—梅赫伦铁路线开通。同年 9 月，巴伐利亚的纽伦堡—菲尔特铁路线修建完成，紧接着巴黎—圣日耳曼铁路线开通。1838 年 4 月，皇村和圣彼得堡之间也开通了铁路。往后 30 年内，铁路工人穿梭于各个地区。

法国历史学家夏尔·莫拉泽（Charles Morazé）曾说：“在 1830 年几乎获得统一的国家，因铁路的开通而更加稳固。未做准备的国家眼见新的铁轨紧紧束缚住自己。似乎每个国家在铁路建好之前都急着肯定其存在的权利，以便得到一个世纪以来操纵欧洲政治疆界的运输系统的认可。”

美国政府给予私人铁路公司大笔的土地津贴，正如美国历史学家布鲁斯·马兹利什（Bruce Mazlish）所言，政府这样做乃是“相信横跨大陆的铁路可以加强大西洋和太平洋两岸的紧密联系”。第一条横跨美国大陆的铁路在镀金的铁钉敲入后宣告完工，这条铁路开启了真正通往全国性市场的大门——全国性市场在统一的大陆之上组织起来了。铁路同时扩张了美国政府名义外的实际控制权，华盛顿政府现在可以迅速派军队横穿整个大陆以执行其权力。

我们在各个国家都看到这个强有力的新领导阶层——国家的出现，世界地图因此被分成许多清晰、不重叠的红、粉红、橙、黄、绿等各色图样，而国家制度变成第二次浪潮文明的主要结构。

在国家之下，潜伏着工业制度不可避免的整合趋势。

整合的趋势并未止步于每个国家的疆界，工业文明的势力不可遏止，除非世界各国的货币系统都能得到统一，而且国家能够控制和利用这一系统，否则国家仍然不能幸存。

国家如何办到这一点？这是了解第三次浪潮世界的关键。

第八章　帝国的动力

没有一种文明的传播是没有冲突的。第二次浪潮文明很快就对第一次浪潮世界展开全面攻击，并取得胜利，将它的意志强加于亿万人身上。

当然，在第二次浪潮出现之前，自 16 世纪以来，欧洲的统治者已经开始建立庞大的殖民地王国。西班牙的传教士和征服者，法国的捕猎者，英国、荷兰、葡萄牙和意大利的冒险家横跨全世界，奴役或屠杀所到地区的居民，取得大量土地的控制权，向他们自己的君主进贡。

然而，和下列事情相比，这些都显得微不足道了。

事实上，这些早期的冒险家和征服者遣送回家的都是私人的战利品。这些战利品支持了战争和个人的富裕生活——朝廷的冬季行宫、多姿多彩的特技表演、无须工作的生活状态，但殖民国家基本上自给自足的经济仍未受影响。

在阳光炽烈的西班牙土地上，在烟雾弥漫的英国荒野里，三餐不继的农奴没有什么可以外销的东西，他们大多生活在货币制度和市场经济之外，他们的生产还不够当地消费所需，他们也不依赖从其他国家抢来或买来的原料。对他们而言，无论如何日子都要过下去。海外征战的收获使统治阶级和城市更为富足，而身为农民的普通民众却一无所获。在这方面，第一次浪潮的帝国主义规模仍然很有限，尚未触及经济层面。

第二次浪潮改变了较小规模的殖民行为，形成了大企业，使小帝国主义成为大帝国主义。

这个新兴帝国主义的目标不再仅限于带回几箱金子、翡翠、香料和绸缎，最后满载而归的是一船又一船的硝酸钠、棉花、棕榈油、锡、橡胶、铝土矿、钨矿；这个新兴帝国主义在刚果挖掘铜矿，在阿拉伯埋设石油管道；这个新兴帝国主义从殖民地搜刮原料，经过加工，源源不断地将制成品以高价卖回给殖民地。总之，这个新兴帝国主义不再有分歧，而统一成工业国家基本的经济结构，成千上万名劳动者的就业均赖之维生。

除了新原料外，欧洲还需要大量食物。由于第二次浪潮国家转向制造业，把乡村劳工带入工厂，不得不从国外进口更多食物——牛肉、羊肉、谷物、咖啡、茶、糖，这些食物要从印度、中国、非洲、西印度群岛和中美洲进口。

随着生产规模的扩大，新工业领导阶层为了投资需要更大的市场和新的销售对象。19 世纪 80—90 年代的欧洲政治家谈到他们的目标时总是大言不惭。英国政治家约瑟夫·张伯伦（Joseph Chamberlain）认为：“帝国即商业。”法国总理朱尔·费里（Jules Ferry）更是坦言道，法国需要的是“满足我们企业、出口和资金需求的销售对象”。欧洲领袖受到经济起伏的影响，多年来面对着长期的失业状况，一直担心万一殖民地扩张受阻，失业就会导致国内的武装叛变。

然而，大帝国主义的根基并非仅限于经济，政策上的考虑、宗教狂热、理想主义、探险精神，甚至种族主义，都是帝国主义的组成部分，而其潜在的假设则是白人或者说欧洲人的优越感。许多人把帝国主义征服他人视为神圣的责任。英国作家吉卜林所谓的“白人的责任”表现出欧洲人传播基督教和“文明”（当然是指第二次浪潮文明）的热忱。殖民者认为，第一次浪潮文明不论多么精致复杂，终归是落伍的、未开发的文明。乡下人，尤其是黑色皮肤的人，被认为童稚无知、“狡猾又不诚实”“好偷懒”“不珍爱生命”。

这些观点正好纵容了第二次浪潮以武力消灭那些挡道的人。

在《机关枪的社会史》（*The Social History of the Machine Gun*）一书中，作者约翰·埃利斯（John Ellis）告诉我们，这种置人于死地的新武器在19世纪臻于完善，起初是用来对付原住民而非白种欧洲人的，因为用机关枪残杀同种人被认为是不合乎运动员精神的。然而，射杀殖民地居民被认为是狩猎而非战争，所以可以用其他标准来衡量。埃利斯在书中写道：“射杀马塔贝列人（属祖鲁族）、伊斯兰教苦修士，都被认为是一种危险的‘射击’行为，而不是真正的军事作为。”

1898年，在由喀土穆越过尼罗河的乌姆杜尔曼一地时，由伊斯兰教苦修士马赫迪（Mahdi）领导的起义军被一群装配有6挺马克泌重机枪的英国人击败，这项卓越技术的威力至此得到证明。一位目击者说："这是马赫迪的末日，也是他最伟大的一日……这不是战役，而是处决。"在这次镇压中，有28个英国人和11 000个起义军遇难—— 一个英国人即相当于392个殖民地居民。埃利斯写道："这是英国精神胜利和白人优越感的另一项例证。"

英国人、法国人、德国人、荷兰人等在全球各地传播种族主义、宗教和其他"正当理由"，然而其背后却有一个不容置疑的事实：第二次浪潮文明不能独立存在，它迫切需要外来的廉价资源暗中补助。最重要的是，它需要统一的世界市场来吸收这些补助。

花园中的气泵

英国古典政治经济学家大卫·李嘉图（David Ricardo）是创造统一的世界市场这种热忱的代表。他认为，除了工厂外，分工还应该应用在国家层面。他在一篇经典之作中指出，如果英国专门制造纺织品，葡萄牙专门酿酒，两个国家都会获利。每个国家都可以从事最拿手的行业，这种"国际分工"指派不同的生产任务给不同的国家，借此使人人受益。

这种信念成为此后几代人的教条，直到今日仍被遵守，不过它的意义往往被人忽略了。任何经济单位的分工都会造成整合的强烈需求，因而产生负责整合工作的领导阶层。同样，国际分工也需要全球的整合，由此产生了全球领导阶层，即一小批第二次浪潮国家基于现实的目的，轮流控制世界上大多数其他国家。

第二次浪潮横扫欧洲之际，创造一个统一的世界市场之动力促进了世界贸易惊人的增长。1750—1914年，全球贸易额据估计增长了50倍以上，由7亿美元增至将近400亿美元。如果李嘉图所言属实，全球贸易的利益就应该平均惠及各国。事实上，相信专业化会使人人受益乃是基于公平竞争的幻想。

这种信念的前提是有效地应用劳工和资源，交易不会受到政治力量和军事力量的威胁，并且远程交易双方的实力旗鼓相当。总之，理论很完备，但现实并非如此。

事实上，在第二次浪潮的商人与第一次浪潮的人做糖、铜、可可和其他产品等交易时，往往是非常不公平的。谈判桌的一边坐的是对金钱运用自如的欧洲和美国贸易商，他们背后有大公司、全球金融网络、强有力的技术、稳固的国家政府作为支柱；另一边坐的可能是地方领主或部落酋长，他们的人民从来没有接触过货币制度，他们的经济是以小规模的农业或手工业为基础的。谈判桌的一边坐的是积极、冷漠的机械化进步文明的代理人，随时准备用军队和机关枪来证明他们的优越感；另一边坐的是小部落和公国的代表，他们手上只有箭和矛。

地方统治者和中间商往往被西方人收买了，以贿赂和个人利好来交换当地劳工、镇压异己、修订当地法律以对外国人有利。帝国主义者一旦征服一个殖民地，往往就会为本国商人制定优惠的原料价格，设立重重关卡，避免敌对国家的商人抬高价格。

在这种情况下，工业世界能够以低于公平市场的价格取得原料和能源乃在意料之中。

除此之外，价格往往还因对买者有利而被压低，我们称之为“第一价格法则”。第二次浪潮国家所需要的原料对拥有原料的第一次浪潮国家毫无价值可言，非洲农民不需要铬，阿拉伯酋长不需要埋藏在沙漠底下的黑色金子（石油）。

某种货物如果没有交易历史，第一次交易的价格就十分重要。这一价格往往不是依据成本、利润、竞争等经济因素，而是依据相对的军事力量和政治力量得来的。由于没有积极竞争，领主和酋长可以接受任何价格，因为他们认为当地资源毫无价值，同时他们面对的是配有格林机关枪的军队。“第一价格”一旦定在偏低的水平，所有后来的价格就都会随之降低。

一旦原料被运回工业国家，制成产品，最初的低价就被冻结了。每种货物的世界性价格逐渐固定，所有的工业国家都因“第一价格”停留在一个“竞争性”的低水准而获益匪浅。因此，虽然帝国主义者强调自由贸易和自由企业的精神，但是第二次浪潮国家大大得益于所谓的“不完善的竞争”。

撇开华丽的辞藻和李嘉图的高论不谈，扩张贸易的好处并没有被众人共享，而是从第一次浪潮国家倾注到第二次浪潮国家中去了。

生产人造奶油

为了加速这一流程，工业化国家努力扩张和统一世界市场。在贸易超越了国家的界线之后，每个国家的市场都变成息息相关的大区域市场的一部分，最后则成为主宰第二次浪潮文明的整合领导阶层所预见的单一联合交易系统的一部分。全世界组成一张金融网。

第二次浪潮世界把其余地区都当成它的气泵、花园、矿坑、采石场，以及廉价劳动力供应地，因此全世界非工业人口的生活发生了巨大的改变。以自给自足的方式生产食物并维系数千年而不坠的文明，也被迫卷入世界贸易体系，否则就被消灭。锡矿和橡胶被用来填补工业世界贪婪的胃口，玻利维亚人和马来西亚人的生活水准突然要配合半个地球以外的工业经济的需求。

家庭用的人造奶油就是一个最戏剧化的例子。人造奶油原先是利用当地原料在欧洲制造的。随着人造奶油的销路越来越广，这些原料就变得不够用了。1907 年，研究人员发现可以用椰子油和棕榈油来做人造奶油，这项欧洲人的发现使西非居民的生活方式发生了大变化。

英国食品科学与技术中心前主任马格努斯·派克（Magnus Pyke）曾说:“在一向出产棕榈油的西非主要地区，土地为整个地区所有。”复杂的地方习俗和规则，左右了棕榈树的利用方式。在有些地方，种树的人终身都可以享有其出产物，有些地方的女性享有特殊的权利。据派克说，西方商人以大规模生产棕榈油的方法制造人造奶油，作为欧美工业社会人们的“简便”食物，他们破坏了非工业化的非洲人脆弱复杂的社会体系，在刚果、尼日利亚、喀麦隆、黄金海岸等地，规模巨大的棕榈树种植园建立起来。西方人得到了人造奶油，而非洲人变成大规模种植园的“准奴隶”。

橡胶是另一个例子。20 世纪初，美国的汽车生产突然迫切需要橡胶做外胎和内胎，商人勾结当地权势役使亚马孙地区的印第安人生产橡胶。英国驻里约热内卢大使馆领事罗杰·凯斯门特（Roger Casement）指出，1900—1911 年，每生产 4 000 吨普图马约橡胶，就要牺牲 3 万个印第安人的性命。

有人曾说这些都是极端的例子，并不是典型的大帝国主义。当然，殖民国家并非绝对的残忍邪恶，他们也为所统治的人民建立了学校和基本的医疗保障设施，改善了卫生和饮水条件，他们无疑提高了某些殖民地的生活水准。

把殖民地以前的社会理想化，或将今日非工业人口的贫穷完全归咎于帝国主义，都是不公正的。气候、当地社会的腐败、暴政、无知、仇外心理都是导致贫穷的原因。在欧洲人到达之前，当地社会就已经充满了痛苦和压迫。

然而，一旦放弃自给自足的方式，为金钱和交易而生产，一旦被迫以开矿、栽植为生，从而重组其社会结构，第一次浪潮世界的人就得依赖他们无力左右的经济市场。他们的领袖往往收受贿赂，他们的文化遭到耻笑，他们的语言备受排挤。此外，殖民国家让被殖民国家的人民在心理上觉得低人一等，直至今日，这仍是殖民地经济和社会发展的障碍。

然而，对第二次浪潮世界而言，大帝国主义的报酬很优厚。正如经济史学家威廉·伍德拉夫（William Woodruff）所言："这些地区的开发利用和随之而来的贸易成长，使欧洲家庭的财富达到前所未有的水准。"帝国主义建立在第二次浪潮经济的结构上，以资源来满足其贪婪的需求，并就此横扫全球。

1492 年，哥伦布首先踏上了新世界，当时欧洲人只控制全世界 9%的地区。1801 年，他们控制了 1/3，1880 年达到 2/3。到 1935 年，欧洲人的政治统治及于地球表面 85%的土地和 70%的人口。这个世界和第二次浪潮社会一样，也被分成整合者和被整合者。

美国式整合

然而，并不是所有的整合者都是地位平等的。第二次浪潮国家为了控制世界经济制度，掀起了血战。英国和法国的势力在第一次世界大战中遭到德国工业势力的挑战。毁灭性的战争过后，随之而来的通货膨胀、经济不景气和俄国革命，一次又一次地震撼了工业世界的市场。这些挑战使世界贸易的增长率大幅降低，虽然越来越多的国家被纳入贸易体系，但是国际贸易货物的实际数量有所减少。第二次世界大战更减缓了整合世界市场的扩张速度。

当第二次世界大战结束时，西欧已沦为废墟，德国呈现一片荒芜的景观，苏联遭受不可名状的物质和人口损失，日本的工业垮了。在工业国家中，只有美国在经济上未受到伤害。1946—1950 年，全球经济呈现十分混乱的局面，国际贸易降至 1913 年以来的最低水准。

战争摧毁了欧洲国家，同时也促使一个个殖民地争相要求政治独立。甘地、胡志明、肯雅塔和其他反殖民主义者掀起了驱逐殖民者运动。

在第二次世界大战停战之前，情势即已明朗，整个工业世界的经济必须在战后根据新基础进行调整。

有两个国家承担起重建第二次浪潮体系的工作——美国和苏联。

美国在当时大帝国主义运动下所扮演角色的分量非常有限。为了开拓疆界，大批屠杀美洲原住民，或将他们安置在保留区内。在墨西哥、古巴、波多黎各和菲律宾，美国人效仿英国人、法国人和德国人的帝国主义策略。20 世纪初，在拉丁美洲，美国的金元外交促使联合果品公司等企业能以低价获取糖、香蕉、咖啡、铜等货品。然而，和欧洲相比，美国只是大帝国主义行列中的年轻伙伴。

第二次世界大战后，美国成为世界上最大的债权国。它拥有最先进的技术、最稳定的政治结构，以及一个千载难逢的机会，去填补那些为战争所累的竞争对手从殖民地撤退后留下的权力真空。

早在 1941 年，美国财政战略家即开始进行对美国有利的战后世界经济重整规划。1944 年，在美国领导下举行的布雷顿森林会议上，有 44 个国家同意设立两个关键性的整合机构——国际货币基金组织和世界银行。

国际货币基金组织强迫成员国将本国货币与美元或黄金的比值固定下来——大多操控在美国手中。（1948 年，美国拥有世界黄金储备的 72%。）国际货币基金组织因而固定了全世界主要货币的基本关系。

同时，世界银行设立之初是为了给欧洲国家提供战后的重建基金，后来也逐渐开始为非工业国家提供贷款。这些贷款的去处往往是修筑道路、港口和其他“基本项目”，以促使原料和农产品外销到第二次浪潮国家。

这个体系中很快又加入了第三个因素——关税与贸易总协定。这个协定原本是由美国推动的，希望能使贸易自由化，结果导致贫穷、科技较为落后的国家难以保护其新兴企业。

这三个组织勾结在一起，世界银行不会贷款给那些拒绝加入国际货币基金组织或拒绝遵守关税与贸易总协定的国家。

这一体系使美国的债务人无法通过货币或关税控制减轻负担。它加强了美国工业在世界市场上的竞争力，同时使得工业强国，尤其是美国，在许多第一次浪潮国家独立之后仍能对其经济规划产生强有力的影响。

这三个相关组织形成了一个世界贸易整合结构。从 1944 年到 20 世纪 70 年代初，美国基本上控制着这一体系。在各国之中，美国是整合者中的整合者。

第九章　工业现实观

第二次浪潮文明的触角伸向整个地球，改变了它所触及的一切事物，为人们带来科技和贸易之外的许多东西。第二次浪潮文明和第一次浪潮文明相冲击之后，不仅为数百万人创造了新的现实环境，而且开辟了新的对现实的思考方式。

农业社会的价值观、概念、传说和道德观念都相继崩溃，第二次浪潮带来了对上帝、正义、爱、权力和美的新定义，激发出新观念、新态度和新理论，推翻了以往对时间、空间、质量和因果的假设。第二次浪潮的现实世界可以用一个强有力且统一的世界观来解释。这个工业社会的世界观尚未定名，我们不妨将其命名为“工业现实观”。

工业现实观包括许多观念和假设，而在工业制度下成长的人也据此认识这个世界。这些观念和假设就是第二次浪潮文明中的科学家、企业领袖、政治家、哲学家和宣传家所运用的前提。

当然，也有向第二次浪潮现实观发起挑战的反对声浪，但我们在此所讨论的是第二次浪潮思想的主流，不是支流。从表面上看，似乎根本没有主流可言，而有两种互相冲突的意识支流。19 世纪中叶，每个工业国家都有明显的左翼和右翼，右翼支持个人主义和自由企业，左翼拥护集体主义和社会主义。

意识形态的斗争起初只限于工业国家，但是很快就遍及全球。1917 年俄国革命后，出现了一部世界性的集权宣传机器，意识形态的冲突日趋激烈。第二次世界大战结束后，美国和苏联都希望按照自己的方法重新整合世界市场，双方都斥巨资向世界上的非工业国家传播它们的信条。

一边是集权政体，另一边是所谓的自由民主。理性的争执尽头，枪炮取而代之。自 16 世纪宗教改革运动中天主教和基督教的激烈冲突之后，两大神学阵营的教条还从未出现过如此明显的分裂状况。

然而，很少有人注意到，在这场宣传热战中，虽然双方都大力鼓吹各自的意识形态，但双方所叫嚣的是同样的超意识形态；双方的结论（经济计划和政治教条）虽然大不相同，但基于相同的假设。基督教和天主教的传教士各自引用不同版本《圣经》中不同的经文，然而双方所宣传的都是基督的道理。马克思主义者和反马克思主义者也是如此，不论是资本主义者还是反资本主义者，也不论是美国人还是苏联人，都在同样的基本前提下盲目地向非工业地区的非洲、亚洲和拉丁美洲迈进。双方都向其他文明传播工业制度的优越性，双方都是工业现实观的忠实宣传者。

进步原则

他们所传播的现实观是建立在三个密切相关的工业现实观的信

仰之上的，这三个信仰把所有第二次浪潮国家联系在一起，将它们与其他国家区别开来。

第一个信仰和自然有关。虽然社会主义者和资本主义者对于如何分享其成果有完全不同的看法，但他们对自然的态度是一样的。对他们而言，自然都是有待开发利用的对象。

人类应该主宰自然的想法至少可以追溯到创世纪之初，不过在工业革命之前，这只代表少数人的观点。大部分早期文化均强调安贫乐道，强调人类应与自然生态和谐共处。

这些早期的文化对自然并不是十分友善，当时的人类砍伐、焚烧、毁灭森林以取得木材，只不过他们的破坏能力非常有限。他们对地球的冲击力不大，也不需要以任何观念作为破坏地球环境的借口。

在第二次浪潮文明来临之后，资本主义实业家大量挖掘资源，在空气中释放大量有害气体，为了追求利润不惜砍伐整片整片的森林，他们很少考虑到这些行为的后果和长期影响。自然有待人们开发利用的观念成为急功近利者的借口。

第二个信仰更为深入人心。人类不仅可以掌握自然，而且人类是进化的顶峰。进化论很早就有了，达尔文在19世纪中叶工业化发展十分迅速时，为这一观点提供了科学依据。他提到“物竞天择”——这一不可避免的过程无情地筛除了软弱且无效率的生命形态。就其定义而言，适者生存。

达尔文最关心的是生物进化，但是人们很快就意识到他的观念中带有明显的社会和政治意味。因此，社会达尔文主义者认为，自然选择的原则也可以适用于社会，而最富有、最具权势的人就是最适生存者和最有功劳者。

人们逐渐意识到整个社会的进化都依据同一淘汰原则。根据这一理论，工业制度比非工业文化的进化层次更高。坦白地说，第二次浪潮国家优于其他国家。

社会达尔文主义者为资本主义找到借口，这种文化上的自大也为帝国主义找到说辞。扩张中的工业势力需要廉价的资源作为生命线，它们以道德为借口压低资源的价格，甚至不惜消灭农业社会所谓的原始社会。社会进化的观念在知识上和道义上都认可非工业社会的人较为落伍、较为不适合生存的观念。

达尔文曾经平静地谈到塔斯马尼亚原住民遭遇的大屠杀，他以一种种族灭绝的热情预言："未来文明的人种将会消灭并且取代全世界未开化的民族。"第二次浪潮文明的一线人士清楚地知道，谁应该生存。

虽然马克思严厉地批判资本主义和帝国主义，但他也同意工业制度是最先进的社会形态，所有其他形态的社会都会逐渐进化。

结合自然与进化的工业现实观的第三个信仰就是进步原则，即认为历史的发展会为人类带来更好的生活。这种观念在工业社会出现之前就存在了，但是直到第二次浪潮之后，进步的观念才得到全面的发展。

第二次浪潮在欧洲出现之后，上千个声音突然唱出同一首哈利路亚的颂歌。莱布尼茨（Leibniz）、杜尔哥（Turgot）、孔多塞（Condorcet）、康德、莱辛（Lessing）、约翰·斯图尔特·穆勒（John

Stuart Mill）、黑格尔、马克思、达尔文，以及无数重要的思想家都找出理由来支持宇宙乐观论。他们争论的主题包括进步是否真的不可避免，或需要人类施以援手；美好生活的构成要件是什么；进步会不会无止境地持续下去。总之，以上皆属于进步的观念，都应予以赞许。

无神论者和神职人员、学生和老师、政治家和科学家都一致传播这一新的信仰。商人和政府官员宣称新工厂、新产品、新住宅开发、高速公路、水坝都是进步的明证，证明一切由坏变好，由好变得更好。诗人、剧作家、画家都把进步视为理所当然的事。进步是贬抑其他国家和征服“不进步”文明的借口。

同样的观念也不止一次地贯穿于亚当·斯密和马克思的著作中。正如马克思主义经济学家罗伯特·海尔布罗纳（Robert Heilbroner）所言：“亚当·斯密相信进步……在《国富论》中，进步不再是人类理想的目标，而是……人类奔向的终点……一个私有经济目标的副产品。”对马克思而言，这些以个人目标为目的的活动只是资本主义自我毁灭的开端，但这些活动本身也是长期历史动荡的一部分，把人类带往社会主义、共产主义及更美好的未来。

因此，在第二次浪潮文明中，三个关键的观念——与自然对抗、进化的重要性和进步的原则，是工业文明的代言人用以向全世界解释和辩护的工具。

在这些信仰之下隐藏着有关现实的深入假设—— 一些不可言说的有关人类经验的基本元素。每个人都必须应对这些元素，而每种文明都有不同的解释。每种文明都一定要教导孩子如何把握时间和空间，向他们阐明自然的运作（不论是通过神话、比喻还是科学理论），并且提供一些线索，告诉他们事情的因果关系。

第二次浪潮文明在成熟之后，基于其对时间、空间、质量和因果的假设，创造出一个新的现实形象。它把过去的碎片以新的方式重新拼凑，运用经验和实证试验，改变了人类感受周遭世界的方式，以及他们日常生活的行为方式。

时间软件

我们从前几章中可以了解工业制度的传播有赖于人类行为和机器节奏的同步化。同步化是第二次浪潮文明的指导原则，而生活在工业制度之下的人在外人眼中都是时间的奴隶，永远在紧张地看手表。

为了深植时间观念，达成同步化的目标，人们对时间的基本假设（他们心理上的时间观念）必须改变，因而产生了新的“时间软件”。

从事农业的人必须知道何时播种与何时收获，如此他们才能准确地衡量长期的时间。因为农民不需要在劳动时按照同一步调工作，所以对短期的时间单位没有什么认识。他们往往不会把时间划分成小时或者分、秒等固定的单位，而是以概略、不精确的分割来代表进行某些家庭式工作的时间长度。农民可能把某一段时间称为“挤牛奶的工夫”。在马达加斯加岛，人们使用的时间单位是“一顿饭的工夫”，一刻称为“炸一回蚱蜢的工夫”。英国人有“做一次祷告的工夫”，更粗俗一点儿的还有“撒一泡尿的工夫”。

由于部落之间或村庄之间彼此没有什么交易，而且工作上也不需要运用时间单位，各个地区和各个季节的心理时间都不相同。比如，在中世纪的北欧，白天被分割成相等的时间单位“小时”，但是由于各个季节日出和日落的时间不尽相同，12 月的一个小时比 3 月或 6 月的一个小时要短。

工业社会除了“做一次祷告的工夫”这种不明确的时间单位外，还需要相当精确的单位，像小时、分、秒等，而且这些单位必须标准化，使各个季节和各个地区能够达成一致。

今天，全世界被清楚地划分成许多个时区。我们都使用“标准”时间。全世界的飞行员都参考祖鲁时间，即格林尼治标准时间。根据国际惯例，英国的格林尼治变成世界时间差异衡量的地点。人们定期把钟表拨快一小时或拨慢一小时，不论我们主观认为时间是快是慢，小时现在就是标准的时间单位，一小时是不能改变的一小时。

第二次浪潮文明不仅把时间切割成精确、标准的单位，而且把这些单位放在一条直线上，向过去和未来无限延长，时间变成线性单位。

事实上，时间呈一条直线的观念深植于我们的思想中，在第二次浪潮社会中成长的我们很难转变这一观念。然而，许多工业时代以前的社会和第一次浪潮社会都认为，时间呈一个圆圈，不是一条直线。玛雅人、佛教徒、印度教教徒都认为时间是重复的圆形，历史不断重复，经由轮回而再生。

时间就像一个大圆圈的观念来自印度教中“劫”的观念，一劫 40 亿年，梵文中的一日始于再生，终于死灭，往复循环。循环时间观也出现在柏拉图和亚里士多德的思想中，他们的弟子欧德摩斯（Eudemus）认为，他自己随着时间的循环，一遍又一遍地重复经历同一时刻。毕达哥拉斯（Pythagoras）对此进行宣讲。英国学者李约瑟（Joseph Needham）在《时间和东方人》（*Time and Eastern Man*）一书中指出："对印度-希腊人而言，时间是轮回和永恒的。"同时，李约瑟表示，在中国，虽然线性时间观占上风，"但是早期道家的哲学中赞同循环时间观"。

在工业时代以前，欧洲存在着各种不同的时间观。数学家G. J. 惠特罗（G. J. Whitrow）认为，"在整个中世纪，循环时间观和线性时间观不断引发争论。线性时间观源于商人阶级和货币经济的崛起。然而只要权力控制在土地所有者手中，时间就很充裕，而且和土地的循环联系在一起"。

第二次浪潮得势之后，这个相持已久的冲突终于得到了解决：线性时间观获得胜利。线性时间观在所有的工业社会里（不论是在东方还是在西方）都占据了优势。时间被视为一条高速公路，由过去经过现在通向未来，这种和工业文明之前迥异的时间观，变成所有经济、科学和政治计划的基础，通行于IBM（国际商用机器公司）的经理室、日本的经济计划厅和苏联科学院。

我们必须知道，线性时间是工业世界进化观和进步观的先决条件。有了线性时间，进化和进步才有存在的可能。如果时间呈圆形而非直线，如果时间会倒退，而不是朝单一方向发展，那么历史会一再重演，而进化和进步也不过是幻象——时间在墙上的影子而已。

同步化、标准化、线性化都左右了文明的基本假设，改变了一般人处理时间的方式。如果时间本身起了变化，那么空间也不得不重新调整，以适应新的工业现实观。

空间变化

在第一次浪潮文明出现之前，我们的祖先以渔猎游牧为生，他们总是不停地迁徙。他们遭受饥寒天灾等不幸，因气候变化和尾随猎物而迁徙，他们是最早的“高度流动者”——轻便地“旅行”于各地，避免积攒笨重的货物或财物，同时散处于世界各地。50 位男女老少组成的团体需要相当于 6 个纽约曼哈顿岛大小的土地来供应他们的生活所需，迫于情势，他们一年要迁徙数百英里之远。他们过着当今地理学家所谓的“空间开放”的生活。

相反，第一次浪潮文明孕育出一个“空间狭隘”的种族。农业取代了游牧，耕地和永久住所取代了迁徙的路径。农民和他们的家人不再在广阔的空间里不停地流浪，他们开始定居于一处，在空间的海洋中耕耘自己小小的土地——一个广阔的空间竟被分成如此狭小局促、固定不变的小天地。

在工业文明诞生之前，每个农民的茅舍周围都有广阔的土地。除了少数商人、学者和士兵外，大多数人终其一生都居住在非常狭小的地域里。他们日出而作，日落而息，一起去教堂，偶尔也会行至六七英里外的另一个村庄。当然，各处的情形因气候和地势的不同而有所差异，历史学家J. R. 黑尔（J. R. Hale）曾说：“大多数人一生最长的旅行距离差不多是 15 英里。”农业造就了“空间紧缩”的文明。

工业旋风在 18 世纪席卷了欧洲，再度形成“空间开放”的文化，但这一次是以全球为范围的。货物、人口和观念传播至数千里之外，人们为了寻找工作机会而开始迁徙。从前生产工作分散在田野中，现在却集中于城市里。大量人口被压缩于少数紧密的中心点上。旧日的村庄衰败、消失，新的工业中心崛起，带来了烟囱和炉火。

这一改组的画面需要城市和乡村复杂的协调，食物、能源、人口和原料都必须流入城市，而成品、流行、观念、财务决策则由城市外流出去。这两种流程在时间和空间上必须缜密地协调配合。同时，在城市里出现了各种不同的空间结构。在旧日的农业制度下，基本的城市景观包括教堂、贵族的宫殿、简陋的茅屋，偶尔会看到一家客栈或修道院。由于第二次浪潮文明的分工细化，需要更多专业化的空间形式。

基于上述原因，建筑师忙于参与兴建办公楼、银行、警察局、工厂、火车站、百货商店、监狱、消防站、收容所和戏院。这些不同的空间形式必须与合理的机能互相配合。工厂的选址，住宅到商店的距离，铁轨和码头及调车场的距离，学校、医院、水管、电力公司、排水沟、管道煤气、电话总机，处处都需要空间协调。空间必须像巴赫的“赋格曲”一样仔细地安排。

专业的空间协调工作——在适当的时刻把适当的人送到适当的地点，是时间同步化与精致空间的对称。换言之，也就是空间的同步化，因为工业社会的运行有赖于时间和空间的密切配合。

人们需要更为精确和标准的时间单位，也需要更为精密、可以互换的空间单位。在工业革命之前，时间的单位很粗糙，比如以“做一个祷告的工夫”为时间单位。同时，空间的单位也很模糊，比如在中世纪的英国，一个“路德”可以短到16.5英尺[①]，也可以长到24英尺。在16世纪，计算一个“路德”最好的方法就是在教堂散会时随意挑选16个人，把他们排成一列，让他们的左脚彼此相接，然后测量最后的长度。同时，人们还使用一些更为模糊的单位，比如“一天的行程”“一小时的路程”“半小时的马程”。

一旦第二次浪潮开始改变工作形态，市场逐渐扩张之后，这些松散的时间单位就再也不适用了。随着贸易的增加，精确的航海技术越来越重要，政府提供巨额奖金给从事商船航行更优路径设计的人员。在陆运方面，也出现了更多精良的度量法和精确的计量单位。

第一次浪潮时代混乱、矛盾、不统一的地方习俗、法律和贸易规定，现在必须予以合理化。不够精准的测量方法成为制造业者和商人面临的一大难题，这也是为什么在工业时代初期，法国革命者热衷于以公制单位和新历来达成距离与时间的标准化。他们认为这些问题非常重要，国民议会第一次宣布成立共和国时，这些规划都被列入第一批议程中。

第二次浪潮使得空间的界线问题更为复杂、明显。18世纪之前，帝国的疆界往往很不精确，因为许多地区人迹罕至，不需要那么精确。随着人口、贸易的增加，欧洲出现了工厂，许多政府也开始有计划地测量它们的疆界。各地的风俗不同造成了极为明显的差异，地方和私人的财产被清楚地划分、界定和登记下来。地图越来越详细、周全、标准。

① 1英尺=0.304 8米。——编者注

新的空间观正好配合新的时间观。准时和计划为时间定下了许多界限，空间也受到越来越多的限制。线性的观念不仅为时间所独有，连空间也有对应物。

在工业时代之前，直线的路程（不论陆路还是海路）是一件反常的事。农村小路、牛踩小径、印第安人的足迹都随地势蜿蜒，许多围墙都以不规则的角度迂回曲折，中世纪城市的街道彼此交错、缠绕。

第二次浪潮社会不仅把船只安排在直线的航程上航行，而且建造出平行直线的铁轨。美国规划官员格雷迪·克莱（Grady Clay）指出，这些铁路线（线这个字本身就暴露出线性的观念）成为新城市的交通线，形成格子形状的铁路网。格子形状加上直线和90°角，形成城市景观中一种特殊的规律和直线状态。

在现在城市中较古老的街区，仍然可以看到许多方形、圆形广场和复杂的交叉道路。在工业时代或者其后建筑的城市里，这些景观不见踪影，代之以统一的格子状规划。地区和国家也是如此。

机械化使得农田也呈直线状。工业时代以前的农民用牛来耕田，自然形成弯曲、不规则的线条。农民不愿意止住牛的脚步，随它耕到农田的尽头，在田地上形成一条“S”形的曲线。今天，任何人从飞机上向下望，都可以看到农田呈笔直的方块状。

直线和直角的混合不仅见于田野和街道，而且见于现代人的私人空间——他们居住的房屋。在工业时代的建筑中很少能见到弯曲的墙壁和非直角的角度。整齐的长方体取代了形状不规则的房屋，高耸的建筑把直线带入天际，以直线或格子组成的窗户呈现在大片墙壁上，俯视着笔直的街道。

我们对空间的观念和感觉也与时间一样，处于直线化的阶段。在所有工业社会里，不论是资本主义社会还是社会主义社会，也不论是东方还是西方，建筑空间的专业化、详细的地图、统一精确的测量单位和最突出的直线，都成为固定的文化和新工业现实观的基础。

现实的“粒子”

第二次浪潮文明不仅建立起新的时间和空间形象，而且用以规范日常的行为，为古老的问题“事物是由什么构成的”找出答案。每种文化都有其自创的神话和比喻，用以回答这个问题。对某些文化而言，宇宙是一个旋转的整体，人类是自然的一部分，与祖先和子孙密不可分，又与自然息息相关，和动物、树木、石头、溪流共同构成自然界。同时，在许多社会中，个人不是独立自主的个体，而是大组织（家庭、党派、部落或社区）的一部分。

其他社会不强调宇宙的整体或统一，而注重其分裂。它们不把现实视为一个融合的整体，而将其视为许多独立个体所组成的结构。

在工业时代出现的2 000年前，古希腊哲学家德谟克利特（Democritus）提出了一个独特的观念，认为宇宙不是浑然一体的，而是由不连续、不可毁灭、不能减少、不可见、不可分裂的分子构成的。他把这些分子称为“原子”。在此后的几个世纪里，宇宙由不可缩减的物质构成的观念被一再提及。之后，中国的《墨子》有言：“端，体之无序而最前者也。”端，是构成万物的最小单元。在印度，原子的理论和不可缩减的现实单位也在公元后不久盛行一时。古罗马诗人卢克莱修（Lucretius）扩充了原子哲学。然而，这种物质观仍然只是少数人的观点，经常遭到讥笑和漠视。

在第二次浪潮文明出现之后，原子论才成为主流观点，因为数种思想汇合，改变了我们对事物的观点。

17世纪中叶，一位法国神父皮埃尔·伽桑狄（Pierre Gassendi）开始谈到物质中含有极微小的“微粒子”。伽桑狄当时是巴黎皇家学院的天文学家和哲学家，他受到卢克莱修的影响，成为物质原子论的提倡者，他的观念很快就横扫英吉利海峡，传到年轻的科学家罗伯特·波意耳（Robert Boyle）那里。波意耳当时正在研究气体的压缩性，他把原子论的观念由抽象的理论变成实验，并且断言空气本身也是由小分子构成的。伽桑狄逝世6年后，波意耳发表了一篇论文，指出任何物质（比如地球）都可以分解成更简单的物质，它就不是一种元素。

同时，曾被伽桑狄批评的耶稣会数学家勒内·笛卡儿（René Descartes）认为，现实只有在破裂成极小的单位后才能被人们了解。借用他的话来说，“我们必须把所有问题分成无数的部分”。在第二次浪潮出现之后，哲学原子论和物理原子论开始齐头并进。

这对整体观念是一个严重的打击，一代又一代的科学家和哲学家以令人惊异的研究成果把宇宙划分成细小的碎片。微生物学家勒内·迪博（René Dubos）在笛卡儿发表了《方法论》（*Discourse on Method*）之后曾说：“此书应用于医学方面后，立刻带来了无数发现。”在化学和其他领域，原子论及笛卡儿的原子方法带来了惊人的突破。到18世纪中叶，宇宙由独立分割的部分组成的观念已经成为众所周知的事实，成为工业现实观的一部分。

每一种新文明都从过去攫取观念，然后重新塑造这些观念与世界的关系。对刚萌芽的工业社会（这个社会才刚开始朝批量生产流水线产品迈进）而言，一个由不同部件构成的宇宙观，看来是不可或缺的。

对原子论的认可当然还有政治和社会方面的原因。第二次浪潮打碎了旧日的第一次浪潮机构，把人们从大家庭、神圣的教堂和君主政体中解放出来。工业化的资本主义需要为个人主义找到合理的借口。旧日的农业文明衰败了，在工业文明出现之前的一两个世纪，贸易和城市都大量扩张，商人阶级要求自由贸易、借贷并且扩张市场，因而产生了新的个人观——个人也是原子。

个人不再是部落、阶层、氏族的附庸，而成为自由、自主的个体。每个人都有权利拥有财产，取得货物，与人交易，凭本事发财或挨饿，同时有权利选择宗教信仰及追求个人的幸福。总之，工业现实观产生了个人如原子的观念——个人成为社会上不可缩减、不可毁灭且最基本的分子。

原子的观念甚至出现在政治方面，选票成为最终的分子。在国际事务上，自主、独立、不可渗透的单位就成为国家。除了实质事物外，社会和政治事件也被视为“积木”——自主的单位或原子。原子的观念渗入生活中的每一层面。

这种现实观包含有组织的个体，正好配合新的时间观和空间观，分成清晰的单位。第二次浪潮文明影响到“原始”社会和第一次浪潮文明，在民众、政治和社会层面传播了统一协调的工业观。

然而，这个逻辑系统中还缺少最后一样东西。

终极原因

一个文明必须能解释事情发生的原因——就算它的解释是九分神话、一分解析也罢，否则这一文明就无法有效地运作。人们在推动文明的过程中，必须保证他们的行为能产生结果，也就是说，永恒的疑问必须得到解答。第二次浪潮文明的理论非常有力，似乎可以解释所有的事情。

一块石头投入池塘，涟漪很快向外扩散，这是为什么？是什么原因造成的？生活在工业文明时代的小孩会说："因为有人往池塘里扔石头。"

如果让12—13世纪欧洲的读书人来回答这个问题，他们一定会给出完全不同的答案。他们也许会借助亚里士多德找寻物质原因、正式原因、效率原因、最终原因，但是任何原因都不足以全面解释任何事情。中国古代圣哲可能会谈到阴阳，以及所有现象发生的源头。

第二次浪潮文明在牛顿的万有引力定律中找到因果问题的答案。牛顿认为，因果是"加诸物体上使其产生运动的力"。典型的牛顿式因果例证是撞球，两球相撞互相作用。这种变化观完全着眼于可测量、易识别的外在力量，它的影响力非常大，因为它正好能配合线性的空间观和时间观。事实上，牛顿和机械因果论在欧洲工业革命之后普遍为人们所接纳，人们也因而把工业现实观纳入一个神秘的系统。

如果说这个世界包含许多独立的分子——小型撞球，那么所有的因果必定出自这些撞球的互相作用。一个分子或原子撞击另一个，前者是后者移动的“原因”，而后者移动本身是前者动作的“结果”。没有空间上的移动就不会有活动，没有一个原子可以同时出现于两地。

一个复杂、混乱、不可预测、拥挤、神秘、漫无章法的世界突然显得整齐又干净。从人类细胞核内的分子到夜空中最遥远的星辰，所有的现象都被视为运动的物质，一个粒子撞击另一个粒子，迫使它不停地运动。拉普拉斯（Laplace）认为，对无神论者而言，这种观点可以用来解释生命，在生命中，神的假设是无必要的；对信徒而言，神仍有其地位，因为神可以被视为“施力者”，神用球杆击打撞球，然后也许就从游戏场上功成身退了。

这个比喻为工业文明注入了一针强心剂。法国革命的促成者之一、激进派哲学家巴龙·德奥尔巴克（Baron d’Holbach）声称：“宇宙是所有存在物的大集合，只呈现为物质和运动；我们认为整体只不过是无休无止、不间断的因果持续而已。”

这一切都表现在一个简短又神气的句子中：宇宙是一个组装而成的实体，由碎片拼凑成一个“集合体”。物质只能在运动中被了解——这是就“空间”移动而言的。事物连续出现，顺着“时间”的直线移动。德奥尔巴克认为，人类的感情，如恨、爱、自私，都可以比拟成自然的力量，比如排斥、惯性、牵引力，一个聪明的国家可以利用这些感情来为政治服务，就像科学可以控制自然界一样。

我们从这种宇宙观及其基本假设中，找到一些最有力的个人、社会和政治行为模式。我们相信，不仅是宇宙和自然，连社会和人群都遵循某种固定、可预测的法则。事实上，第二次浪潮时代最伟大的思想家正是极力证明宇宙的自有法则者。

牛顿似乎发现了天文学的法则，达尔文辨认出社会进化的法则，弗洛伊德揭示了精神的法则。其他人，包括科学家、工程师、社会科学家、心理学家，都在找寻更多不同的法则。

第二次浪潮文明掌握了神秘且有力的因果理论。以往相当复杂的事情现在都可以归纳出简单的公式。这些法则之所以会被人们接受，并不是因为牛顿、马克思等人的主张。这些都是实验的结果，是能够被证明的。我们可以运用这些法则兴建桥梁，把无线电波送入空中，预测生物的变化；我们可以运用这些法则控制经济，组织政治活动，甚至如某些人所期望的那样预见个人最终的行为。

我们只需找出解释这些现象的主要变量。只要我们能够找到适当的“撞球”，从最佳角度去撞击它，一切都会如愿以偿。

新的因果论配合新的时间观、空间观和物质观，把人类从古老的鬼神统治中解放出来。科技取得胜利的成果，在理论和实践上都出现了奇迹。它向独裁统治发起挑战，把心灵从长久的桎梏中解放出来。

工业现实观也创造了它自己的新桎梏，工业心态轻视那些不可量化的东西。它经常赞美严格的规律，惩罚想象力，使人类沦为过于简单的原生质个体，希冀为任何问题都找出机械化的答案。

工业现实观在道德上也并非如表面一样采取中立态度。第二次浪潮文明强烈的意识形态产生了工业时代左翼和右翼的意识形态。第二次浪潮文明和任何文化一样，让人们以扭曲的视野去观察他们自身和宇宙。这些观念、形象、假设及比喻形成了历史上最有力的文化制度。

最后，工业现实观——工业文明的文化门面，与它所建立的社会完全吻合。它创造了一个充斥着大组织、大城市、集权官僚制度和无孔不入的市场的社会；它密切配合着新能源制度、家庭制度、科技制度、经济制度、社会和价值制度，一起构成了第二次浪潮文明。

随着第三次浪潮的来临，整个文明和制度、技术、文化都在变化的浪潮下日趋分裂。我们生活在无可挽救的工业危机之中。随着工业时代成为历史，新的时代诞生了。

第十章　倾泻的洪水

这是一件神秘的事。工业制度是历史上的一场洪水——短短300年，使此前的亿万年黯然失色。是什么原因促成了工业革命？是什么力量把第二次浪潮推向全球？

许多变化之流汇成洪流。新大陆的发现在工业革命前夕为欧洲文化和经济注入了动力，人口的增长使人们不断涌入城市。英国森林几近被砍伐殆尽，促成了煤的使用，接着矿井被挖得越来越深，直到老式的马拉水泵再也无法清除主坑道内的积水。蒸汽机正好可以解决这个问题，也为新科技创造了许多机会。工业现实观的传播给宗教和政治权威带来了挑战。知识的普及、道路和运输的改进等事件在时间上互相配合，冲开了变革的水闸。

研究工业革命的起源注定是一件徒劳无益的事，因为事实上并没有任何一个理由可以独立对其进行解释。技术本身并不是推动历史前进的力量，意识形态或价值观不是，阶级斗争也不是。历史也不是科技变化、人口趋势和通信发明的记录。经济无法独立解释任何历史事件。所有其他变量所依靠的“独立变量”并不存在，只有复杂无比的相关变量。

面对这种混乱的因果关系，我们无法找出它们之间的相互关系，只能集中于几项最重要的因素，并认清这种选择可能出现的偏差。根据这种精神，在形成第二次浪潮文明的所有力量中，最值得关注的莫过于生产者与消费者的分离，以及我们现在所谓的市场交换网络的成长，不论是在资本主义社会还是在社会主义社会。

在时间、空间、社会与心理距离上，生产者和消费者之间的裂痕越大，市场就越会以其复杂的特性、价值观、潜在的隐喻和假设来左右现实。

我们知道，看不见的巨斧促成了整个现代化货币系统的产生，包括中央银行、证券交易所、世界贸易、官僚制度、定量和核算的风气、契约性的道德、物质主义的倾向、狭隘的成功定义、严格的奖惩制度、权威的会计工具，这些事物在文化上的重要性往往为我们所忽略。生产者与消费者的分离带来了趋向标准化、专业化、同步化和集中化的压力，产生了性别角色和个性的差异。在我们衡量促成第二次浪潮兴起的许多力量之时，生产与消费这两个古老原子的分离必然成为我们关注的焦点，其影响在今日仍然十分明显。

第二次浪潮文明不仅改变了科技、自然和文化，而且改变了人格，人们形成了新的社会人格。当然，女人和孩子成为塑造第二次浪潮文明的主要力量，也受到文明的感染，但是因为男人被直接带入市场和新工作规范中，所以他们的工业性格比女人更为明显。

工业人和之前的人不同。他们是“能源奴隶”的主人，可以将有限的力量无限地扩充。他们把大部分生活消耗在工厂式的环境中，整天接触到的都是使个人能力日趋退化的机器和组织。他们从孩提时即知道生存取决于金钱。他们在核心家庭中长大，进入工厂式的学校，通过大众媒体获得对世界的基本印象。他们服务于大公司或政府机构，附属于工会、教堂和其他机构——在很多团体中都有他们的身影。他们对城市或乡村的认同感远不及对国家的认同感。他们视自己与自然对立——逐日在工作中利用大自然，然而每逢周末，他们却又急着亲近大自然。（事实上，他们越霸占自然，就越推崇自然。）他们自视为巨大、互相依赖的经济、社会和政治体系的一部分，而这一体系的复杂程度绝非他们所能了解的。

工业人面对这一事实，无望地反抗。他们奋斗以求生存。他们去玩社会游戏，扮演社会分配的角色，却往往憎恨这些角色，觉得自己是提高生活水准制度下的牺牲者。他们觉察到线性时间无情地把他们推向未来——那等待中的坟墓。伴随钟表的嘀嗒声，他们一步步接近死亡。他们明白地球和所有的个人，包括他们自己在内，都只是规律且无情的宇宙大机器中的一部分。

工业人所生存的环境是他们的祖先无法想象的，就连最基本的感觉信号也不一样。

第二次浪潮文明改变了人类所听到的声音，工厂的汽笛声代替了鸡鸣声，车胎的摩擦声代替了蟋蟀的叫声。黑夜犹如白昼，人们活动的时间拉长了。第二次浪潮文明带来人类未曾见过的视觉景观——由天空俯瞰地球，在本地剧院上映超现实主义的电影，在高倍显微镜下观察生物形态。夜晚土地的气味被汽油味和苯酚的臭气取代，肉和蔬菜的味道都改变了，整个人类的知觉领域都与以往大不相同。

人的身体也发生了变化，首度出现了我们现在所谓的正常身高，下一代比其父母要高。人们对身体的态度也发生了变化。诺贝特·埃利亚斯在《文明的进程》一书中告诉我们，直到16世纪，在德国和欧洲其他地区，“全裸仍然是日常的习俗”。第二次浪潮出现之后，裸体被视为羞耻。在特制的睡衣被人们接受之后，人们在卧室的行为也改变了。叉子和其他餐具出现之后，进食也变成一种使用餐具的技术。以餐桌上陈列着猎杀的动物为乐的文化，转变成“尽量避免把盘中肉和宰杀野兽联想在一起”的文化。

婚姻变成不单是一桩经济行为。战争被强化了，而且被放到了流水线上。亲子关系的改变、晋升机会的改变、各种人际关系的改变，改造了数百万人的自我意识。

面对这些心理、经济、政治和社会的改变，人们不停思索着评价的标准。我们用什么标准来判断整个文明？用大众的生活水准吗？用它对外界的影响力吗？用它对生物环境的影响吗？用艺术上的成就吗？用人的寿命长短吗？用科学成就吗？用个人自由吗？

在第二次浪潮文明下，除了大规模的经济衰退和令人震惊的人类生命的牺牲外，普通人的物质生活水准提高了。工业文明的批评者在描述18—19世纪英国工人阶级的悲惨处境时，总会把第一次浪潮的历史想象得过于浪漫。他们认为以往的乡村很温暖、独立、稳定、有精神上而不只是物质上的价值。然而，历史研究显示，这些可爱的乡村事实上是营养不良、疾病、贫穷、无依无靠和暴政的深渊，人们永远在和饥饿、寒冷、地主及君主对抗。

在大城市周围出现了贫民窟、掺假的食物、传染疾病的饮用水、救济院和成堆的垃圾。这些情况虽然非常可怕，但也代表了社会的大幅进步。英国作家约翰·维泽（John Vaizey）曾说："悠游田园的英国农夫只是一幅夸张的图画。"对大多数人而言，迁往城市周围的贫民区意味着生活水准的大幅提高，寿命延长，住宅情况有所改善，食物的数量充足、质量良好。

在健康方面，只要读一读盖伊·威廉斯（Guy Williams）的《苦闷的年代》（*The Age of Agony*）或L. A. 克拉克森（L. A. Clarkson）的《工业时代前英国的死亡、疾病与饥荒》（*Death, Disease and Famine in Pre-Industrial England*），就可以驳倒指责第二次浪潮文明、推崇第一次浪潮文明的人。克里斯蒂娜·拉纳（Christina Larner）在这两本书的书评中说："社会历史学家和人口学家的作品指出，在乡村和城市里存在着许多疾病、痛苦和死亡。人们的平均寿命很短，在16世纪大约为40岁，17世纪传染病盛行，降为三十几岁，18世纪回升到四十几岁。已婚夫妇很少能活得很长，所有的孩子都要凭运气生存。"不论我们如何批评今日危机重重、方向错误的健康制度，我们必须记得，在工业革命之前，正式被核准的医疗方法都是致命的，不是放血，就是不用麻药的手术。

死亡的主要原因是鼠疫、斑疹伤寒、流行性感冒、痢疾、天花和结核病。拉纳指出："哲人总是认为我们只是换一种不同的杀人武器罢了，但是这种新武器确实可以让我们活得长一点。工业时代以前的传染病使老少一律遭殃。"

从健康和经济谈到艺术和意识形态，工业文明在狭隘的物质主义下，是不是比以往的封建制度在心理上更为空洞？机械心态或工业现实观是不是比中世纪的教堂和君主专制更不能接受新观念，更不能容纳异己？我们固然憎恶自己的官僚制度，但是和几世纪以前古埃及的阶级制度相比，现存的制度称得上严格吗？谈到艺术，过去 300 年西方的小说、诗歌和绘画不比早期或其他地区的作品更鲜活、更深刻、更动人、更复杂吗？

当然，现在也有其阴暗面。第二次浪潮文明改善了我们父辈的生活，却也带来了严重的后果——意料之外的副作用。其中最强烈、最无法挽救的就是对地球脆弱生物空间的破坏。由于工业现实观基于征服自然的原则，以及不断增长的人口、蛮横的技术、不断扩张的需求，整个社会环境遭到前所未有的破坏。我曾读过有关工业时代以前的街道上马粪遍地的记载（这些文章往往试图证明污染并不是新鲜事），我也知道古老城市的街道肮脏不堪，但工业社会把生态污染问题和资源使用问题带入一个空前绝后的新境界。

历史上从来没有一个文明使用这么多新方法来摧毁整个地球。海洋上方满是毒气，整个物种一夜间从地球上消失，这都是人类贪婪和疏忽所带来的后果。矿井在地球表面造成伤害，发胶使得臭氧层宣告枯竭，热污染威胁到地球的气候。

帝国主义的问题更为复杂。役使印第安人挖掘南美洲的矿井，在非洲和亚洲引入大规模栽培法，刻意扭曲殖民地经济以配合工业国家的需要，由此产生了痛苦、饥饿和疾病。第二次浪潮文明带来了种族主义，强行将小规模、自给自足的经济并入世界贸易体系，留下还没有愈合的腐烂伤口。

然而，夸耀这些早期的自给经济也是一种错误。我们不知道非工业地区的人民是不是比300年前过得更糟。在寿命、食物摄入量、婴儿死亡率、识字能力，以及人类的相互尊重方面，从撒哈拉到中美洲，许多人忍受着难以描述的苦难。用一个虚假、浪漫的过去来判断现在，对他们而言是一种伤害。通往未来之路不是回到更悲惨的过去。

正如第二次浪潮文明不是由单一因素促成的，当然对其也不能做单一的评价。我已经把第二次浪潮文明的正反两面都呈现出来了。我一方面予以谴责，另一方面又加以赞扬，这是因为简单的判断往往是错误的。我厌恶工业文明压榨第一次浪潮国家人民和原住民的方式。我不会忘记大量的战争、残酷的杀人方式、夷平广岛的原子弹。我以第二次浪潮文明的自大和掠夺为耻。我不能忍受贫民窟里人力资源、想象力和精神的浪费。

然而，无理地憎恨自己所生存的时代和人民并不是创造未来最好的方法。工业制度是一个装有空调的噩梦、一片废墟、一种恐怖的场景吗？它像与科学和技术为敌的人所说的，只是一个“单一幻象”的世界吗？不错，但是不只如此。它和生命一样，是永恒之中痛苦与甜蜜交织的一刻。

不论个人如何评估过去，最重要的是要了解工业游戏已经结束，它的能量用尽了，第二次浪潮的力量消失了，下一次浪潮继之而起。有两项改变使得工业文明不可能再“正常地”继续下去。

第一，我们已经到达了“对抗自然战争”的转折点，生物环境不再能忍受工业的伤害；第二，我们不能再无限制地依赖不可再生能源——迄今为止这仍是工业发展主要的支撑力量。

这些事实并不代表科技社会的结束或能源的结束，但是显示出所有未来的科技进步都会受到新环境的限制，同时也显示出在新能源起而代之以前，工业化国家会一再遭遇激烈的衰退现象，更换新能源的过程加速了社会和政治变革。

显而易见的事实是：我们正处于廉价能源耗尽之际，至少在未来几十年内情形是如此。第二次浪潮文明失去了两股最基本的支撑力量之一。

同时，另一股潜在的支撑力量——廉价的原料也逐渐衰退。高科技国家在殖民主义和新帝国主义将近尾声之际，将会自行开发新资源，与非工业国家进行买卖，并且逐渐减少其经济依赖，它们也可能继续和非工业国家交易，但是会采取全新的贸易条款。在任何一种情况下，成本都会大幅提高，整个文明的资源基础都会和能源基础一起改变。

这些工业社会外在的压力和制度内在的压力互相配合。不论我们所看到的是美国的家庭制度、法国的电话系统（如今比许多无名小国还糟糕），还是东京的通勤铁路系统（差到乘客涌入车站，劫持铁路官员以抗议），情况都一样：人和制度都到达了最后的突破点。

第二次浪潮的系统已经陷入了危机。我们发现福利系统的危机、邮政系统的危机、学校系统的危机、卫生服务系统的危机、都市系统的危机、国际财务系统的危机、国家本身的危机，第二次浪潮的价值系统也陷入了危机。

工业文明的角色系统也陷入了危机。我们见到的最激烈的现象就是性别角色的再修正。我们从妇女运动、同性恋合法化、中性时装的流行可以看出传统性别期望的混淆。职业上的角色界限也很模糊，护士和病人都重新定义他们与医生之间的角色关系。警察和教师打破他们固定的角色，采取不合法的罢工行动。更高级的法律重新定义律师的角色。工人越来越需要参与感，推翻了传统的管理角色。工业制度所依赖的角色结构的崩溃，比所有表面的政治抗议和标题作家期望掀起的浪潮都更具革命意义。

最后，这些压力（失去主要的支撑力量、社会生存制度不良、角色结构的崩溃）的汇合使最基本、最脆弱的结构——人格产生了危机。第二次浪潮文明的崩溃造成了人格的危机。

今天我们眼见许多人拼命从暧昧的电影、戏剧、小说和励志书籍中找寻失去的自我。在美国，我们会看到各种古怪的人格危机。

危机下的牺牲者把自己投入集体治疗、神秘主义或性游戏中。他们渴望改变，却又惧怕改变。他们迫切希望能够脱离目前的存在，踏入一个新生命——变成非我。他们希望更换工作、配偶、角色和责任。

即使被认为成熟自满的美国商人也不免会对现状感到不满。美国管理协会在一次调查中发现，有40%的中层管理人员不喜欢自己的工作，有1/3以上的人梦想能选择另一种让他们觉得更愉快的生活。有些人针对这种不满的情绪采取了行动，他们辞去工作，去当农夫或滑雪教练，找寻新的生活方式，他们重回学校，或绕着越缩越小的圈子乱转，最后在压力下崩溃。

不满的根源在于他们自身，他们承担了不必要的罪恶感。他们似乎不知道自己内心的感受是一个客观大危机的主观反映，他们在不知不觉中串演了一部戏中戏。

我们可以把这些危机视为独立事件，可以忽略能源危机和人格危机之间的关系，漠视新科技和新性别角色之间的关系，以及其他潜在的关系，但是这种做法很冒险，因为眼前所发生的事并非如此单纯。如果我们从不停变化的浪潮及波浪的冲击这个角度去思考，即可以把握住这个时代最重要的事实——工业文明已经逝去，我们可以从变化的迹象中找寻新的趋势，即非工业的发展。我们可以辨认出第三次浪潮在何处。

第三次浪潮将成为我们余生的规范。如果我们希望缓和旧文明和新文明的交替过程，如果我们希望维持自尊并且安然度过眼前无数的危机，必须认识并创造出第三次浪潮文明。

如果我们仔细环视周遭，会发现在失败与崩溃之中出现了成长和新力量的迹象。

如果我们仔细聆听，可以听见第三次浪潮在不远的海岸边咆哮。

第三部分

第三次浪潮

第十一章　新的综合方法

1950 年 1 月，20 世纪下半叶刚刚开始时，一个消瘦的年轻人带着崭新的大学文凭，搭了一夜的长途汽车，驶往他认为这个时代最现实的中心所在。他身旁坐着他的女朋友，座位下放着一箱书，他凝视着缓缓涌现的黄昏美景，一路上，中西部的工厂被甩在飘雨的车窗外。

当时，美国是世界的心脏，环大湖地区是美国工业的心脏，而这里的工厂就是心脏当中跳动的脉搏。钢铁厂、铝业厂、机具和铸模板厂、炼油厂、汽车厂等脏兮兮的建筑物绵延数英里。机器声震耳欲聋，金属承受着压、敲、钻、弯、焊、锻、铸等各种加工。工厂是整个工业时代的象征，但是对一个出生在半温饱、中下层家庭，学了 4 年艺术史和社会理论的男孩来说，这实在是一个光怪陆离的地方。

我在那些工厂里待了 5 年，不是做办事员，也不是管人事资料，而是做流水线工人、技工、焊工、货车司机，干着操纵钻孔机、打模型、修机器、为非洲的矿井生产巨型除尘机、组装流水线上轰隆驶过的货车等工作。我通过第一手的经验了解到，工厂工人在这个工业时代如何挣扎求生。

我咽下了工厂里的灰尘、汗水和烟雾。蒸汽嘶响、链条叮当、窑厂怒吼，我的耳膜疼痛欲裂。当炽热的钢液倾泻而出时，我可以感受到它的炎威。乙炔的火星在我的腿上留下瘢痕。我当班的时候轧出了几千块金属片，一直重复同样的动作，心灵和肉体几乎崩溃。我注视着那些监督工人劳动的管理人员，他们穿着干净的白衬衫，日日夜夜压迫、蹂躏手下的工人。我曾帮人将一个 65 岁的女工抬离血迹斑斑的机器，她的 4 根手指都被碾断了。到今天，她的哭喊声还在我的脑海萦绕："天啊，我不能再工作了！"

工厂，工厂万岁！今天，虽然仍有新工厂在兴建中，但将工厂视为神圣的文明已经衰落不堪。如今，年轻男女正历经长夜，驶向新生的第三次浪潮文明的心脏。从此，我们的任务是和他们一起展望明天。

我们是否可以追随他们，前往他们的目的地，去看看那里是个什么样的地方？是把喷火的火箭连同人类智慧的精华一起发射到外太空的发射基地吗？是海底实验室吗？是公社家庭吗？是人工智能研究所吗？是狂热的宗教团体吗？他们过的是一种淡泊简朴的生活吗？他们攀爬公司的阶梯吗？他们以军火支援恐怖分子吗？正在形成中的未来到底在何处？

如果我们也计划到未来去探险，该怎么准备地图？未来正从现在开始，说得倒是容易，但现在又是什么样？"现在"是个众说纷纭的名词，充满着矛盾。

我们的孩子对迷幻药、性知识、太空探险的认识已经很多了，有些孩子用起计算机来比他们的父母还内行，然而他们在学校的考试分数直线下降。离婚率持续上升，再婚率也是如此。在女性争取到她们的权利时，反女权主义也在此时抬头。当同性恋者正准备公开他们的秘密并争取权利时，等待他们的却是阿尼塔·布赖恩特（Anita Bryant）①。

通货膨胀倔强地紧抓住所有第二次浪潮国家，然而就业形势继续恶化，和我们的古典理论恰恰背道而驰。同一时期，供需法则被人踩在脚底，数百万人要求的不仅仅是一份差事，而是有创造性、能令人满足、对社会有贡献的工作。矛盾的经济现象层出不穷。

在关键问题如科技比以往更具政治气息之际，政党失去了成员的忠心。同时，在大部分地区，国家主义运动声势浩大，但各国又备受全球主义和世界意识口号的攻击。

面对这重重矛盾，我们怎么能看到潮流和反潮流的下一步是什么？对于这个问题，谁也不能变出答案来。虽然研究未来的专家拥有计算机做出的各种结果、成堆的图表、数学模式和矩阵，但是我们透视未来的尝试，包括了解当下的念头，仍然更接近艺术而非科学。

系统化的研究可以增进知识，但我们终究得拥抱而不是放弃矛盾、预感、想象力和大胆的综合资料。

因此，在以后探测未来的篇幅中，我们不能仅仅指出主要的趋势而已，而必须勉力抗拒直线的诱惑。大多数人，包括许多未来学

---

① 阿尼塔·布赖恩特，美国知名电视广告演员、歌手。她反对女权主义，反对同性恋者，曾任美国保护儿童协会主席。——编者注

家在内，认为明天只是今天的延续，他们忘了任何趋势（不管多么强劲）都不会永远呈直线。这些趋势到达顶点后，就会爆发出新走势——改变方向、停止、再出发。一件刚发生的事和已经维持了 300 年的事，都可能不会再继续发展下去。我们应该密切注意这些矛盾、冲突、转变和突破，它们即将带给未来一连串的惊喜。

更重要的是，我们将挖掘表面上毫无关联事件的潜在关系。如果预测的前提是其他事物均会维持原状，那么我们大可不必预测半导体或能源的未来，也不必揣想家庭（甚至自己的家庭）的未来。没有一件事情会维持原状，未来是流动的，不是冻结的，它是由每天变动不停的决定构成的，而每件事情都会牵动全局。

第三次浪潮文明极度重视将问题分解成个别因素的能力，而对于拼凑碎片的能力并未给予应有的鼓励。大多数人所受的教养倾向于分析家而非综合家，这就是为什么在我们心中，未来的形象如此片段化、破碎而且错误。我们在本书中的工作是要按照通才而非专家的方式去思考。

我相信我们今天正处于一个新综合时代的边缘。在所有的知识领域，从自然科学到社会学、心理学、经济学，尤其是经济学，我们可以看到一种回头的趋势，转向大规模思考，转向一般理论，转向拼凑碎片的工作。我们开始注意到，以往固执地强调没有背景资料的数量化细节，用越来越精密的测量方法研究越来越小的问题，结果我们对越来越小的事情知道得越来越多。

因此，我们以后所用的方法将是找寻改变生活的潮流，发掘其背后的关系，这不仅仅是因为这些潮流本身各有其重要性，而是因为这些变化的潮流将汇合成更大、更深、更快的变化的洪流，这一洪流将汇集成更大的“第三次浪潮”。

20 世纪中叶，那位年轻人启程去寻找当时的心脏，现在我们也和他一样开始去探索未来。这可能是我们生命中最重要的经历。

第十二章　一切的主宰

1960 年 8 月 8 日，出生于西弗吉尼亚州的化学工程师门罗·拉思伯恩（Monroe Rathbone）高坐在位于曼哈顿区洛克菲勒广场上的办公室中。他在这一天做了一个决定，后世的历史学家有一天可能会将这个决定视为第二次浪潮时代结束的象征。

当时身为埃克森石油公司总经理的拉思伯恩，决定停止付税给石油生产国。虽然他的决定并没有受到西方新闻界的关注，但是石油生产国政府如遭五雷轰顶，因为它们的收入几乎全部来自石油公司的税款。

在几天之内，其他的大石油公司也和埃克森采取同样的行动。一个月以后，9 月 9 日，这些满腹苦水的石油生产国派遣代表在伊拉克巴格达召开紧急会议，成立了石油输出国组织。往后整整 13 年，除了少数石油业刊物外，该组织的活动并未受到任何人的关注。直到 1973 年 10 月 6 日阿以战争爆发，石油输出国组织才突然从暗处现身。其紧扼住世界原油的命脉，使整个第二次浪潮国家的经济急转直下。

暂且不谈石油输出国组织所获得的4倍利润，其行动加速了第二次浪潮正在酝酿的一场革命。

太阳能及其他能源

能源危机发生以后，各式各样的计划、提案和对立的主张杂陈在我们面前，我们很难做出明智的抉择。政府和普通老百姓一样，陷入混乱之中。

摆脱这种混乱局面的方法之一，就是找出各种科技和策略背后的原则。我们可以发现，某些提议所采用的仍是当时为人所熟知的第二次浪潮的能源基础，另一些提议则是以新原则为着眼点的。整个能源问题可以此为分水岭。

第二次浪潮的能源基础在于“不可再生”的特性。存货是高度密集、会被取用殆尽的物质，所采用的科技非常昂贵，原料的来源和获取方式都非常有限，这些都是在工业时代的第二次浪潮国家所使用的能源的特点。

我们如果依据上述资料来观察应对石油危机所产生的各种计划，就可以轻易分辨出什么是旧方法的延伸，什么是新观念的先锋；同时也会发现今日的基本问题，不是原油一桶要卖多少钱，也不是该把核反应堆建在什么地方，而是在第二次浪潮时代，符合工业社会的能源基础是否仍有其存在的意义。

过去半个世纪以来，世界上2/3的能源取自石油和天然气，大多数观察家一致认为，依赖古老的化石燃料绝非长久之计。由于统计数据有出入，能源何时会被挖掘殆尽，始终是一个争论不休的问题。有一件事是可以确定的，那就是没有人能把天然气和石油再灌入地底，以增加其储藏量。

石油世纪已经接近尾声了，伊朗、科威特、尼日利亚、委内瑞拉乃至沙特阿拉伯，全都明了这一情势，石油公司对此也心知肚明。某家石油公司总裁在东京的一次晚宴上告诉我，石油巨人可能会像铁路一样变成工业时代即将绝迹的恐龙。他所提出的期限短得惊人：在几年之内，而不是几十年之久。

事实上，在今日世界中具有最直接、最重大影响的并不是产品实际的供给数量，而是价格。目前所有的事实也指向同一结论。

几十年后，惊人的科技突破和经济发展可能再度带来既丰富又便宜的能源，但是不论将来会有什么进展，石油的相对价格都将会继续攀高，因为人类被迫向更深处挖掘、向更远处勘探，以满足更大的需求。在过去5年内，发生了历史性的变化：虽然墨西哥新发现了大量的石油蕴藏，但是油价扶摇直上，可供利用的原油实际数量有减无增，和近数十年来的发展趋势正好相反。

同时，占有世界能源市场剩余的1/3的煤，虽然存量丰富，但终究也会耗用枯竭。大量使用煤还会污染空气，破坏全球气候（使大气中的二氧化碳增加），破坏土壤。即使我们甘心承受这些危险，煤仍然不能用作汽车的动力，也无法执行石油和天然气现有的许多功能。将煤予以汽化或液化需要大笔的资金和大量的水资源（农业上必须利用大量的水），因此是不经济的，这种做法只能被视为一种昂贵的临时措施。

核技术在目前的发展阶段存在着更多问题。传统的反应堆以铀为原料，但铀也是一种终会耗尽的燃料，安全问题需要极高的成本才能解决，而能否解决则仍然是个疑问。核废物的处理问题至今未有令人满意的解答，而核工业的成本高昂，必须有政府的补贴才能和其他能源竞争。

快中子增殖反应堆自成一类，一般大众常以为这是种永动机，因为它所产生的钚可以再用作燃料，但是它仍然依赖存量很少且不可再生的铀。这种原子炉成本高昂，性能不稳，而且危险，同时更提高了核战争和恐怖分子控制核原料的可能性。

上述分析显示出，第二次浪潮的能源基础势必无以为继。同时，全球必须转向更先进的能源基础还有另一个重要原因，即任何一种能源基础都必须配合社会的科技水准、生产性质、市场与人口分配，以及许多其他因素。

第二次浪潮时代，社会的科技发展进入全新的阶段。生化燃料促进科技的发展，科技进步亦带动生化燃料的使用。例如，汽车工业的发展使得石油业迅速扩张，而石油业一度只是美国汽车城市底特律的附庸而已。

今天我们处在历史性的科技跃升阶段，新的生产系统需要能源业大幅调整其结构。

我们一向忽略了能源并不只是一个数量问题，同时也是结构问题，我们不仅需要某一“数量”的能源，而且需要以不同形式，在不同地点、不同时间，为突发事件而使用的能源。

这就是为什么全世界必须寻找取代旧能源的新方法，并不单单是为了应对石油输出国组织的价格策略。我们现在投入大量的金钱和智慧去研究这个问题，深入探讨许多可能性。经济波动和其他因素自然会使能源基础的问题更为混乱，但是这方面的研究也有其积极的意义。因为在历史上从来没有这么多人以这么大的热情投入能源研究，而我们也从来没有见过这么多新奇有趣的想法。

这些深具潜力的想法包括：将太阳光转变成电子的光流电池（此技术现正由得克萨斯仪器公司等开发中）；苏联计划将带有风车的气球送入对流层顶（距地球表面10~18千米的大气层顶），利用卫星把电力转入地球；纽约市和一家民营公司签约，以燃烧垃圾代替燃料；菲律宾正在兴建一家由椰子废弃部分产生电力的工厂；意大利、冰岛和新西兰已经能利用地热发电；日本在本州岛外修建了一座500吨重的海上平台，利用波浪的力量产生电力；太阳能装置也开始出现在世界各地的屋顶，加利福尼亚州南部的爱迪生公司正在兴建一座“动力塔”，利用计算机控制的镜子存储太阳能，收集在塔中的蒸汽炉内，供电给公司的固定顾客；德国斯图加特市内已有以氢气为动力的巴士，而加利福尼亚州洛克希德公司正在筹备制造一架以氢气为动力的飞机。这类新发明实在不胜枚举。

传导和储蓄能源的方法影响更为深远。通用汽车公司已经开发出一种更有效的新型汽车电池，供电动车之用。美国国家航空航天局的科研人员设计出一种蓄电系统，他们相信只需要传统铅酸电池1/3的制造成本即可生产出这种蓄电系统。

这些科技多半仍停留在早期研发阶段，其中许多构想将来不免会因不切实际而遭淘汰，但是也有部分计划将来可能会有商业价值。最重要的是，人们常常忽略最大的突破往往不是来自单一的科技，而是多种构想的混合。因此，我们可能会看到人们利用太阳能来发电，然后利用此电力从水中释放氢气，再以氢气作为汽车的动力。目前我们仍然停留在起飞前的阶段，一旦我们开始融合这些新科技，各种用途即会迅速增加，而且第三次浪潮的能源基础也将应运而生。

新能源的特性和第二次浪潮时代完全不同，是取自可再生、不会耗用枯竭的资源。它无须仰赖密集的燃料，所利用的是许多分散在各地的资源。在技术方面，将兼用密集和分散的能源生产方式。以往我们过分依赖有限的资源和取得途径，以后能源在形式上将更为分散。这种分散的趋势可以减少浪费，因为我们能以各种形式、各种品质的能源来应付不同的需要。

然而，第三次浪潮的能源基础必然要经过艰苦的考验。大量投资旧式能源的人主张利用传统的能源和科技，如煤、石油、天然气、核能及上述能源的组合。他们力求保持第二次浪潮的现状，由于他们身在石油公司、水电事业、核能工程、矿业公司及上述组织的联合商业工会的重围中，这一批第二次浪潮人士的势力似乎占了上风。

相对而言，赞成采用第三次浪潮能源基础的人，包括消费者、环境学家、科学家、前卫企业家等，似乎漫无组织，缺乏财源，而且没有政治势力。鼓吹第二次浪潮的人常常认为他们不懂商业状况，没有考虑到实用价值，只会被没有价值的科技迷惑。

更糟的是第一次浪潮的人，他们不主张采用更先进、更持久、更科学的能源基础，反而希望重回工业时代以前的局面。他们的极端想法就是消灭大多数的科技，限制人口的流动，使城市凋敝和消亡。

然而，第一次浪潮的支持者和第二次浪潮的支持者都无法独得最终的胜利。前者沉湎于幻想中，后者的能源问题十分棘手，可以说根本无法解决。

第二次浪潮所使用的燃料成本扶摇直上，能源科技投资浩大，投入大量能源只能产生少量新能源，污染问题严重，核危机重重，各地人民群起抗议兴建核反应堆，非工业国家渴望自己拥有能源，同时对既有资源开出更高的价码，这些现象都和第二次浪潮的利益背道而驰。

虽然核反应堆、汽化和液化煤技术，以及同类的科技似乎很有发展、很有前途，而且相当先进，但事实上这些第二次浪潮的产物终会陷入致命的矛盾中。同样的道理，第二次浪潮的力量虽然强大，第三次浪潮虽然势单力薄，但把太多筹码压在过去，绝非明智之举。其实，问题不在于第二次浪潮的能源基础是否会被取代，而在于其被取代的速度有多快，因为新能源的诞生和另一个问题有着不可分割的关系，那就是要先淘汰第二次浪潮的科技。

明日的工具

煤、铁路、纺织、钢铁、汽车、橡胶、机械制造都是第二次浪潮时代的典型工业。这些工业依据简单的电机原理，使用大量能源，产生大量废物和污染，其特点为生产时间长、技术水准低、运作单调、产品划一、被高度集权控制。

从20世纪50年代中期开始，这些行业在工业国家已露出疲态。以美国为例，1965—1974年，劳动人口增加了21%，可是纺织业就业人口只增加了6%，而钢铁业甚至减少了10%。同样的情况也出现在瑞典、捷克、日本和其他第二次浪潮国家。

这些传统工业开始转向所谓的“发展中国家”，因为那里的劳动力便宜，技术也比较落后。传统工业的社会影响力也逐渐消逝，一连串的新工业取而代之。

这些新工业和传统工业最大的不同在于：不再以电机为主体，也不再应用第二次浪潮时代的科学理论。这些工业是许多科学方法混合之后的突破，这些新兴的科学在25年前不是刚刚萌芽就是尚未诞生，比如量子电子学、信息理论、分子生物学、海洋学、核子学、生态学和太空科学。这些科学使我们得以超越第二次浪潮工业所关切的时空，进而控制“非常小的空间（比如，一个原子核的半径为10^{-13}厘米）和10^{-23}秒的一瞬”——如苏联物理学家B. G. 库兹涅佐夫（B. G. Kuznetsov）所言。

这些新科学和我们迅速提高的控制能力促成了新的工业，如计算机与数据处理、太空、精细化工、半导体、先进的通信设备和许多其他的工业。

在美国，由第二次浪潮进入第三次浪潮的科技开始得最早，大约在20世纪50年代中期，新英格兰的梅里马克山谷一带的地区一蹶不振，而波士顿外的128号公路和加利福尼亚州的硅谷则成为产业名地，邻近的郊区住满了固态物理、系统工程、人工智能、聚合化工等各行业的专家。

由科技的转变也可以侦知工作和财富的转变，被称为“太阳带”[①]的美国各州坐拥大批防御武器的合约，建立起先进的科技基地；而东北部和五大湖区附近的旧工业地带疲态毕露，难以为继。纽约市连年的财务危机足以反映这一科技变化。法国的钢铁制造中心洛林区也陷入同一困境。从另一个层面来看，英国社会主义的失败亦源于此。第二次世界大战结束之际，英国工党政府宣称掌控了主宰一切的工业，但它所掌控的只是煤矿、铁路和钢铁等被科技革命淘汰的工业，即昨日的主宰。

奠基于第三次浪潮工业上的经济地带崛起，而第二次浪潮的工业衰退，但是这项转变尚未真正开始。今天有许多政府积极寻求加速结构转变且减少转变之痛苦的方法。日本通产省的规划专家正在研究辅助未来服务的新科技。联邦德国总理赫尔穆特·施密特（Helmut Schmidt）和他的顾问谈到“结构政治”的问题，并且希望欧洲投资银行能够促成脱离批量生产工业的运动。

今天，有 4 种相关工业正蓄势待发，它们可能成为第三次浪潮时代的主流，也会再度带来经济、社会和政治上的改变。

电子产业和计算机产业显然属于这 4 种相关工业。电子产业是一个相当新的行业，每年成交额在 1 000 亿美元以上，到 20 世纪 80 年代末，预计可以突破 3 250 亿美元，甚至 4 000 亿美元，将继钢铁、汽车和化学产业之后，成为世界第四大工业。计算机的传播速度尽人皆知，毋庸赘言。计算机的生产成本急速下降，功能却呈

---

① “太阳带”，指美国大多数南部及西南部地区，其特点是气候温暖、阳光充足，被认为是人口及经济增长迅速的地区。——译者注

现惊人的成长。根据《计算机世界》（*Computerworld*）的报道：“如果汽车产业在过去 30 年和计算机产业并驾齐驱，现在一辆劳斯莱斯的豪华轿车就只要 2.5 美元，一加仑①油就可以跑 200 万英里。”

今天，廉价的小型计算机即将打入美国家庭。1979 年 6 月，约有 100 家公司已经开始生产家用计算机。像得克萨斯仪器公司这样的工业巨头从事计算机的研发工作，相关企业像西尔斯百货公司打算在其家用产品上附加计算机装置。得克萨斯州的一位微型计算机经销商兴奋地说：“要不了多久，每家每户都会有一台计算机，计算机就和厕所一样不可或缺。”

家用计算机可以连接到银行、商店、政府机构、邻居家中和工作地点，不仅会改变商业界的面貌（从生产到零售），而且会改变工作的性质，甚至家庭的结构。

电子产业也和计算机产业一样正处于发展阶段，消费者面对着来势汹汹的掌上电子计算机、电子表、电子游戏机，但这些只是商店行销产品中最微不足道的。小型、廉价的农业型气象和土壤侦测器，可佩戴在普通衣服上的可以测量心跳和血压的超小型医学仪器等电子设备将进入明日世界。

第三次浪潮的工业将在能源危机下迅速成长，因为这一类工业，不论是生产过程还是产品，所需要的能源都很少。比如，第二次浪潮的电话系统必须在街道下埋好几座铜矿：蜿蜒的电线、管路、继电器和开关。现在我们即将启用光纤系统，用细如发丝的光纤来传达消息。这一新系统在能源上有惊人的重要性，因为制造光

① 1 加仑=4.546 09 升。——编者注

纤所用的能源，只相当于挖掘、炼制和处理等长铜线的千分之一。生产 90 英里铜线所需要的煤，可以生产出 8 万英里的光纤。

电子革命显示出，最有力的节省能源策略应该是迅速以使用少量能源的第三次浪潮工业取代浪费能源的第二次浪潮工业。

《科学》(*Science*) 杂志正确地指出：“电子改革可能会彻底改变美国的经济活动。事实上，出人意料的电子新设备，就是以事实粉碎一切。”

然而，电子革命只是人类迈向全新科技时代的第一步。

绕行轨道的机器

人类在太空和海洋的探险，也已经大步跃过了第二次浪潮的科技。

太空工业是第二种新兴的科技。有 5 种太空班机可能很快就会每周载运货物和乘客来往于地球与太空之间。到目前为止，大众始终低估太空工业的影响力，可是许多美国和欧洲的公司都认为，“太空领域”是下一次科技革命的来源，同时已经采取了必要的行动。

波音公司正在研究可以产生能源的人造卫星和太空平台。根据《商业周刊》(*Business Week*) 的报道：“另一批工业界人士已经逐渐明了人造卫星的意义，它是生产从半导体到医疗器械等产品的制造厂和加工厂。许多高科技的原料需要精密的控制，而地心引力会形成干扰。在太空中则不必担心重力问题，无须使用容器，处理毒品和反应性物质也不会产生问题。那里有取用不尽的真空和超高温、超低温。”

当然，在科学家、工程师和使用高科技的工业人士圈内，太空工业已经成为热门话题。道格拉斯航空公司提议为药品公司开辟一种太空往返仪器，用以分离稀有酶和人工细胞。玻璃制造商在太空中搜索制造激光和光纤的原料。太空制的单晶半导体，使地球上的产品相形见绌。有一种血凝溶剂，研发每剂要花费 2 500 美元，可是美国国家航空航天局太空工业研究所指出，在太空中制造同样的药剂，只需花一半的钱。

更重要的是那些根本无法在地球上制造的新产品。一家太空及电子公司列出 400 种混合物，它们皆因地心引力而无法在地球上制造成功。通用电气公司已经开始设计太空火炉。欧洲航空协会和英国航空公司都已经在设计太空中使用的设备与产品。《商业周刊》告诉读者说："这并不是科幻小说中的奇景，许多公司对太空远景抱着十分严肃的态度。"

美国普林斯顿大学的物理学家杰勒德·奥尼尔（Gerard O'Neill）博士对太空抱着同样严肃而又热情的态度，他计划在太空中建一个大规模的社区——将上千人口安置在平台或小岛上。他的构想得到美国国家航空航天局、加利福尼亚州州长和一个小型乐园的强烈支持。

奥尼尔希望利用月球上的物质逐步建立一座太空城市。普林斯顿大学的固定集会吸引了来自美国国家航空航天局、通用电气公司、美国能源部和其他对此感兴趣的专家，他们在此互相交流意见。

电子和太空相结合可以超越地球的生产极限，把科技带入新的空间，不再局限于第二次浪潮的范围。

向海洋深处发展

深海探险可能会成为新科技环境中第三大工业。历史上第一次浪潮的社会改革，起源于我们的祖先放弃了游牧生活，开始驯养家畜、耕种土地，我们和海洋的关系也正处于这一阶段。

在一个饥饿的世界，海洋可以帮助解决食物问题。只要我们善加经营，海洋可以无限量供给我们最需要的蛋白质。现在形成的商业化捕鱼方式，是听任日本和苏联横扫海洋、大举杀戮的结果，威胁到许多海洋生物的生存。相反，“水生养殖”可以解决全球食物危机，而且不会损害我们赖以生存的生物环境。

远海钻油使在海中“培养石油”的可能性黯然失色。劳伦斯·雷蒙德（Lawrence Raymond）博士曾经证实生产高含油量海藻的可能性，并且致力于使这项生产具有经济效益。

海洋同时也提供给人们丰富的矿藏，从铜矿、锌矿、锡矿到银矿、金矿、白金矿，甚至可制农业肥料的重要磷矿。矿冶公司已将焦点放在水温很高的红海上，据估计，该处藏有价值34亿美元的锌、银、铜、铅和金。包括全世界最大公司在内的100多家公司，打算从海床中挖掘番茄大小的锰矿。这些矿物是可再生的物质，每年可以生产600万~1 000万吨，位于夏威夷以南一处经过仔细测定的地带。

今天有4个国际性财团打算在20世纪80年代中期投资数十亿美元开采深海矿藏。第一个财团是由23家日本公司、一个德国团体和加拿大国际镍矿美国分公司组成的财团，第二个财团是由比利时联合矿业公司与美国钢铁阳光公司合组的，第三个财团是加拿大诺兰达企业和日本三菱、里约丁达锌公司、英国联合企业公司的组合，最后一个财团是美国洛克希德公司和荷兰皇家壳牌集团的组合。《金融时报》（*Financial Times*）报道说，这些财团的努力可能“给世界采矿选矿技术带来一场革命”。

另外，罗氏药品公司正默默地在海中探索新的药物资源，比如杀菌物、止痛剂和止血剂。

随着科技的发展，我们可能会目睹海底村庄和流动工厂的出现。由于没有不动产成本（至少目前如此），海洋能源（海风、暖流、潮汐）又很便宜，这类新建筑可以和陆上建筑一争高下。

《海洋政策》（*Marine Policy*）杂志认为：“海上流动平台的成本不高，技术上也很容易实现，世界上多半的国家和许多私人企业都可以办得到。目前看来，第一座流动城市可能会被拥挤的工业社会用作海上房屋。跨国公司可能会用它来作为流动交易所或海上工厂。食品公司可能会把流动城市作为海中养殖作业之所。逃税的公司和追求新生活方式的探险家，可以自行建造流动城市，宣称这里是一个新国家。流动城市可能会得到正式的外交承认，或成为少数民族获得独立的工具。”

随着科技的进步、海上石油装备的兴起，有人向海底发展，但是也有许多人运用螺旋桨、沙袋和浮力控制装置，积极地为流动城市和许多新兴工业奠基。

如果我们不把这些发展视为彼此独立的事件，而视之为相关、自发的事件，认为每一种科技和科学的进步都会互相刺激，那么我们可以清楚地发现目前的科技已经超越了第二次浪潮的水准，正迈向一个全新的能源系统和全新的科技系统。

然而，这些工业和生物实验室中惊天动地的工作还是无法相提并论。生物工业会成为明日经济社会的第四大工业，而它的影响力可能远超其他工业。

遗传工业

遗传方面的知识，每两年就增加一倍，研究基因的人夜以继日地工作。《新科学家》（*New Scientist*）杂志说："遗传工程学已经经历装备阶段，现在正式开始成为一种产业了。"著名的科学评论家洛德·里奇–考尔德（Lord Ritchie-Calder）也说："我们已经懂得怎么处理塑胶和金属，现在我们要制造生命物质了。"

许多大公司均热衷于新生物学的商业用途。他们梦想能把酶放进汽车，以监控排气装备，把污染数据送回微处理器，然后由微处理器负责调整引擎。《纽约时报》（*The New York Times*）指出："嗜食金属的微生物可以用来勘探海里的贵重金属。"这些公司已经赢得了新生命形态的专利权。

紧张的反对者（其中包括许多科学家）担心出现竞争的局面。他们害怕会像石油污染一样，发生微生物污染的情形，散播疾病，危害到整个人类社会。但有毒微生物的散布只不过是可能造成危害的原因之一。敏感的科学家举出一些难以想象的情景。

我们应该给人装上牛的胃，让人类可以咀嚼干草，以缓解食物匮乏的问题吗？我们应该改变工人的生理状况，使他们能符合工作要求吗？比如，让飞行员的反应更灵敏，把流水线工人的神经设计得适合做单调的工作。我们应该消灭“低等”人类，培养“超人”吗？（希特勒当年并没有我们现在所拥有的遗传武器。）我们应该制造克隆士兵去为我们拼命吗？我们应该利用遗传专家筛除“不适于生存”的婴儿吗？我们应该为自己培育备用器官吗？每个人都应该拥有一个装满备用肾、肝和肺的“储蓄银行”吗？

这些想法听起来很荒谬，可是在科学界都有其支持者（也有反对者），同时亦有惊人的商业用途。两位遗传工程学的批评者在他们合著的《谁应该扮演上帝》（*Who Should Play God?*）一书中指出：“大规模的遗传工程学可能会和流水线、汽车、疫苗、计算机等科技一样被引进美国。每一项遗传突破都有其商业用途，消费者会被激发需求，新科技将打开市场。”

新生物学可以帮助解决能源问题，科学家正在研究如何利用细菌把太阳光转成电化能源，这就是所谓的“太阳细胞”。我们能够以生物来取代核能工厂吗？如果能做到，我们可能会面临生物性危险，而不再是放射性危险吗？

生物学可以减少塑胶、肥料、纺织品、油漆、杀虫剂等千余种产品的石油消耗量，也将大幅改变木材、羊毛和其他天然产品的生产过程。美国钢铁、菲亚特汽车、日立、阿西亚公司、IBM等企业都将会成立自己的生物部门，制造令人难以置信的产品。未来集团的领导人J. 戈登（J. Gordon）说：“在生物方面，我们一旦起步，就必须考虑能否做一件‘配合身体组织的衬衫’，或者由和人类胸脯一样的物质做成的床垫。”

在尚未取得这些进展之前，遗传工程学将首先应用于农业方面，以增加世界食物供给。20 世纪 60 年代著名的绿色革命是第一次浪潮时代为农民设下的陷阱，因为农民必须向外国购买以石油为原料的化肥。下一次生物革命则将致力于减少对人造肥料的依赖。遗传工程学钻研的是高产量的作物、在沙地和盐碱地仍能生长的作物，以及不畏虫害的作物；同时也要开发全新的食物和纤维，以及简单、便宜又节省能源的储存和制造方法。遗传工程学也给我们带来了全面解决饥荒问题的可能性。

我们对于这类承诺不妨抱着怀疑的态度，但如果研究遗传农耕的人士所言不虚，农业将受到很大的影响，而且会改变发展中国家和发达国家之间的关系。绿色革命使得发展中国家更依赖发达国家，生物革命则正好相反。

生物科技将来的发展如何，现在还言之过早，但是要回头已经太迟了。我们不能否认已知的一切，只能尽力控制其用途，避免过度剥削，使其能为全世界所用，减少生物圈内的竞争，不要后悔莫及。

有件事情是显而易见的，那就是传统的第二次浪潮，即有着 300 年历史的电机科技不再能拴住我们，而我们必须认清这一历史事实。

第二次浪潮时代融合了煤、钢铁、电力和铁路运输，产生了汽车等千余种改变人类生活的产品；同样地，我们要等到新科技融合之后，才会感受到新变化的影响——结合计算机、电子、外太空、海洋的新物质、遗传学和新能源。这些因素混合之后会产生大量前所未有的新发明。我们将在崭新的科技领域中建立起第三次浪潮文明。

反科技运动

我们必须从现在开始去引导未来的革命，一味听任会使自己和子孙都难逃厄运。这次变动的力量、规模和速度都是前所未有的。我们仍然清晰地记得三英里岛核事故、DC–10飞机失事、墨西哥湾石油污染问题等各种科技噩梦。目睹这些灾难之后，我们还能用第二次浪潮时代急功近利的标准去控制明日科技的发展吗？

过去300年，谈到新科技的发展，资本主义国家和社会主义国家所提出的问题都很简单：科技对经济收益和军事目标有没有贡献？但是这个原则已经不够用了，新科技必须经历更严格的考验，除了经济、战略外，还要考虑生态和社会问题。

在第二次浪潮时代初期，人们企图封锁新科技。早在1663年，伦敦的工人即击溃了威胁他们生活的新式电动锯木厂。1676年，丝带工人砸烂了生产机器。1710年，民众抗议使用新型制袜模型。不久，发明纺织用飞梭的约翰·凯（John Kay）眼见他的家被愤怒的群众烧毁，他不得不离开英国。最著名的事件发生在1811年，一群自称“勒德分子”的工人毁坏了诺丁汉当地的纺织机。

然而，今天反科技的人多半不扔炸弹，也不做“勒德分子”。这些人中包括许多本身具有科学素养的人——核工程师、生物化学家、物理学家、公共卫生研究员、遗传学家，以及数百万的普罗大众。他们和“勒德分子”不一样，他们组织严密，条理井然，拥有自己的专业杂志和宣传刊物。他们搜集法律案件和立法草案，也不放过游行和示威的机会。

这些被指为反动的活动，事实上是第三次浪潮的主流，因为这些人士乃是未来的先锋。

我们在此可以看到，一边是第二次浪潮的力量，另一边是第一次浪潮复古的主张，而第三次浪潮在两者间挣扎。第二次浪潮的支持者赞成采用不顾一切的老方法：“行得通，就做。卖得掉，就做。可以增加我们的力量，就做。”许多第二次浪潮的拥护者仍然认为这就是进步，他们借着这种不负责任的做法获利，不理会潜在的危险。

在另一边，我们可以发现一小撮浪漫的极端分子，他们只喜爱最原始的第一次浪潮的科技，甚至希望采用中世纪的手工作业，这些不愁温饱的中产阶层和第二次浪潮的支持者一样无知。

在这两个极端之外，有许多人组成了反科技的核心。他们在不知不觉中成为第三次浪潮的代言人。他们先不攻击科技，而是质问我们想要一个什么样的未来社会。他们明了我们现在拥有太多机会，却没有足够的财力和人力去把握一切机会。因此，他们主张我们应该善加选择，把握能实现长期社会和生态目标的科技，而不是让科技来改变我们的目标。他们希望社会能够控制科技发展的大方向。

反科技人士并没有拟订一个清晰的全盘计划，但是从他们的声明、请愿、宣言和研究中，可以找出几种思潮的主流，构成一个转向第三次浪潮时代的积极政策。

反科技人士所持的前提是，地球上的生物环境非常脆弱，我们的新科技越强大，对地球的伤害也可能越大。因此，他们要求事先清查所有新科技可能产生的副作用，然后重新设计或阻挡有危险性的科技。简而言之，明日的科技要比第二次浪潮时代受到更大的束缚。

反科技人士认为，我们若不控制科技，它就要控制我们。在联邦德国、法国、瑞典、日本和美国发起的反核能运动，以及要求限制遗传研究的呼声，都反映出要求科技决策民主化的心理。

反科技人士认为，“成熟”的科技不一定要庞大、复杂、多花钱。第二次浪潮的重型科技事实上效率并不高，因为企业界排除了巨额的成本，这些转而加诸社会的成本包括清理污染、照顾失业、处理工作疏离感等。如果把这些都列入生产成本，就会发现许多表面上很有效率的机器可能并不可取。

因此，反科技人士主张设计一套“适当的科技”，以提供工作机会，避免产生污染，维护自然环境，符合个人和地方的利益，而不只是为全国或全球市场着想。反科技人士在世界各地进行了上千种实验，这些小规模的科技涉及从鱼类养殖、食品处理到能源生产、废物循环、廉价建筑和简单的交通工具。

反科技人士也很担心地球上科学和科技不平衡的问题，在占有全球 75%人口的国家内，科学家只及全球总数的 3%。他们希望能把更多的注意力放在发展中国家的需求上，也希望能够更公平地分配太空和海洋的资源。他们认为，不仅仅海洋和天空是人类共有的资产，先进的科技也同样有赖全体人类的贡献——从印度、阿拉伯到古老的中国。

最后，他们认为，在进入第三次浪潮的过程中，我们必须逐步从第二次浪潮浪费能源、污染环境的生产系统转入一个没有浪费和污染的“新陈代谢”系统，把每种工业的产品和副产品都变成另一种工业原料。其目的是建立一个产出能成为下游工业原料的系统。这种系统不仅在生产上比较有效率，而且可以减少对生物环境的伤害。整体而言，反科技的观念是科技革命人性化的基础。

反科技人士是第三次浪潮的代言人。他们不会随着时间的推移而消失，只会不断增加。他们是新文明的一部分，就像我们的金星之旅、万能计算机、生物发展和深海勘探一样。

新科技和新能源的结合会把我们整个文明提升至全新的层面。我们会发现两种和第二次浪潮时代极为不同的工业：一种是在生态和社会严密控制下的“主流”工业，另一种是小规模、人性化的“潜流”工业。这两种工业将会成为明日“一切的主宰”。

然而，这只是大画面上的一角。在我们改变科技的同时，信息也掀起了革命。

第十三章　多样化的传播方式

间谍是这个时代最具代表性的形象之一，这一形象成功地抓住了我们的想象力。数百部影片塑造了 007 和他焦急的对手。电视和书籍把间谍描绘得大胆、浪漫、超越道德标准。同时，政府每年要花费几十亿美元在间谍工作上面。克格勃、美国中央情报局等情报机构前赴后继地由吉达到雅加达，由澳门到澳大利亚。

在莫斯科，西方通信员被控以间谍罪；在波恩，由于间谍无孔不入，联邦德国总理挂冠而去；在华盛顿，国会调查人员揭露了美韩秘密特务的罪行；在太空，人造卫星把地球的每一寸都摄入镜头。

间谍在历史上并不是新鲜事。值得探究的问题是，为什么在这个时代，间谍的主题来势汹汹，使私家侦探、警察和牛仔主题都受到排挤？一旦我们注意到这个问题，就会立刻发现间谍和其他人物有个重要的区别：幻想中的警察和牛仔靠的只是一支枪、一双拳头，而间谍则配备有最新式、最奇妙的科技产品——电子窃听器、计算机数据库、红外线摄影机、上天入海的汽车、直升机、单人潜水艇、激光等。

不过，间谍的崛起还有一个更深刻的理由。牛仔、警察、私家侦探、冒险家、探险者等书本上和电影中的传统英雄追求着现实目标，如放牧的草原、金钱、追捕歹徒、赢取美人芳心，间谍却不是这样的。

间谍的基本任务是获取情报，而情报已经成为世界上发展最快、最重要的商机之一。间谍正是信息革命鲜活的代表。

形象储存库

一颗信息炸弹在我们周围爆炸，戏剧化地改变了我们对内心世界的感受。由第二次浪潮迈入第三次浪潮，蜕变的是我们的灵魂。

每个人的头脑里都有一个现实的模型——形象的储存库。其中有一些是可见的，一些是可闻的，甚至是可以触摸的；有一些只是“知觉”，比如眼角瞥见的一片蓝天；还有一些是“联系”，比如母亲和孩子之间的关系。有一些很简单，还有一些很复杂，只是一种概念，比如，“通货膨胀是由薪水上涨引起的”。这些零碎的形象构成我们心目中的世界，将我们放入时空之中，用人际关系圈住我们。

这些形象并不是无中生有的，而是由周遭的信息构成的，但我们很难了解其形成的过程。我们的环境在改变，工作、家庭、教学、政治措施都受到第三次浪潮的影响，周围的信息也同样在改变。

在大众传播工具出现之前，生活于第一次浪潮中的孩子在变化缓慢的村庄里长大，他们的知识来源非常有限，都来自老师、牧师、村长和最重要的家庭成员。心理学家、未来学家赫伯特·杰尔居埃（Herbert Gerjuoy）曾说:“家里没有电视机，也没有收音机，无法给孩子提供接近来自各个国家、具有各种背景的陌生人的机会。几乎没有人去过外地。人们只有极少数可供模仿的对象，而他们模仿的对象也是和他们一样短见薄识的人。”因此，乡村里的孩子对世界的认识是非常狭隘的。

而且他们所得到的知识往往是重复的，这些知识多半来自闲谈，不同的讲述者总是强调同样的观念。孩子在教堂和学校听到的都是一模一样的“你们不可以”，两者都在重复家庭和国家所说的那一套。社区里整齐划一的作风和要求服从的压力，使孩子从一生下来就不得不克制想象力，谨言慎行。

第二次浪潮扩大了个人体会和认识现实的渠道。孩子们不单单从自然和成人身上学习，还可以从报纸、杂志、收音机和电视上得到知识。虽然教堂、政府、家庭和学校多半仍持相同的论调，彼此互相唱和，但是此时大众传播工具已成为有力的发言人，其威力破除了地区、人种和语言的障碍，统一了整个社会的形象。

某些形象经过广泛的传播，已经深印在很多人心底。卓别林戴着礼帽、拿着手杖，丘吉尔的胜利手势，罗斯福的黑斗篷，玛丽莲·梦露被风吹起的衣裙，以及美国象牙牌香皂、日本森永巧克力、法国梨酒等成千上万种国际性商品，都成为标准的世界形象。

这些统一生产的形象，经由大众传播工具灌输到大众心中，产生了工业社会生产制度所要求的标准化行为。

今天，第三次浪潮正在积极改变这一形势。社会的变化加速，迫使我们迎头赶上。新的情报不断涌现，我们不得不加速修正记忆中所储存的形象。旧的形象必须淘汰，否则我们的行动就会与现实脱离，变得软弱无力。

我们必须加速过滤形象，这也意味着形象停留的时间越来越短暂。用完即弃的风气开始兴起，例如拍立得相机、复印机都是大家所熟悉的。思想、信仰和观念都是立刻涌现，经过挑战、反抗又立刻消失的。科学理论、心理学说每一天都可能被推翻、被取代，意识形态崩溃了，赫赫声名转瞬即逝，对立的政治和道德口号让我们无所适从。

我们很难了解这些千变万化的景象，也无法分析它们改变的过程。因为第三次浪潮不仅仅加快了情报流程，同时更改变了我们每天行动所依据的情报的基本结构。

传播工具

在第二次浪潮时代，大众传播工具的势力越来越强大，但是今天出现了惊人的转变，第三次浪潮从天而降，大众传播工具不仅没有扩张势力，反而不得不让出地盘。我把这种新的转变称为“多样化的传播工具”。

报纸首当其冲。这个第二次浪潮中最年长的传播工具正逐渐失去其读者群。1973 年，美国报纸的总发行量曾达到每天 6 300 万份。然而 1973 年以后，其销量不仅没有增加，反而日渐减少。到 1978 年，总发行量减为 6 200 万份，而且销量持续下跌。每天看报的美国人的比率也由 1972 年的 69%跌至 1977 年的 62%，而部分美国最重要的报纸受害最严重。1970—1976 年，纽约三家大报每日销售量减少

55 万份。《洛杉矶时报》（*Los Angeles Times*）在 1973 年创下巅峰纪录，到 1976 年失去了 8 万名读者。费城两家大报减少了 15 万名读者，克里夫兰两家大报减少了 9 万名读者，旧金山两家大报减少了 8 万多名读者。同一时期，许多小报在美国如雨后春笋般蓬勃发展起来。美国几家大报，如《克利夫兰新闻报》（*Cleveland News*）、《哈特福特时报》（*Hartford Times*）、《底特律时报》（*Detroit Times*）、《今日芝加哥》（*Chicago Today*）和《长岛新闻报》（*Long Island Press*）等已退居次要位置。英国的情形也是如此，1965—1975 年，英国日报销量减少了 8%。

报界的不景气并不单单是因为电视的崛起。销路很广的日报正面临新的竞争，其对手包括销量有限的周刊、双周刊，不以大都市而以市郊地区为对象的刊物则偏重地方性的广告和新闻。大城市的知名报纸在达到饱和状态之后，已陷入了困境，多样化的传播工具正伺机而动。

全国性的杂志也是一个例子。从 20 世纪 50 年代中期开始，几乎每年都有一种著名的杂志宣告停刊，《生活》（*Life*）、《展望》（*Look*）、《星期六晚邮报》（*Saturday Evening Post*）全都停刊过，然后再以有限的发行量重现市场。

1970—1977 年，美国人口增加了 1 400 万，然而排名前 25 位的杂志总销量减少了 400 万册。

同一时期，小型杂志遍地开花，涌现出几千种以小型、专业或者地方市场为目标的新杂志。飞行员、潜水爱好者、退休人士、女性运动员、收藏古董相机的人、网球迷、伞兵、滑板运动员都各有合意的刊物。地方性刊物都实现成倍增长，如《纽约》(*New York*)、《新西方》(*New West*)，以及达拉斯市的《D》(*D*) 和《匹兹堡》(*Pittsburgher*)。有些刊物甚至按照行业和地区将市场分得更细，例如《肯塔基经济分类》(*Kentucky Bussiness Ledger*) 和《西部农民》(*Western Farmer*)。

有了快速、便宜的新型印刷技术，每个组织、区域性团体、政治和宗教集团都可以发行自己的刊物。更小的组织甚至可以利用复印机来传递消息。销路广的杂志已经失去了影响力，而小型杂志正迅速取而代之。

第三次浪潮在传播方面的影响并不仅限于出版物。1950—1970 年，美国的广播电台由 2 300 多家增加到 5 300 多家。同一时期，人口的增长率只有 35%，而广播电台数量的增长率却达到了 129%。这意味着听众有更多的节目可供选择，而对电台的偏好也更为分散。各个电台也逐渐去吸引特定的听众群体，而不再将听众一视同仁。

然而，直到 1977 年，第二次浪潮的传播工具才遭到空间的挫折。近 30 年来，影响力最大的传播媒体当然首推电视。1977 年，显像管也开始好景不再。《时代周刊》(*Time*) 称："全跌，节目部和广告部主管紧张地注视着这些数字。他们不敢相信眼前的事实。有史以来头一遭，电视收视率下跌了。"

一位呆若木鸡的广告人喃喃地说："从来没有人想过，收视率居然会下降。"

直到今天，我们仍然会听到各式各样的解释。有人说，现在的节目不如以往精彩了，这里太多了，那里太少了。公司管理者不时交换意见，宣布开播种种新形态的节目。然而真正的事实才刚开始浮现。呼风唤雨、专门塑造形象的电视公司正一步步走向黄昏。美国三大电视网之一的NBC（美国全国广播公司）前任总裁曾经预言，到20世纪80年代后期，黄金时段的收视率将跌至50%，因为第三次浪潮的传播媒体正逐渐侵占第二次浪潮传播媒体的地盘。

有线电视已经打入1 450万户美国家庭，而且可能在20世纪80年代初以狂风扫落叶之势席卷整个市场。据专家估计，到1981年年底会有2 000万~2 600万户美国家庭收看有线电视，几乎占美国家庭总数的一半。电缆体系可以作为双向沟通之用，订户不仅可以观赏节目，而且可以主动要求各种服务。

日本到20世纪80年代初会出现装有微波有线电视的城镇，用户不但可以收看节目，而且可以索取照片和资料、订位、查看报纸和杂志。防盗和防火装置也可以使用同一系统。

我在大阪近郊的生驹市曾接受电视访问，他们使用的是一种实验性的Hi-Ovis系统[①]，在每一家用户的电视上放一台麦克风和电视摄影机，使收视者也可以成为发送者。节目主持人坂本太太在她家客厅里观赏节目，用不大流利的英文和我们交谈。观众和我都可以在荧屏上看到她，在她致欢迎辞的时候她的小儿子就在房间里跑来跑去。

Hi-Ovis系统还有一个录像带储存库，里面包罗万象，从音乐到烹饪、教育，应有尽有。观众只要按个代码，就可以在任意时间要

① Hi-Ovis系统，英文全称为highly interactive optical visual information system，译为高度交互式光可视信息系统。——编者注

求计算机播放他们喜爱的录像带。

虽然参与这项实验的只有160户家庭，但其幕后支持者有日本政府和许多大公司，比如富士通、住友、松下、近铁等公司。

赴日前一周，我在俄亥俄州哥伦布市参观华纳公司的Qube系统[①]。Qube系统的用户可以收看30个电视频道，观赏合乎个人胃口的专业节目，观众从学龄前儿童到医生、律师等。Qube系统是当时世界上最先进、最方便的双向有线电视系统。用户拥有一台掌上计算机，可以用按下按钮的方式直接和电视对话。《时代周刊》在介绍这套系统时用略显夸张的语气说，用户可以“在当地政治辩论席上发表高见，举办拍卖会，也可以为慈善义卖出价。只要按下一个钮，你就可以当场诘问从政者，也可以决定才艺竞赛者该给多少分”。用户通过这套系统可以比较超级市场的商品价格，也可以向餐馆订座。

不过，有线电视并不是电视台唯一的竞争对手。

电视游戏机已经变成商店里的抢手货。几百万美国人热心地把电视荧屏转变成乒乓球桌和网球场。这项新发明对正统的政治和社会分析家而言可能毫无意义，但这正是迈入明日电子世界的学习过程。电视游戏机使观赏节目的观众大为减少。利用这种简单的玩意儿，许多人学会和电视一起游戏，一起行动。他们由被动的接收者变成消息传送者，他们要控制电视，而不只是让电视控制他们。

“信息服务”通过电视荧屏传送到家，在英国已经有这种服务

① Qube系统，是华纳公司推出的双向交互式有线电视系统。——编者注

人员。只要附设一台接收装置，观众就可以按下按钮选取所需的新闻、天气预报、财务、体育资料等。这些资料会滑过荧屏，就像收报机一样。不久，用户一定可以在电视上装一台录像机，留住他们想保存的资料。

录像机发展的速度相当快。预计到1981年美国市场可以售出100万台，这种装置不仅可以在周末重播周一的球赛，而且为影片和体育活动录像奠定基础。同时，录像机也为专业影片打开销路，比如给医务人员看的医学教材、教导消费者如何拼装家具或者如何修理烤面包机的影片。

这些新发明都有一个共通之处，那就是把集中的电视观众予以分散，使我们的文化内容更为丰富，同时也削弱目前操纵情报来源的传播工具的威力，《纽约时报》的权威评论家约翰·奥康诺（John O’Connor）做了简单的结论：“有件事是可以确定的，那就是商业电视不能再垄断播出的内容与播出时间。”

表面上看起来毫无关联的事件却成为互相牵动的变化，第三次浪潮横扫传播界，从报纸、广播到杂志、电视都受到波及。大众传播工具饱受威胁，多样化的新传播工具正迅速繁衍，大有取代横行第二次浪潮社会的传播媒体之势。

第三次浪潮揭开了新纪元——一个属于多样化媒体的时代。新科技带动了新的信息系统。这些变化深深影响到一个最重要的层面：我们的大脑。我们对世界的体会、认知和领会世事的能力都会产生革命性的转变。

碎片文化

在第二次浪潮时代，传播媒体不断向我们灌输标准化的形象，造成批评家所谓的“统一的心灵”。今天，人们不再接收一模一样的信息，分散的小集团彼此可以收发大量的信息。整个社会朝多样化的第三次浪潮迈进，新的传播媒体也反映出这一步调。

这也就是为什么所有事物（从流行音乐到政治）越来越不统一。就个人而言，我们被一些矛盾、零散的形象包围，旧的观念受到考验，注入我们脑海的是支离破碎的“碎片”。事实上，我们生活在所谓的“碎片文化”之中。

由这些散漫、短暂的形象所构成的新文化中，我们可以分辨出第二次浪潮和第三次浪潮传播媒体用户的显著差别。

第二次浪潮的人希望有现成的道德和意识形态可以遵循，他们怀念 20 世纪 30 年代的广播和 40 年代的电影，觉得和新媒体格格不入。

然而，我们所收到的不再是一系列冗长、连贯的观念，相反，我们正暴露在短暂的信息——广告、理论、片段化的新闻中。这些形象实在难以分类，一则它们已经超出我们以往的经验范畴，二则它们的面目模糊、不易辨认。因此，第二次浪潮的人觉得无法接受“碎片文化”。

第三次浪潮的人正好相反，他们很习惯这种轰炸方式：90 秒的新闻、电视节目中间插播的 30 秒广告、半首歌、一则头条新闻、一段动画片、一角拼画、一则短信、一份计算机打印文件。贪得无厌的读者购买随看随丢的平装书、专业性的杂志，在短时间内“吞下”大量的信息，但他们也很关注可以将碎片拼凑成整体的新观念。他们不像第二次浪潮的人那样把一切资料都套入标准的架构之中，而是懂得把搜集到的片段化资料组织成自己的模式。

以往我们只是被动地接受外在的事实，现在则必须主动去挖掘真相。对个人而言，这是一种很大的压力，但是个人的人格和整体的文化都因而得以提升。有些人对新的压力采取逃避、退缩的态度，其他人则不断成长，以更强的能力应对更大的挑战。

更重要的是，多样化的文明带来了大量的信息，我们也因而迈入“信息社会”。

文明越分散，科技、能源和公众的变化越多，就需要越多的情报流通其间，以维系住整体。比如，一个组织必须能够预测其他组织的应变方法，才能决定自身的动向，个人也是如此。我们的想法越是统一，就越不需要了解别人的心意。可是当周围的人越来越不相同时，就需要更多的情报来预测他们的行为，否则恐怕很难共事和共处。由于个人和组织不断吸收更多的情报，而整个资料处理流程的运转也越来越迅速，第三次浪潮已经粉碎第二次浪潮时代落伍的信息结构，重新建立起一个新的系统。

第十四章　计算机领域

这世界上有很多人相信，物体的表象背后必有生命，即使是表面上无生命的物体如石头、泥土等，体内也都有其生命力。

今天，在第三次浪潮的文明世界里，我们为周遭“无生命”的环境注入的不是生命，而是智慧。

这项革命性的进展关键就在于计算机。计算机在20世纪50年代初还只是科学上的珍品，然而在1955—1965年，第三次浪潮开始扑向美国，缓缓渗入商业世界。起初，计算机只应用在财务工作上，很快就受到各大公司的青睐，担当起各种工作。

来势汹汹的计算机很快就成为一种神话。电影片商、卡通画家、科幻小说作者都不约而同地把计算机描绘成无所不能的“大脑袋”，具有超人的智慧。

到20世纪70年代，事实终于战胜神话，无稽的幻想遭到淘汰。小型的机械设计进步一日千里，计算机的作用增强、价格下跌。价钱便宜、效率又高的微型计算机比比皆是。各个工厂、实验室、销售部、机械部门都拥有自己的计算机。计算机的“脑力”也不再集中于一点，而是变成非常分散的能力。

计算机智力的分散情势正快速地形成。1977 年，仅美国一地，所谓的“分散数据处理”的支出即达 3 亿美元。据擅长市场分析的国际数据公司估计，这一数字到 1982 年应在 30 亿之上。便宜的小型计算机不再需要通过受过特殊培训的计算机专家，很快就可以变得和打字机一样普及化。

除了工商企业和政府机构外，还有一个正在开辟中的市场：家用计算机。5 年前，家用和个人计算机的用量根本是无足轻重的。今天，据估计有 30 万部计算机在客厅、厨房和书房里工作。在IBM和得克萨斯仪器公司等主要制造商展开销售攻势后，当不止此数。家用计算机的价格很快就可以媲美电视机了。

这些聪明的机器可以做很多事情：计算家庭税赋、监督家里使用能源的情况、玩游戏、搜集食谱、提醒主人约会时间及像灵巧的打字机一样工作。这些只不过是计算机潜能的一小部分而已。

美国计算机公司提供了一种称为“来源”的服务，以低廉的成本供应计算机用户合众国际社的电信：各种股票和商品市场的资料；儿童教育节目如算术、拼写、法文、德文，甚至意大利文；加入计算机化平价商店为会员；旅馆和旅游订位等。

“来源”还可以使同一系统中的人利用廉价的计算机终端机器互相联系。喜欢打牌、下棋的人可以挑战在千里之外的人。用户可以传送消息给另一个人，或者同时传给多人，然后把所有的回复都储存在电子记忆系统中。“来源”甚至可以把一群趣味相投的人组成

“计算机集团”。身处不同城市的摄影迷，经由“来源”的联系，可以交换彼此对相机、设备、暗房技巧、采光与彩色照片的心得。几个月之后，他们还可以从“来源”的电子记忆中找出当时的话题、日期和其他细节内容。

微处理器和微型计算机的问世使计算机进入另一纪元，这些由小晶片组成的机器，可能成为我们未来世界的一部分。

微处理器和微型计算机除了可以应用在工商业方面外，还可以装设在空调、汽车、缝纫机和磅秤上；可以减少家庭能源的浪费，调节洗衣粉用量和洗衣机水温；可以调节汽车的油箱，指示出需要修理的部件；可以在早上为我们打开闹钟、收音机、烤面包机、咖啡壶、浴室水龙头，调整车库温度，锁上房门，做许多琐碎和“不太琐碎”的事情。

几十年之内可能演变成什么情况？我们且来听听微型计算机经销商艾伦·P. 哈尔德（Alan P. Hald）的说法，他写了一篇充满趣味的文章，题目就叫作“福来房子”。

汉德认为：“家用计算机已经可以谈话、解释谈话内容和控制一切设备，再加上一些感应器、一套基本词汇，以及电话线路，你的房子就可以和世界上任何人讲话。”虽然困难重重，但是变化的方向已经很清楚了。

汉德在文章中说：“假设你现在正在工作，电话铃响了，是福来——你的房子打来的。福来早上看报时特别留意最近的盗窃案，同时瞥见气象报告将下大雨。这条新闻提醒了福来循例检查一下屋顶，发现一处地方有漏雨的迹象，福来打电话给指挥部——位于马路口的一幢大房子。福来和指挥部常常交换情报，它们都装有一套搜索家庭服务业的程序。你一向很信任福来的判断，批准了它的提议。剩下的事就很好办了，福来打电话给修理屋顶的人……”

汉德的梦想很可笑，但他把握住了计算机人生的那份感受。生活在这样的环境中，使我们不由得想到许多令人毛骨悚然的问题。机器会接管一切吗？机器，尤其是连接内部情报网的机器，会超越我们所能理解的控制能力吗？计算机这位“老大哥”会不会除了窃听电话外，还要打烤面包机和电视机的主意，把我们所有的动作和情绪都置于股掌之中？我们究竟应该依赖计算机到什么程度？计算机的功能越来越多，我们的心智会不会退化？一旦把插头拔掉，会出现什么景象？到时，我们是否还拥有基本的生存技能？

在每个问题背后，都有许多相反的问题。“老大哥”真能监视每一台烤面包机和电视机，甚至汽车引擎和厨房用具吗？既然计算机如此普遍，可以同时在各地一起操作，而且计算机用户不必通过中央主机即可互通消息，那么“老大哥”还可能控制一切吗？计算机的普及不会增强集权国家的权力，反而会削弱其实权。此外，我们可以逃过政府的法眼吗？在《冲击波骑士》（*The Shockwave Rider*）这本小说中，主角成功地破坏了政府的措施，利用计算机控制住思想。人的心智会退化吗？我们很快会发现，计算机能产生相反的效果。在设计计算机的过程中，能不能让它们永远不伤害人类？忽略这个问题固然是一种不负责任的表现，但是认为人类必遭浩劫也未免太杞人忧天了。我们人类拥有尚未开始运用的智慧和想象力。

我们的信息系统已经有了基本的改变，这是不争的事实。我们不仅使第二次浪潮的传播媒体产生多般变化，而且为整个系统增加了新的通信方法。充斥着大众传播工具、邮局、电话的第二次浪潮时代，在第三次浪潮的冲击下显得异常原始。

提升人类智慧

信息系统已经有了如此重大的改变，我们的心灵也发生了变化，思考问题的方式、组织资料的能力、对行为后果的估计都和以往不同。我们甚至会改变脑部的化学活动。

汉德认为，计算机会和我们谈话，并非不切实际的幻想。“语音输入设备”已经可以分辨出 1 000 个词汇，许多公司竞相扩充词汇，简化技术，大量削减成本。至于计算机什么时候才能自如地运用人类语言，一般的估计已经从 20 年降到 5 年之内，而这项突破在经济和文化上具有重大的意义。

今天有许多人未能进入劳动力市场，就是因为他们不识字。即使是最简单的工具也需要看得懂表格、机器操纵标识、薪水袋、工作指示等。在第二次浪潮时代，具有阅读能力是人事部门招聘时最基本的要求之一。

然而，文盲并不等于笨蛋。我们知道世界上有很多不识字的人拥有高度纯熟的技巧，这些人在农业、建筑业、狩猎和音乐方面都各自有杰出的表现，有些人记忆力惊人，会说数种语言，但在第二次浪潮社会里，文盲是不幸的。

读写能力当然比工作技巧更为重要，它是通往幻想和快乐的敲门砖。然而在计算机世纪里，机器、用具甚至墙壁都会说话，这时阅读能力可能会一反过去300年的传统，不再和薪水袋之薄厚成正比。航空公司的订位人员、股票市场的职员、机器操作员和修护工人只靠听力就可以应付自如，因为机器会告诉他们该做什么，以及怎样进行修理工作。

计算机不是超人，会出故障，也会犯错。计算机并没有什么魔力，既没有“精神”又没有“灵魂”，但计算机是人类最奇妙的成就，因为它增强了我们的心灵力量，正如第二次浪潮的科技增强了我们的肌肉力量一样。我们并不知道心灵会将人类带往何方。

一旦我们开始接触计算机世纪，学会沟通之道，我们就会以和善自然的态度去使用计算机，这在今天是难以想象的。计算机也会帮助我们所有人而不仅仅是少数“技术专家”更加深入地探索自我和世界。

今天，一旦发生问题，我们立刻就会设法找寻原因。然而，即使是学识最渊博的思想家往往也只能根据有限的原因做出解释，因为纵使是最优秀的人才也很难同时考虑太多的变化因素。结果，一旦面对非常复杂的问题，我们自然就只会注意两三个因素，而忽略其他更重要的变量，这些问题包括不良少年的成因、通货膨胀的威胁、都市邻近河川生态的影响等。

更糟的是，每一个行业的专家都坚持“自己的因素”最重要，而排斥别人的想法。事实上，有见识的人都知道，所有的因素都有连带关系，彼此会互相影响。但是在解决问题时，没有人能记住所有的复杂因素。

作家彼得·里特纳（Peter Ritner）在《空间社会》（*The Society of Space*）一书中称此种现象为“编织问题”。他提出警告说，我们将遭遇许多危机，这些危机不能诉诸“因果分析”，而需要以“互赖分析法”予以解决。这些危机不是由可分割的因素组成的，而是由数十种独立、重叠的缘由错综影响所致。

由于计算机可以记忆和联系大量因素，有助于深入探讨这类问题。计算机可以过滤大批资料，找出潜在的趋势，也可以把“碎片”拼凑成比较有意义的整体。在固定的假设和模式下，计算机可以查出不同决策的后果，而且比人为的处理方式更系统，也更完整。计算机还可以分析人力与资源之间的潜在关系，提出预拟的答案。

在可预见的数十年内，人类的智慧、想象力和灵感仍比机器重要，但是计算机会增加我们对因果关系的认识，增加我们对事物相关性质的了解，帮助我们把周遭不相关的资料综合成有意义的“整体”。计算机是“碎片文化”的一剂解药。

同时，计算机不但会改变我们分析问题和综合资料的方法，而且可能影响我们脑部的化学性质。许多专家的实验显示，动物暴露在“丰饶”的环境中，大脑皮质较发达，神经胶质细胞增加，神经元较大，神经递质反应更快，输入大脑的血液更多。我们的环境越复杂、越丰富，我们会不会变得越聪明呢？

世界知名的神经精神医学专家、纽约精神医学中心研究所主任唐纳德·F.克莱因（Donald F. Klein）曾说：

> 研究显示，早年丰富和有感应的环境是影响智力的因素之一。在“愚蠢”（缺少刺激、贫乏、没有回应）的环境中长大的孩子很快就懂得不要冒险。这种环境不容许犯错且小心谨慎、不发问、保持被动的态度自有好处，但是对智力的发展毫无裨益。
>
> 在一个聪明、有回应的环境中长大的孩子会学到另一套技巧。如果孩子懂得利用周围的环境，他们会较早脱离对父母的依赖，有征服感，有自信，而且好发问，爱解释，富有想象力，愿意解决生活中的问题。这种态度可能会造成大脑内部的变化。目前我们仍停留在猜测阶段，但是睿智的环境很可能形成新的神经突触和更发达的大脑皮质。聪明的环境可能造就聪明的个人。

这些研究只是暗示我们，新的时代可能具有更重大的意义，因为传播媒体的多样化和计算机的崛起，已经改变了整个社会的记忆系统。

社会记忆能力

记忆可以分为两种：一种是纯属个人的，另一种是社会共有的。个人的记忆随着个人的死亡而消逝，社会的记忆却会永久留存。我们整理和修补共同记忆的惊人能力正是人类进化成功的秘密，而任何足以改变结构、储存和使用社会记忆的方法，均深深触及我们命运的根源。

在历史上，人类曾经两度更新其社会记忆。今天，我们面临的是另一场革命。

原始时代，人类被迫将共有记忆和个人记忆储存于同一处：个人的心中。部落长老、智者和其他人把他们的记忆以历史、神话、教训、传说等形式，通过演说、歌咏、赞美诗、示范等方式留给子孙。如何取火、捕鸟、造筏、捣芋、造犁、养牛等经验全都储存在人的神经元、神经胶质和神经突触内。

如果这种情形一直继续下去，社会记忆的规模必然非常有限。不论长者的记性多好，歌曲和教训多令人怀念，人脑的储存空间总是有限的。

第二次浪潮文明破除了记忆障碍，大量传播知识，记录下系统化的商业资料，设立了成千上万座图书馆和博物院，发明了档案柜。简而言之，第二次浪潮文明把社会记忆从大脑中转移出去，以新的储存方式突破以往的限制。知识的累积加速了发明和社会改革的速度，给第二次浪潮文明带来历史上变化和进展最为快速的时代。

今天，我们即将跃入一个社会记忆的崭新阶段。传播媒体的多样化、新媒体的发明、卫星探测、电子医学侦测方法、公司档案的计算机化等，都表示我们要更详细地记录文明的活动。

第三次浪潮的社会记忆不仅在数量上有所增加，而且为人类记忆注入了生命。

社会记忆如果保存在人脑中，会不断地被腐蚀、更新、搅动、混合，它是活动的、有生命的。

一旦工业文明把大部分记忆搬离人脑，记忆就客观地存在于工艺品、书籍、薪水册、报纸、照片和电影中。但是，在书页中写下的一个符号，在影片中捕捉的一个镜头，印刷好的一份报纸，都只是一个静态的存在，唯有将其重新注入人脑，才能赋予它们生命。第二次浪潮文明在扩充社会记忆的同时，也冻结了记忆。

向第三次浪潮跃进之所以会成为历史上的大事，正是因为社会记忆不仅得以扩充，而且能起死回生。计算机可以处理所储存的资料，因而出现了前所未见的情况：社会记忆变得既丰富又有活力。

这一形势在文化上产生了新的动力，因为计算机不仅可以帮助我们把“碎片”组织成完整的现实，而且可以突破想象力的极限。图书馆和档案柜没有思想，但是计算机可以听我们的指挥去“想象不可能想象的情景”，得到许多新的理论、观念、艺术见解、技术进展，以及政治、经济上的新发明。

在以往的社会里，受到联络方式的限制，仅有人与人之间的沟通。第三次浪潮开拓了更多的联络途径，而且首度出现机器和机器之间的沟通设备，更惊人的是人类和周遭计算机的联系。如果我们退后一步，审视整个局面，就会发现信息革命和科技革命一样值得关注。

开创新文明的工作已经在许多层面上同时展开了。

第十五章　超越批量生产的阶段

不久以前，我开了一辆租来的汽车，从积雪的落基山山顶沿着蜿蜒的公路，横穿高原地带，一直冲向山脚。在科罗拉多温泉晴朗的天空下，我驶向公路旁一连串低矮的建筑物，在高山的阴影下，屋宇显得更为渺小。

在踏入屋内的那一刻，我又记起自己从前工作过的工厂里那隆隆的噪声、灰尘、烟雾和深沉的怒气。脱离了工厂生活以后，我和妻子多年来都有“爱看工厂阴暗面的怪癖”。我们到各地去旅行的时候，看的不是教堂废墟，也不是名胜风景，我们的目的是去看人们怎么工作，因为工作最能够体现一个地区的文化。现在我再度造访此地的工厂，据说这里拥有世界上最先进的制造设备。

情况一目了然，在这种工厂里，你可以见到最新的科技、最先进的信息系统，以及两者的配合作业。

这座惠普工厂每年生产价值 1 亿美元的电子仪器，包括电视监测器和医药设备中使用的负极线管、示波镜、检验用“逻辑分析器”等。1 700 名职工中，有 40% 是工程师、程序员、技术员、行政管理人员。他们在一处高大空旷的地方工作，一面是窗外开阔的派克斯峰景色，其余各面墙则漆着明亮的黄色和白色，地板是浅色的树脂建材，和医院一样光亮洁净。

惠普的工作人员，从职员到计算机专家，从厂长到流水线工人、监工，都在一起工作。他们可以用正常的音量交谈，不会因机器的噪声而大吼大叫。由于大家都穿着平常的休闲服，从外表上看不出职位和工种的分别。从事生产工作的人员都坐在自己的办公桌前，许多地方都装饰着常春藤、鲜花和盆景，从某些角度看起来，给人一种置身花圃的幻觉。

行走于工厂之中，我希望能像变魔术一样把我的老同事带离工厂和汽车生产流水线，带离充满噪声、尘埃、劳苦的工作和严格刻板的纪律，把他们变到这个新环境中来。

他们会难以置信地注视着眼前的一切。我不知道惠普是不是工人的天堂，但我知道我那些工厂的老同事也不是好糊弄的。他们会希望知道所有的细节，如薪水、福利、向谁诉苦等。他们要了解工厂里用的新原料是否很安全，会不会对环境有害。他们凭直觉认为民主的气氛只是表面现象，背后还是有人发号施令，有人奉令唯谨。

然而，我的老同事会用锐利的眼光看出新工厂和旧式工厂的不同之处。他们会发现惠普的工作人员不是一起上班、打卡、各奔岗位，而是可以自由选择工作时间，随意移动工作地点。我的老同事还可能羡慕他们能自定工作进度，不必顾虑职位之分；可以当面和厂长或工程师谈话，又能穿自己爱穿的衣服。简单地说，就是可以做一个独特的个人。事实上，终年穿着钢头鞋、脏衣服，头戴工人帽的老工人一定不敢相信这种地方居然会是工厂。

如果说工厂是批量生产的发源地，他们的想法可能没错。因为这些设备和批量生产无关，我们已经超越了批量生产的阶段。

“一口牛奶”与圆领衫

发达国家从事制造业的人口在过去20年里逐渐减少。（美国今天只有9%的人口，约2 000万名工人，制造可供2.2亿人使用的商品，其余6 500万名工人则提供服务和操作计算机。）由于制造业的萎缩在工业世界中已经日益严重，许多简单的制造业都转至所谓的发展中国家，如阿尔及利亚、墨西哥和泰国等地。最落伍的第二次浪潮工业也因而由发达国家输入发展中国家。

基于政策和经济上的考虑，发达国家不可能完全放弃制造业，变成典型的“服务业社会”或者“信息式经济”。发达国家仰仗非物质性的生产，而其他国家则从事物质生产，这种说法又未免过于简单。我们会发现发达国家仍继续制造重要商品，但是所使用的人力较少，因为生产方式已经改变了。

第二次浪潮制造业的特色是批量生产划一的标准产品，而第三次浪潮制造业则是少量生产部分或全部定制的产品。

一般人仍然认为制造业和批量生产是分不开的，当然我们还是会从生产线上运出几十亿支香烟，几百万件纺织品，无数的电灯泡、火柴、瓦块和火花塞。这种情形无疑还会维持一段时日，然而这些产品多半是比较落伍的产品，而且只占今日所有商品的5%。

一份有关苏联研究的杂志《批评》(*Critique*)上曾报道:“发展中国家的GNP每年按人口计算平均为1 000~2 000美元，且多集中在批量生产的产品，然而高度发达国家则致力于生产需要高新技术和大量研究成本的少量产品，比如计算机、专业仪器、飞机、自动化生产系统、医药产品、需要高新技术的聚合物和塑胶等。”

在日本、德国、美国，甚至苏联，电机制造、化工、航空、电子、专业运输工具、通信等均有走向多样化的趋势。位于伊利诺伊州北部的西方电气公司最先进的工厂，工人可以生产400种不同的电路组件，产量最多的每月生产2 000组，产量最少的每月生产2组。

美国的IBM、拍立得、麦道、西屋和通用电气，英国的ITT(国家电话电报公司)，德国的西门子，瑞典的爱立信，都朝减少产量、增加定制商品的方向发展。挪威的阿克尔集团占该国造船总量的45%，现在已经转向生产深海石油设备，由“系列生产”的造船业转为“定制”的海洋产品。

在化学工业方面，埃克森公司的总经理R. E. 李(R. E. Lee)指出，他们“正转向生产少量产品，如水管、墙板、镶板用的聚乙烯和聚丙烯，还承接一些顾客指定的工作”。有些产品产量非常小，李总说，“我们形容这种数量为‘只够老鼠喝的一口牛奶’”。

在军事生产方面，大部分人仍然以为是批量生产，事实却并非如此。我们所想到的是数以几百万计的一模一样的制服、钢盔和来复枪，其实现代化军队所需要的根本不是批量生产的产品。喷气式战斗机一次只出厂10~50架，每一架可能都不尽相同，视其使用目的和服务项目而定。由于订购的数量少，飞机内的许多零件也是以少量生产为主的。

五角大楼的一项分析显示，91 亿美元可确定去向的开销中，有 78%（约 71 亿美元）用于购买每批不到 100 件的产品。即使是需要批量生产零件的工业，所有的零件也往往会组合成不同的成品，这些成品的生产数量并不大。

你只要看看在高速公路上行驶的各种汽车，就会发现以往相当划一的汽车市场，现在已经有所区分，迫使汽车制造商不得不满足不同顾客的需要。欧洲、美国和日本的汽车制造厂仍然批量生产零件，然后再把零件拼凑成千万种组合。

你不妨注意一下最普通的圆领衫。批量生产的圆领衫上可以印上不同的设计和字样，显示出穿着者到底是贝多芬迷还是“啤酒桶”。圆领衫这类商品正处于批量生产和多样化生产的中间阶段。

超越了这个阶段，当然就是纯粹的定制生产，每种产品只有一件。这正是我们发展的方向：按顾客的个别需求制造产品。

兰德公司信息服务部主管罗伯特 · H. 安德森（Robert H. Anderson）以制造业专家的身份指出：“在不久的将来，定制生产会和批量生产一样容易。我们已经超越了模型，不再是制造一些模型，然后把它们拼合。我们正迈向纯粹的定制生产阶段，就和定做衣服一样。”

定制生产的趋势可以从如下事例中看出：几年前，成衣界启用了一种由计算机操纵的激光枪。在第二次浪潮没有掀起批量生产风气以前，如果一个人想要做一件衣服，他只能去找裁缝或者请自己的太太替他缝制。这件衣服完全是根据他的身材手工裁制的。

到了第二次浪潮时代，我们以批量生产的方式制作划一的服装。在这种制度下，工人把布一层层叠在一起，在最上面放一个模型，然后用电切刀沿着模型边缘裁切，做出许多一模一样的布料。这些布料经过一致的处理程序，无论大小、形状、颜色都不相差毫厘。

新的激光机器的运行原理与旧的生产机器不大相同。它一次不会裁10件、50件、100件甚至500件衬衫和夹克，事实上一次只裁一件，但是这种裁制方法比我们现在使用的批量生产方式更快、成本更低，因为可以减少浪费，而且不需存货。基于上述理由，美国最大的成衣制造商杰纳斯科公司总裁说："激光机器可以一次裁制一件衣服，而且很经济。"这显示出有一天连标准尺码都会消失。很可能我们只要在电话中报出自己的个人尺寸，或者照一张相片，然后把资料直接输入计算机，就能指挥机器裁制一件完全符合个人尺寸的衣服。

事实上，我们所见到的是利用高新科技的定制生产方法。工业革命以前的生产方式如今再度出现，但其再次出现的基础是最先进的科技。和传播媒体一样，制造业也日趋多样化。

剧变的效果

还有一些卓越的发明也改变了以往的制造方法。

有些工业正由批量生产转入少量生产，还有一些工业已经超越这一阶段，迈向纯粹的定制生产。这些工业也可以让机器不断重新调整，使每一件产品都和下一件不一样，而机器却可以不停地生产。

我们正在以顺时针方向、连续不停的定制生产方式向未来迈进。

另一项重要的改变更是把顾客直接带入生产过程中。有少数行业很快就可以进步到由顾客直接把规格输入制造商的计算机，然后由计算机控制生产线。顾客因为这项技术的普及得以参与生产过程。届时，我们恐怕很难分辨谁是顾客，谁又是生产者了。

如果说第二次浪潮产业是“笛卡儿派”，产品先破裂成碎片，然后再心痛地组合起来，那么第三次浪潮就是“后笛卡儿派”，或者说是“整体主义”。两者的分别可以从手表这一类普通的产品上看出来。手表一度是由几百个活动的零件组合成的，现在我们却能够制造出时间更精确、更可靠、没有任何零件的手表。日本松下电视机内部的零件只有10年前的半数。由于小型微处理器生产出许许多多的产品，自然取代了大量旧式的零件。埃克森推出一种新型打字机Qyx，其中只有少数可活动的零件，比IBM有数百个零件的产品技高一筹。佳能35毫米照相机AE–1比以往同类产品少了300个零件，其中有175个零件被得克萨斯仪器公司的一块晶片取代。

借助计算机化的设计和其他先进的机械工具，我们可以利用较少的零件构成“整体”。摄影在视觉艺术的领域中崛起，就是一个好例子。我们不必在帆布上费力地涂抹，只要按一下键就可以立刻拍下全景。在制造业方面，也出现了这种“剧变的效果”。

科技和信息领域的变化影响到制造方法。我们正在迅速超越传统的批量生产方式，迈向批量生产和多样化生产的混合生产方式。我们的终极目标已经十分明显：逐渐在消费者的控制下，采用整体、连续的生产方法，制造纯粹定制的产品。

总之，我们彻底推翻了以往根深蒂固的生产结构，这一变化的浪潮势必会影响到社会的各个层面，为前途做打算的学生、有心投资的商人、预拟发展策略的国家都会受到影响。然而这一趋势绝不能孤立于其他事件之外，它和另一项发生在办公室里的革命有连带关系。

秘书不见了?

在发达国家里，从事实质生产的人数已经逐渐减少，更多人转而从事构想、专利、文件、市场研究、销售服务、科学方程式、订单、重组计划、档案、信函、图案、法律事件、工程规格、计算机程序，以及其他各种形式的资料的相关工作。这种白领阶层、技术和管理活动的崛起对许多国家而言均是普遍现象，我们在此无须举证。事实上，有些社会学家认为，生产日趋抽象足以显示出社会已经进入“后工业时期”。

事实并非如此简单，白领阶层的成长可能更接近工业化的延伸——第二次浪潮的余波，而非新体系的诞生。由于工作的性质越来越抽象，公司的办公室也日益模仿第二次浪潮的工厂，工作本身趋于破碎、重复、呆板，而且毫无人性。即使在今天，大多数办公室的设计也不过只是效仿工厂罢了。

第二次浪潮文明在这些“新工厂”里也建立起与旧式工厂一样的阶层制度。工厂的人员被分成手工和非手工两类，办公室里也同样分出“高度抽象”和“低度抽象”两个工种。从事高度抽象工作的人员包括科学家、工程师和管理人员，他们多半的时间都花在开会、生意应酬和分发通知、口授信件、打电话、交换情报上。一项最新的调查显示，管理人员每天有 80% 的时间花在 150~300 次“信息交流”上。

此外，我们发现从事低度抽象工作的人——白领无产阶层，和第二次浪潮的工厂工人一样无休无止地做着单调乏味的工作。这些人多半是妇女，而且没有工会的组织，对于社会学家所谓的“后工业主义”，她们只能报以讽刺的笑容，因为她们其实是办公室里的“工业化”劳工。

今天，办公室也已经超越了第二次浪潮，正向第三次浪潮迈进，而这一工业阶层制度正面临挑战。以往办公室的官僚制度和结构很快就会被重新调整。

第三次浪潮办公室革命的结果会产生几种相冲突的现象。不论第二次浪潮的职员、打字员、秘书多么努力工作，都无法满足人们对信息的普遍需求。另外，纸上作业的成本激增，人们正殚精竭虑地研究应对的方法。（许多公司的办公成本已经膨胀到占总成本的四五成，有些专家估计，如果把潜在成本全部列入，则一封商业书信的成本可能高达 14~18 美元。）同时，美国一家工厂的工人背后约有价值 2.5 万美元的科技作为依托，而办公室工人“只有价值 500~1 000 美元的打字机和计算机，他们可能是全世界生产力最低的工人”。一位静电复印机公司的推销员如是说。办公室工作的生产力在过去 10 年内只提高了 4%，其他国家的情报可能更为明显。

计算机各功能成本的大幅下跌，刚好与之形成一个对比。据估计，计算机的产能在过去15年内增加了1万倍，而每一项功能的成本降至原来的十万分之一。行政工作高昂的成本和停滞的生产力与计算机发展的对比，形成了不可抗拒的趋势，结果很可能发生大变动。

这项大变动的代表就是一种被称为“文字处理机”的电子仪器的出现。目前全美已有25万部这种机器，IBM和埃克森等公司的大制造商宣称他们将极力争取这每年百亿美元的市场。被称为“聪明的打字机”或“文件编辑”的这种机器，彻底改变了办公室里的信息流程和工作架构。然而，这只不过是即将涌入白领世界的无数新科技之一。

1979年6月，国际文字处理协会在芝加哥召开的会议上，有两万多名参观者鱼贯穿过展览室，观赏和试用各种复杂的机器，包括光学扫描仪、高速印刷机、显微照相设备、传真机和计算机终端机等。他们所见到的正是明日的“无纸办公室”。

一家位于华盛顿的微网顾问公司把17种品牌的设备安装在一间办公室里，在这里“纸张免进”。任何文件一到这间办公室立刻被制成微缩影片，储存在计算机内。这间示范办公室内装置了口授设备、微缩影片、光学扫描仪、录像终端机。微网顾问公司董事长拉里·斯托基特（Larry Stockett）说，他们希望设计一间未来的办公室，“里面没有误置的档案，市场、销售、会计和研究资料伸手可得，一小时可以复制和分送几万份资料，每页成本只有一美分，而且资料可以随意变成印刷品、数字或照片”。

在传统的第二次浪潮办公室里，如果一位主管想要寄一封信或发一份通知，他立刻会找一位中间人——秘书。这个人先要把主管的话写在笔记本或草稿纸上，然后修改内容，以免发生错误，再重新打好字，用复写纸或复印机印几份副本，经过邮局递往目的地，副本则予以归档。如果拟稿不算的话，这项工作仍然需要5个步骤。

今天的机器可以把5个步骤浓缩为1个，使冗长的程序减为片刻工夫。

为了学习起见，同时也为了提高我的工作效率，我买了一部简单的计算机，用来处理文字，以及撰写本书的后半部分。我很高兴自己在很短的时间里就学会了如何操纵这部机器。几个小时之内，我已经能够运用自如了。和键盘相处了一年多，我仍然为它的速度和能力而感到惊讶。

今天，我不再把文章打在纸上，而是用键盘输入计算机，储存在磁盘里，我的文章会在计算机屏幕上显示出来。只要按几个键，就可以立刻变动或者重组文章、移动段落、增减内容、突出主题，直到我满意为止。涂改、剪贴、删除、复印、打字都不需要了。草稿修改好之后，只要按一个键，手边的打印机就会在一眨眼的工夫输出一份完全正确的定稿。

复印副本仍是这种机器最原始的用处，而且违反了其基本精神，因为电子办公室的妙处就在于节省秘书打字和改错的时间。自动化的办公室可以把文件归档于磁带或磁盘里，通过一部电子字典自动更正错字。由于机器彼此相连，而且附着于电话线上，秘书可以立刻把信件送到收信人的屏幕上。这项设备因而可以记录原稿，予以更正、复印、分送、归档，所有工作只需要 1 个步骤。速度加快，成本减少，而且 5 个步骤浓缩为 1 个。

这种浓缩效果不只限于办公室之用。此类设备可以连接在卫星、微波和其他电信器材上，淘汰工作量过大、错误百出的第二次浪潮机构：邮局。事实上，办公室自动化的结果是以“电子邮政系统”取代邮差和过重的邮袋。

美国国内邮件总量中有 35% 是交易性的报告：账单、收据、订单、发票、银行证明、支票等。同时有大量的信件不是个人之间的往来，而是组织间的联系。由于邮政危机日趋严重，许多公司在邮政系统之外另谋出路，开始兴建小规模的第三次浪潮系统。

电子邮政系统以电子复印机、传真机、文字处理设备和计算机终端机为基础，在发达国家发展非常迅速，新的卫星装置更会促进其进展。

由 IBM 等数字公司合组的卫星商业系统（SBS）为其他公司提供统一的信息服务。卫星商业系统可以联络各公司的地面电台，使每家公司都有自己的电子邮政系统，减少一般性的邮政服务。

这方面的进展如何目前仍然是个未知数。未来的办公室整洁得不沾人间烟火味。人间总应该有些杂乱，但是显然我们正快步向前迈进，即使只实现电子办公室部分的理想，也足以为社会、心理、经济各方面带来巨大的影响。这个即将来临的大变动应不只是推出新机器而已，办公室里的人际关系和角色身份都会被重新调整。

一开始，秘书的许多工作将会完全消失。一旦语音识别的技术有所进展，打字将成为落伍的技术。不久，配合个人口音的口授设备就可以直接把声音转成文字，废除整个打字作业。

我在国际文字处理会议上发表了一篇演说，听众希望知道是不是由秘书代我操纵机器。我说我自己打草稿，我的秘书根本无法接近那部计算机文字处理机，听众爆出一阵笑声。他们梦想有一天可以在报纸的分类栏里找到这样一则广告：

> 招聘：企业副总裁
>
> 要求能够协调各部门财务、营销、生产线开发。应具备良好的行政管理能力。向国际联营公司执行副总裁汇报工作。**要求会打字。**

事实上，主管人员不会愿意弄脏他们的指头，他们平常连倒杯咖啡都懒得自己动手。尤其是语言识别设备即将问世，他们只要动动嘴就可以让机器去打字，当然更不情愿去接触键盘了。

不论他们愿不愿意，第三次浪潮都势必会为办公室带来焦虑、冲突和组织重整，同时为部分人带来新事业和新机会。旧的管理势力、官僚制度、性别差异、内部倾轧都会遭到挑战。

新的形势也引起了许多人心底的恐惧。有人认为，几百万份工作将会凭空消失，秘书将沦为机器的奴隶。另一派的意见以任职于一家顾问公司的戈德菲尔德（Goldfield）女士为代表。她认为，秘书不仅不会成为机械化的单调职务，反而可以分担专业性工作，参与决策，做目前做不到的事情。在白领阶层中，我们很可能会见到分裂的局面，一些人转而担当重要的职务，另一些人则逐渐落伍，最后遭到淘汰。

那么这些人该怎么办？整个经济会受到什么影响？在20世纪50年代末和60年代初，自动化开始出现，各国的经济学家和工会代表都预测将会出现大量失业。然而，在高科技国家，就业反而会增加，制造业虽然萎缩，但是白领工作和服务业的发展运用了闲置的人力。然而，如果制造业一蹶不振，事务性工作的就业人数又直线下降，明日世界的工作机会从何而来呢？

无人知晓这个答案。纵然有无数的研究和激烈的争论，预测和事实仍然背道而驰。根据伦敦《金融时报》的报道，在机械化和自动化方面的投资，与制造业的就业人数“几乎完全没有关联”。1963—1973年，一项7国研究显示，根据附加价值百分比计算，日本在新科技上的投资比率最高，就业增长率也最高。英国在机械化方面的投资比率最低，工作“损失”也最大。美国和日本的情形一致，科技和新工作机会都有增加，瑞典、法国、德国、意大利各有其特色。

就业水准并不单单受科技进步的影响，其起伏也不被自动化操纵，就业问题是许多相关政策牵制的结果。

就业市场的压力在未来可能会不断膨胀，但是认定计算机是罪魁祸首，也未免以管窥天。唯一可以确定的是，办公室和工厂势必会产生革命性的改变。薪水阶层的工作和制造业的革命将促成全新的生产方式。这一大步会带来难以言喻的复杂后果，不仅影响到就业水准和产业结构，而且涉及政治和经济势力的分布、工作机构的规模、国际劳工分配、妇女在经济中的地位、工作的性质、产销分离的现状，甚至可能改变一个最简单的现实：人们在哪儿工作？

第十六章　电子住宅

在我们迈向新生产系统的过程中，潜伏着一项惊人的社会变革，我们迄今仍怯于正视其意义，因为这项社会变革也将给我们的家庭带来巨大的变化。

新经济制度会促使小型工作单位崛起，鼓励分散式生产，避免劳动者向都市集中，改变工作的基本性质。更重要的是，在这一制度下，成千上万的工作将从饱受蹂躏的第二次浪潮的工厂和办公室转向家庭。届时，我们所熟悉的各个机构，从家庭、学校到公司，都会改头换面。

300 年前，成群的农夫在田里劳作。只有疯子才会想象到，不久以后田间的人口疏散了，人们拥入城市的工厂去挣碗饭吃。然而疯子却是对的。今天，也需要有勇气的人才敢说，在我们有生之年，庞大的工厂和高耸入云的办公大厦都会人去楼空，成为阴森的仓库和荒凉的活动空间。然而，这正是新生产形态可能带来的景象：回到以先进的电子业为基础的电子住宅，使家庭重新成为社会的中心。

我们很快就不必再踏入公司或工厂，而把所有的时间都消磨在家里，这种想法势必会遭到许多人的反对，而异议者也有其立论根据。“他们就不管人们到底可不可以在家中做事，希不希望在家中工作。你看，所有的女人都想走出家庭，走入办公室！”“小孩在旁边跑来跑去，你还能做什么事？”“人不会自发地工作，一定要有老板监督着。”“人与人之间必须有面对面的接触，才能培养出工作中不可或缺的信任。”“一般家庭的设计没有这种功能。”“你说可以在家中做事是什么意思？要在每一家的地下室里装一座炼钢炉啊！”“要是政府管制，房东反对，那该怎么办？”“工会绝对会阻止这种想法。”“税务员该怎么办？他们对在家中工作的减免额可是越来越严。”最后一个问题可以把你的嘴封死：“什么！要我整天和老婆（或老公）待在家里！”

总之，很多人都有充分的理由（和捏造的理由）证明这种想法实在愚不可及。

在家中工作

在300年前，人们也有足够的理由相信，他们绝不可能离开家庭和田园到工厂中工作。毕竟他们祖祖辈辈在自己的家乡和邻近的土地上已经辛劳了1万年，而不只是300年。整个家庭的生活形态、抚育孩子的方式、培养人格的过程、财产和权力制度、文化及每天为生存而做出的挣扎，都被几千条锁链牢牢绑在灶台和土地上。然而新的生产制度出现之后，这些锁链立刻就被斩成寸寸废铁。

今天，历史又重演了。社会的经济力量正不断聚拢来改变工作的地点。

从第二次浪潮工业转入更先进的第三次浪潮的新工业，减少了参与实质生产的劳动人口。这一转变意味着，即使在制造业中，也有越来越多的工作在任何地方都可以进行，只要配有合适的通信设备，甚至在我们自己家的客厅中即可处理。这并不是科幻小说里的幻想。

西方电气公司早期为电话公司生产电动开关设备，后来转而制造电子开关装置，其在伊利诺伊州北部工厂的工作人员配置也有所调整。此前，生产工人比白领和技术工人多，比例约为 3∶1；现在，比例是 1∶1，也就是说，在 2 000 名工人中有半数负责信息而不是产品，他们多半的工作都可以在家中完成。伊利诺伊州北部工厂机械部主管敦·科莫（Dom Cuomo）平淡地说：“如果把工程师也算在内，这里的工作有 10%~25% 可以利用‘现有’的技术在家中完成。”

科莫手下的经理杰拉尔德·米切尔（Gerald Mitchell）说得更为明确。他表示：“2 000 人中有 600~700 人现在就可以在家中工作。5 年以后，应当还不止此数。”

这些估计数字和在科罗拉多泉的惠普工厂的制造部经理达尔·霍华德（Dar Howard）所言非常接近。“我们有 1 000 人从事实际的制造工作。就技术而言，也许有 250 人可以在家中工作。补给工作很复杂，但是安装机械和主管设备并不成问题。只要肯投资设置计算机终端机，有一半甚至 3/4 的研发人员的工作可以在家中进行。”对惠普而言，就是350~520名员工。

总而言之，在这些先进的制造中心，有35%~50%的员工可以在家中工作——只要有人愿意推行这种生产方式。第三次浪潮的制造业不需要工人全挤在一处工作。

这种情形并非电子工业和大企业所独有。加拿大奥索制药公司副总裁彼得·泰特尔（Peter Tattle）表示，问题不在于“多少人可以得到批准在家中工作”，而在于“多少人‘必须’在办公室和工厂里工作”。提到他工厂里的300位工作人员，泰特尔说：“只要我们能提供必要的通信技术，就有75%的人可以在家中工作。”电子业和制药业的情形显然也可以适用于其他先进的工业。

既然制造业有这么多人现在就能够在家中工作，那么我们可以很放心地说，有相当人数的不需处理原料的白领阶层也能够这么做。

事实上，有不少人现在正在家中工作，推销员可以利用电话联络或登门拜访，偶尔去办公室报到即可。此外，建筑师、设计师、许多行业的专业顾问、临床医学家和心理医师、音乐和语言教师、艺术品经纪商、投资顾问、保险代理人、律师、学术研究人员及许多其他行业的技术和专业人员都可以在家中工作。

这些都是发展最迅速的行业，一旦我们的技术水准能够达到在每一户家庭里安装一部低成本的“工作电台”，接上打字机、传真机、计算机键盘或电子会议装备，在家中工作的可能性立刻就大幅提高了。

如果有了这些设备，谁会抢先从集中化的工作场所迁入“电子住宅”？不过，我们千万不可低估市场上的面对面接触，以及各种潜意识和非语言沟通的重要性，即便这些工作并不需要太多的直接接触，只要偶然为之即可。

担任“低度抽象”工作的人几乎不需要任何直接接触，他们多半的工作只是输入资料、打字、改正错误、统计总数、制作标准订单等。他们可能最容易迁入电子住宅。许多担任“极度抽象”工作的人员（如研究员、经济学家、政策拟订者、组织设计者）需要和同事频频接触，但是也需要时间单独工作。连经销商有时候也需要抽身回去做“家庭作业”。

雷曼兄弟投资银行的一位主管纳撒尼尔·塞缪尔斯（Nathaniel Samuels）一年要在家中工作50~75天，他认为：“未来的科技会增加‘家庭作业’的分量。”事实上，许多公司已经不再坚持一定要在办公室里工作。以生产木制产品出名的惠好公司不久之前需要一本新员工工作手册，该公司副总裁R. L.西格尔（R. L. Siegel）和三位下属在他家工作了将近一周时间，拟出一份草稿。西格尔说：“我们觉得必须离开办公室，以免受到干扰。”他又说：“在家中工作和我们的弹性工作时间主张不谋而合，重要的是把工作做好，我们不在乎你在哪里工作。”

依据《华尔街日报》（*The Wall Street Journal*）的报道，惠好公司并不是特例。该报指出：“许多公司都让员工在家中工作。”美国联合航空公司公共关系部主管允许下属每年在家中工作20天。即使是底层工作人员必须不停做汉堡的麦当劳公司，也鼓励部分高级主管在家中工作。

来自博思艾伦咨询公司的哈维·波佩尔（Harvey Poppel）曾经问道：“你真的需要这样一间办公室吗？”他在一份未发表的预测中

说:“到 20 世纪 90 年代，双向沟通能力会大幅提高，人们都可以在家中工作。”许多研究人员也支持他的看法，位于蒙特利尔的加拿大贝尔集团的长期规划人员罗伯特·F. 莱瑟姆（Robert F. Latham）即是支持者之一。莱瑟姆认为:“由于信息工作急速增加，通信设备有所改进，在家中或者当地工作中心工作的人数也会逐渐增多。”

美国内政部管理顾问霍利斯·韦尔（Hollis Vail）也相信，到 20 世纪 80 年代中期，“明日的文字处理中心可以直接进入家庭”，他曾经以小说手法描述一位受雇于“阿非公司”的秘书简在家中工作的情形，她隔一段时间才见老板一次，“讨论问题，当然也附带参加办公室的聚会”。

未来研究中心也持同样的看法，该中心早在 1971 年即调查了 150 位服务于新信息科技公司的专家，列出 5 类可以在家中处理的工作。

该中心发现，只要具备必要的工具，大部分秘书的工作“都可以在家中完成，而且效果不亚于在办公室工作。这种制度可以增加劳动力，已婚的秘书可以一边在家照顾孩子，一边继续工作。我们没有理由认为秘书不能在家中做记录，把内容打在家中的终端机上，然后在老板的家中或办公室里打印出清晰的文件”。

此外，该中心还指出:“工程师、制图员和其他白领的许多工作都可以在家中处理，速度上不仅不亚于在办公室工作，而且可能还更迅速。”未来的种子已经在英国萌芽了，一家“F”（“F”代表自由职业）跨国企业雇用了 400 名工作半天的计算机程序员，除了几名员工外，其他人全都在家中工作。该公司专为企业界安排程序员，目前业务已扩展至荷兰、瑞典和挪威一带，他们的顾客包括知名的大公司，如英国钢铁、壳牌石油等。《卫报》(*Guardian*) 称：“家用计算机的程序设计将成为 20 世纪 80 年代的家庭手工业。”

总之，在第三次浪潮纵横捭阖之际，借用一位研究人员之言，我们会发现越来越多的公司只不过是“挤在计算机周围的一群人”罢了。一旦把计算机安装在人们的家中，他们就不必再挤成一团了。第三次浪潮工薪阶层的工作和第三次浪潮的制造业一样，都不需要工作人员全集中于一处。

由第二次浪潮的工厂和办公室转入第三次浪潮的在家中工作，其中的困难也是不容忽视的。公司和社会在组织调整以后所面临的鼓舞员工士气和管理问题，都会拖长实施调整的时间，还可能产生不良的后果。提供意见和需要沟通的工作也不可能都以间接的方式进行。有些工作，尤其是当有创造性的交易活动时，每一个决定都没有先例可循，必须靠面对面的接触。因此，加拿大海外投资公司总裁迈克尔·柯纳（Michael Koerner）的话也很有道理，他说：“我们彼此之间的距离总应该维持在 1 000 英尺以内。”

电信的发展

各种强大的力量正催生电子住宅的发展，其中最明显的就是交通和电信的经济效益之比。大多数高科技国家目前都面临严重的交通问题，大众运输系统已呈饱和状态，市区道路和高速公路拥堵不堪，停车空间奇缺，污染问题严重，罢工和故障几乎成了家常便饭，同时交通成本扶摇直上。

交通成本的增加应该归因于工作者。这些成本间接加在雇主身上，造成偏高的工资成本；加在消费者身上则成为高昂的物质消费。由美国国家科学基金会支持的尼勒斯（Nilles）小组做了一项研究，计算出如果工薪阶层工作能大量迁移出市中心的办公地点可以节省多少资金和能源。尼勒斯小组并未假设工作可以搬入家中，他们使用的是中途工作站的模式，假设工作可以分散到员工住家附近的工作中心。

他们的研究结果十分惊人。尼勒斯小组在洛杉矶调查了2 048位保险公司职员，发现每人平均上下班往返路程为21.4英里（美国都市工人为18.8英里）。担任管理者的职位越高，往返路程越长，高级主管平均为33.2英里。这些工人合计每年要为工作行驶1 240万英里，耗去将近半个世纪的光阴。

以1974年的物价计算，行驶一英里的成本为22美分，合计为273万美元，这笔成本间接由公司和顾客负担。尼勒斯小组发现，公司每年要多支付给城里的工作人员520美元，偏远地区则无须支付这一数额，这就是“交通津贴”。同时公司还得设法提供停车位和其他必需的服务。假设一位秘书在住宅附近做事，年薪1万美元，省下的交通费用可供公司多雇300位秘书，或者每年增加数百万美元的利润。

问题是，装置和操作通信设备的成本什么时候才会低于目前的交通成本？由于汽油和其他交通成本（包括大众运输工具的成本）持续上涨，而通信价格急速下降，总有一天两者会不相上下。

这一因素并非推动我们分散生产地点、朝电子住宅发展的唯一力量。尼勒斯小组发现，美国都市上班族每天在往返途中要耗用相当于64.6千瓦的能量。（洛杉矶保险业人员每年要耗用3 740千瓦。）然而，相比之下，信息传播所用的能量就少得多了。

一部典型的计算机终端机的使用功率为10~25瓦，一条电话线的使用功率还不到1瓦。至于需要多少通信设备，多久以后才能实施，根据尼勒斯小组的计算，“电信对交通的相关能源消耗利益（即上下班能源耗用量对电信耗用量的比率），如果使用私家轿车的话是29∶1；如果使用正常运输量的大众运输工具的话是11∶1；如果使用饱和量的大众运输工作的话是2∶1。”

尼勒斯小组在结论中说，这些数据显示，如果在1975年，12%~14%的都市交通量能由通信取代，美国就可以省下大约7 500万桶石油（即完全不需要从国外进口石油）。这对美国的收支平衡和中东政治局势的影响力将是巨大的。

石油价格和一般能源成本在未来数十年内仍会上涨，而打字机、电子复印机、视听器材和家用计算机的实质成本及能源成本将持续下跌，解散控制第二次浪潮时代的大生产中心会越来越有利可图。

朝通信方向发展的压力会日益加大，石油断货、汽车尾号单双号限行、加油站大排长龙、配额供应、延误上下班时间等种种现象都会增加社会和经济成本。

我们还可以看到其他压力。政府和企业会发现，把工作转入家庭和邻近的工作中心可以大量减少房地产的支出。办公大楼和厂房设备越小，房地产成本就越低，而空调、灯光、守卫和维护费用也相对减少。由于工商业用地和相关税赋一致提高，基于降低成本的考虑，分散工作地点将会备受欢迎。

转移工作地点、减少上下班车流量还可以消除污染，节省治理污染的成本。如果环保主义人士强迫公司为污染买单，企业界将会快速转向低度污染的活动，因而可能由大规模的生产场地转入小型工作中心或家庭。

除此之外，如果环保专家和市民集体攻击汽车的不利影响，反对修建市区道路和高速公路，或者禁止车辆进入某些地区，也等于间接支持工作地点的转移。他们的努力会淘汰成本高且不便捷的交通系统，转而采纳低廉、便捷的电子通信设备。

一旦环保主义人士发现这两种系统对生态的不同影响，同时在家中工作又能进入实行阶段，他们会极力支持这一分散化的趋势，协助我们跃入第三次浪潮文明。

社会因素也是支持这一构想的主要力量。工作天数减少之后，上下班的时间在比率上就变高了。一天工作 8 小时的员工，如果痛恨每天得花上 1 小时往返于办公室和家，那么一旦工作时间缩短，他们可能就不愿意花同样多的时间在路途上。上下班时间（和工作时间）的比率越高，这段往返的路程就显得越为荒谬和不合理。人们如果拒绝上下班工作，雇主就必然会间接提高在集中地点工作的人员的待遇，而愿意接受较低待遇的人员则可以减少往返的时间，消除由此带来的不便和降低成本。这对工作地点的转换会形成一种刺激。

最后，价值观的改变也会促成这一趋势。我们现在谈的不是盛行的个人主义，也不是追求小城镇和乡村生活，而是家庭观念的根本转变。第二次浪潮时代社会认可的标准家庭形态——核心家庭已经陷入危机。我们在下一章会谈到未来的家庭。现在，我们要关注的是最先脱离核心家庭形态的美国和欧洲，已有重新结合家庭各分子的呼声。维系家庭的力量之一就是分工合作。

即使在今天，据估计双职工家庭的夫妻离婚率也偏低。电子住宅的兴建乃是建立在夫妻和子女可能一起工作的假设上的。一旦支持健全家庭生活的人士发现，人们可以在家中工作，他们可能会呼吁采取政治措施来加速其发展，比如税赋奖励制度和工人权利的新观念等。

在第二次浪潮时代早期，工人运动大力抨击“每日工作10小时”的制度，这在第一次浪潮时代简直是不可思议的事。很快我们就会看到另一种运动，要求所有“能”在家中做的工作“都在家中做”。许多工人会把这项条件视为一种权利。从某一角度来看，工作地点的转换有利于良好的家庭生活。各种不同政治、宗教和文化阶层的人都会大力支持这一主张。

电子住宅的潮流是过时的第二次浪潮和新的第三次浪潮之间具有代表性的冲突之一。冲突的结果不仅会集合渴求新技术发展的科技专家和大企业的力量，而且会团结其他各种力量——环保主义人士、劳动改革家及许多组织和群体（从保守的宗教人士到激进的妇女运动者和重要的政治集团），他们会一起为家庭筹划一个更新、更好的未来，电子住宅也因而成为迈向第三次浪潮社会的关键。

以家庭为中心的社会

一旦电子住宅散布于各地，将会在社会上产生许多重大的影响。这些影响就连最热心的环保主义人士和反科技人士都会举双手赞成，同时也会为企业界带来新的机会。

1. 社区影响。在家中工作可以使社会更趋稳定。在许多变化快速的地区，这是一个目前无法实现的目标。如果人们可以在家里处理部分或者全部的工作，他们就不必像现在这样每换一份工作都搬一次家。到时候他们只要拔下插头，插入另一部计算机就行了。

这项转变意味着强迫性的移动会减少，个人所承受的压力会减轻，人际关系较为持久，个人能参与更多社区活动。今天，当一个家庭搬入某一社区时，总会认为在一两年内又会迁往他处，因此家庭成员不愿加入邻近的组织、广交朋友或投入社区活动。电子住宅可以帮助人们重新建立起归属感，加入义务性的组织，比如教堂、妇女团体、地方集会、俱乐部、体育和青年协会。

2. 环境影响。转变工作地点不仅可以减少能源需求，而且可以使能源趋于分散。少数办公大楼和巨型工厂不再大量使用能源，也不再需要集中生产能源，电子住宅则可以分散能源的需求，更容易使用太阳能、风力和其他能源技术。装置在每一户家庭中的小规模能源生产设备，至少可以取代部分现在使用的集中式能源。污染也会因而减少。小规模的再生能源可以不再使用污染严重的燃料，而少数主要地区的污染情形将会逐渐缓和。

3. 经济影响。部分企业会趋于萎缩，其他行业则会不断成长。电子、计算机和通信产业显然会日益繁荣，相反，石油公司、汽车业、工商业、房地产开发均会受到打击。前所未有的小型电子商店和信息服务会崛起，邮政业务则难免会衰退。造纸业不如以往吃香，大多数的服务业将会有利可图。

更深入分析来看，如果人们可以拥有自己的电子终端机和设备——也许可以通过贷款购买，他们就能变成独立的企业家，而不是传统的雇员。这种情形就和以往一样，从工作中获得生产资料。我们也可能看到在家中工作的人自行组织小公司，合伙使用机器和提供服务。各种新工作关系和组织形式都有可能出现。

4. 心理影响。从某一角度来看，这种仰仗抽象活动、全靠大脑作业的工作环境，对我们而言，陌生而又冷漠，但是，从另一个角度来看，在家中工作可以增进与家人和邻居之间的情感。许多科幻小说假想人际关系会完全隔绝，在个人和其他人之间横挡着一层电子屏幕。然而我们也可以想象在未来世界中，人际关系分为两种，一种是真实的，另一种是隔离的，各有各的规则和角色。

当然，我们也会见到各种不同的情形。许多人会把一部分时间用在家中工作，另一部分时间则出外工作。分散的工作中心无疑将会迅速增加。有些人会连续在家中工作一段时间后，换一个上下班的工作，然后也许会再换回之前的工作。管理和领导的形式将会有所改变。小公司会承接大公司工薪阶层工作，然后组织、培训和管理专业的在家工作人员。为了维系人员之间的联系，小公司会举办宴会、社交活动和实施其他度假计划，让组织里的人有面对面接触的机会，而不只是通过计算机联络。

当然不是每个人都能够、都愿意或者都希望在家中工作，我们还要考虑待遇和机会成本的冲突。如果工作上的接触减少，而面对面的家庭冲突增加了，这个社会会变成什么样？城市会变成什么样？失业人口的数字又是多少？在这种社会里，“就业”和“失业”

的差别何在？我们无法规避这些问题和困难。然而，只要有无法回答的问题和难以解决的困难，就一定有新的机会。新的生产制度或许可以避免许多旧日的棘手问题。封建的痛苦在封建式的农业社会里永远无法得到缓解。暴动的农民、开明的贵族、宗教理想主义者都不能消除这种痛苦。直到工厂制度兴起才改变了这一情势，但是又带来了另一些惊人的缺憾。

工业社会的问题——失业、工作单调、过度专业化、抹杀个人价值、工资偏低，在第二次浪潮的生产制度下是无法解决的，工作丰富化、劳工联合会、慷慨的雇主、革命性的工人组织都无法挽回这一颓势。既然这些问题不论在资本主义还是社会主义的统治下都已经有了 300 年的历史，我们不妨思考一下是否应归咎于这一生产制度。一旦跃入新的生产制度，度过电子住宅的突破阶段，目前人们争论、奋斗甚至以身相殉的许多问题都会遭到淘汰。

我们现在还不知道电子住宅会不会成为未来的生活方式，然而，只要有 10%~20% 的人在未来二三十年内能实现这项历史性的转变，整个经济、城市、生态、家庭结构、价值观甚至政治都会出现不可思议的变化。

这是值得我们深思的问题。

现在我们可以看出第三次浪潮各种变化之间的关系。能源基础正进入一个新的科技时代，同时传播媒体多样化与计算机兴起，产生了信息时代。这两股巨大的潮流汇合在一起，改变了生产制度的基本结构，以及工厂和办公室工作的性质，最后把我们从工作岗位带回家庭。

这些历史性的变化很容易让人觉察到，我们正濒临第三次浪潮的边缘。然而我们的社会也在此期间发生了变动，家庭、朋友、学校和企业都受到波及。在第三次浪潮的科技与信息的变动之外，我们的社会也迈入了第三次浪潮时代。

第十七章　未来的家庭

20 世纪 30 年代美国经济严重不景气时期，有几百万人失业。工厂大门“砰”的一声关了起来，无数人陷入绝望和罪恶的深渊，粉红色的解雇通知单把人们的信心撕成碎片。

人们终于懂得用比较理智的心态来看待失业这件事：不能归咎于工人偷懒或道德沦丧，真正的罪魁祸首是个人无法控制的巨大力量。财富分配不均、急功近利的投资计划、无法掌控的投机心理、愚蠢的贸易政策、反应迟钝的政府机构都是造成失业的因素，而不是失业工人本身的缺失。事实上，个人的罪恶感根本是多余的。

今天，个人的信心再度像以卵击石一样被砸得粉碎。然而，我们今天的罪恶感不是来自经济，而是来自破碎的家庭。成千上万的男女在婚姻的残骸上苦苦挣扎，内心被自责的痛苦啃噬着，但是多半的痛苦同样是无谓的。

如果只有极少数人的家庭遭遇不幸，那可能是个人的失败，但是今天在许多国家，离婚、分居和其他各种家庭悲剧降临在数百万人身上，如果还要坚持认为这纯粹是个人因素，就未免太荒唐了。

事实上，破碎的家庭只是今日工业社会的危机之一，第二次浪潮所孕育出的所有机构都濒临崩溃的边缘。这正是为即将到来的第三次浪潮做好清理工作，也正是这一反映在个人生活上的悲惨经历，促成了家庭制度惊涛骇浪的大变动。

今天，我们到处都可以听到人说，“家庭”已经解体，或者“家庭”是我们的头号问题。美国前总统卡特曾说：“政府显然应该拟定一项支持家庭的政策，这是最紧迫的事情。”卫道士、达官显要、新闻业者、传媒专家也争先恐后地发表类似的意见。然而，他们口中的“家庭”不包括形形色色的各种家庭形态，而只指一种特定的家庭：第二次浪潮的家庭。

我们心里所想的不外乎一位负责挣钱的丈夫、一位负责操持家务的妻子和两个孩子。世界上有许多种其他的家庭形态，但是只有这一种核心家庭形态为第二次浪潮文明所推崇、鼓励，并且推广到全球各地。

这种形式的家庭变成社会认可的模范，因为这种家庭结构完全符合批量生产的社会需要，在这一社会制度下，价值观和生活形态完全统一，阶层和官僚制度坐拥大权，家庭生活和工作泾渭分明。

今天，权威人士敦促我们“重建”家庭，他们心中所惦记的是这种第二次浪潮的核心家庭。由于思想过于狭隘，他们不仅为整个问题开错了药方，而且显示出，他们幼稚到根本不知道应该采取什么措施去挽回核心家庭往日的地位。

因此，这些权威人士把家庭危机归咎于任何他们想象得到的玩意儿，从色情交易到摇滚音乐。有人告诉我们，禁止堕胎、避谈性教育、阻挠女权运动就可以使家庭再度结合在一起。他们也呼吁增开“家庭教育”课程。美国政府内部负责有关家庭事务的统计专家希望，能以“更有效的培训”来教导人们不要草率结婚，或者“以有科学实证又吸引人的制度来选择婚姻对象”。有人说，我们需要更多婚姻顾问，甚至需要更多公共关系人才来为婚姻设计一个更好的形象。这些人无视历史巨变浪潮的影响，从而提出善意、空洞的计划，却躲不开徒劳无功的命运。

支持核心家庭运动

如果我们真心希望重建核心家庭往日的地位，以下几件事情是可以办得到的：

1. **把所有的科技冻结在第二次浪潮阶段，以维系建立在工厂和批量生产之上的社会。**砸烂计算机。计算机对第二次浪潮家庭的威胁远甚于所有的堕胎法、同性恋运动和色情交易，因为核心家庭必须靠批量生产制度来维持垄断地位，而计算机却把我们推离批量生产的阶段。

2. **补贴制造业，阻止服务业的兴起。**白领阶层、专业技术人员较为反抗传统且不注重家庭，在精神上和心理上都比劳动阶层富有韧性、喜欢变动。离婚率随着服务业的兴起而不断升高。

3. **利用核能和其他密集式的能源方法，“解除”能源危机。**核心家庭比较适合存在于聚居的社会，而能源系统会严重影响社会和政治的集权程度。

4. **取缔多样化的传播媒体，从有线电视和录像带着手，但也不

要忽略地方性的杂志。核心家庭适合存在于信息和价值观都完全统一的社会中，不适合具有高度变异性的社会。有人盲目指控传播工具破坏家庭，其实最先铸造核心家庭形象的就是大众传播工具。

5. 强迫妇女回到厨房去。极力把妇女工资压到最低限度，约束工会的规定，使妇女在劳动市场上处于更不利的地位。如果家中没有成年人留守，核心家庭不是没有“核心”了吗？当然，采用相反的做法也可以达到同样的效果，让女人工作，强迫男人留在家里带孩子。

6. 大幅降低年轻工人的工资，使他们更依赖家庭，留在家中的时间更长，在心理上也更不独立。一旦年轻人脱离父母的控制去工作，核心家庭也就顿时分裂。

7. 禁止避孕和生殖研究。这一措施可以消除破坏核心家庭的两大因素：妇女财产独立和外遇。

8. 把整个社会的生产水准降到 1955 年以前的水平。富裕社会造就了单身人士、离婚人士、职业女性和许多经济独立的个人。核心家庭需要靠一点点贫穷来维系（不要太多也不要太少）。

9. 重新团结我们这个迅速多样化的社会，抗拒政治、艺术、教育、商业和其他各方面的改变。因为改变会带来差异、行动和思想的自由，以及独特的个性。

总之，如果只把家庭局限于核心形态，这些政策正是我们应该采纳的。如果我们真心希望重建第二次浪潮的家庭，最好准备重建整个第二次浪潮文明，不仅要冻结科技，而且要冻结历史。

我们所目睹的不是家庭的死亡，而是所有的家庭都模仿核心形态的第二次浪潮家庭制度终于宣告崩溃，取而代之的是各种不同的家庭形态。在传播方式和生产系统都趋向多样化的同时，家庭制度也以多种面貌出现在第三次浪潮文明之下。

非核心的生活形态

第三次浪潮的出现并不意味着核心家庭从此成为历史，正如第二次浪潮的出现并未使大家庭销声匿迹一样。只是时势所趋，核心家庭已不再是社会的理想家庭形态了。

至少在最先受到第三次浪潮冲击的美国，大多数人早已不循典型的核心家庭形态生活。

如果你对核心家庭的定义是一位负责挣钱的丈夫、一位负责操持家务的妻子和两个孩子，那么到底有多少美国人真正生活在这种形态的家庭中呢？答案很惊人：全美国人口中的 7%。有 93% 的美国人的生活方式不符合第二次浪潮的理想模式。

即使我们把定义放宽，列入夫妻均有工作和有两个以上及以下孩子的家庭，仍然有大多数人（总人口的 2/3~3/4）不处于理想模式。同时所有的迹象显示，核心家庭（不管我们怎么定义）的数目仍在持续减少，而其他家庭形态则迅速繁衍。

首先，我们要注意“单身”人口的势力——这些人单独生活，不属于家庭的一分子。1970—1978 年，美国 30~34 岁独居人口的数目几乎增长至原来的 3 倍，由 150 万增至 430 万。今天，美国有 1/5 的住户是独居者。这些人并不都是没有伴侣、生活不如意而不得不单独过日子的人。许多人是刻意为之，他们希望至少要过一段时间这种日子。一位法律助理对西雅图一位女议员说："如果出现合适的人，我会考虑结婚，但是我不会为婚姻而放弃事业。"目前，她一个人独居。这位女士的想法代表了许多年轻人，他们很早就脱离了家庭，而且很晚才结婚，因而形成了民意测验专家阿瑟·诺顿（Arthur Norton）所谓的"逐渐成为个人生命中一个可接受的暂时现象"。

其次，看看年龄较大的这个阶层，我们会发现许多有过婚史的人，往往在两次婚姻之间单独过日子，同时非常享受这一生活方式。这类人口的成长创造了欣欣向荣的"单身文化"，也刺激了酒吧、滑雪区、旅行及其他为单身者设计的服务和产品的兴起。同时，房地产公司也推出了单身公寓，并且设法满足客户对小公寓和郊区小住宅的需求。美国目前有 1/5 的房屋购买者是单身人士。

最后，我们还可以见到不受法律束缚的同居人数日增。根据美国官方的报道，在过去 10 年内，这类人口增长了不止一倍。流风所及，连美国住房和城市发展部都已推翻传统，允许这些"配偶"住进平民住宅。同时，从美国东部到西部的法院都在为这些配偶分手所涉及的法律和财产纠纷伤脑筋。研究社会礼仪的专家正在推敲应该如何称呼这种关系。在婚姻顾问之外，又多了一个"配偶顾问"的新职业。

丁克文化

另一项重要的改变是部分人刻意选择的所谓"丁克"的生活方式。根据美国政策研究中心资深研究人员詹姆斯·雷米（James Ramey）的说法，我们即将由"以孩子为中心"的家庭转为"以成人为中心”的家庭。20 世纪初，社会上几乎没有单身人士，而最小的孩子离开家庭后，父母也进入老年，因此大部分家庭都是以孩子为中心的。然而，到 1970 年，美国每三个成人中就只有一人和 18 岁以下的孩子住在一起。

今天，各种机构都在推行没有孩子的生活方式，同时不愿意生养孩子的风气也弥漫在许多工业国家中。1960 年，30 岁以下“曾结过婚”的妇女只有 20%没有孩子，到 1975 年，这一比例提高到 32%，在 15 年内跃升了 60%。美国选择性生育联盟的成立宗旨即是保护没有孩子的父母的权利，并且打击生育宣传。

英国也成立了一个类似的组织，欧洲大陆许多夫妻都竭力避免生养孩子。以德国波恩的特奥·罗尔和阿格内斯·罗尔夫妇为例，他们两人均 30 岁左右，丈夫是市政府官员，妻子是秘书，他们说：“我们认为我们不会有孩子。”罗尔夫妇的生活堪称小康，他们有一幢小房子，两人常常到美国加利福尼亚州和法国南部度假，孩子会彻底破坏他们的生活方式。他们说：“我们已经习惯这种生活方式了，同时我们喜欢独立。”不愿生孩子的风气并不代表资本主义的没落。苏联的情形也是如此，许多年轻的夫妻都赞同罗尔夫妇的主张，公开表示不愿意养儿育女。这种情形和苏联境内一些少数民族偏高的生育率相比，更令苏联官员忧心忡忡。

现在再看看有孩子的人，单亲家庭数目增长速度十分惊人，更显示出核心家庭的崩溃。近年来，离婚、婚姻破裂、分居等现象层出不穷，主要都发生在核心家庭。今天，有 1/7 的美国孩子是由单亲抚养的，在都市地区，这一数字更是高达 1/4。

这种情形大量出现的结果已经使人们逐渐认识到，虽然单亲家庭有很多严重的问题，但是在某些情况下，会比一个终日鸡犬不宁的家庭对孩子更为有益。报纸和许多机构也为单身父母服务，提高他们的自信心和生活目标。

这并不是美国独有的情形。英国家庭有 1/10 的户主是单亲，其中将近 1/6 是男性。单亲家庭成为《新社会》杂志所称的“贫困户中增长最快的集团”。伦敦的单亲家庭委员会也大力主张单亲。

德国科隆的一个住宅协会为单亲家庭兴建了一批特制公寓，同时提供日间托儿服务，让父母可以安心工作。在挪威和瑞典，有特殊的福利制度来照顾这类家庭。瑞典为单亲家庭提供最佳的医护和托儿服务。事实上，在挪威和瑞典，这类家庭的生活水准有时比核心家庭还高。

另一种形态的家庭也应运而生，反映出离婚后再婚率的升高。在《未来的冲击》一书中，我称之为“重组家庭”，这种家庭是由两个离婚有孩子的人再婚，把双方的孩子带入一个新家庭。据估计，有 25% 的美国孩子即将成为这种家庭的一分子。戴维德恩 · 梅利斯（Davidyne Mayleas）女士认为，这种重组家庭可能会成为明日家庭形态的主流。家庭生活开销也会受到影响，因为两个合并后的家庭会互相交换子女教育费用和其他开销。据梅利斯的报告称，这种家庭形态已经使双亲和非血缘关系子女之间的性关系事件日渐增多。

技术先进国家今天充斥着各种奇奇怪怪的家庭形态：同性恋婚姻、公社、一群老人同居以节省开销、少数民族的群落及其他闻所未闻的居住形态。此外，还有契约婚姻、系列婚姻、家庭集团及许多为两地工作的父母而成立的亲密团体和家庭。

这些家庭形态可能只不过是冰山一角而已。有三位精神病学家在芝加哥附近发现了一个贫穷的黑人社区，他们试图记录下其中的各种家庭形态，结果发现至少有86种“成人组合”，其中包括许多“母亲—祖母家庭”“母亲—姑妈家庭”“母亲—继父家庭”“母亲—外人家庭”。

目睹这种复杂的亲戚关系，连相当正统的学者也不得不承认一度被视为偏激的想法是正确的，即我们已经逐渐脱离核心家庭，进入一个多样化家庭形态的新社会。借用社会学家杰西·伯纳德（Jessie Bernard）的话：“未来婚姻最大的特色，正是让对婚姻关系抱有不同需求的人可以有各式各样的选择。”

人们经常问道：“家庭的未来如何？”这正显示出，当第二次浪潮的核心家庭失去优势时，其他的家庭形态将会取而代之。在第三次浪潮的文明社会里，很可能没有任何家庭形态会长期占优势，我们将会见到各式各样的家庭结构。一大群人过着一成不变的生活已经不可见了，人们在一生中会不断追寻个人独特的（定制的）轨道。

这并不说明核心家庭将会完全绝迹或“消亡”。只是从现在开始，核心家庭将成为社会接纳和认可的许多形态之一。在第三次浪潮时代，家庭制度会与生产和信息制度一样趋于多样化。

热烈的关系

在各式各样的家庭形态下，我们很难说到底哪一种是第三次浪潮的主流。

我们的孩子会不会长年独居？他们会不要孩子吗？等我们老了，会不会住进养老院？还会发生什么更可怕的事呢？会出现一妻多夫制吗？（如果遗传学可以让我们预订孩子的性别，而太多父母选择男孩，就有这种可能。）同性恋的家庭可以养育孩子吗？法院已经开始辩论这个问题了。试管婴儿的影响如何？

如果我们每个人一生中都要经历多种家庭形态，那么该怎么区分各个不同的阶段呢？先试婚，接着过一段没有孩子、夫妻各有事业的婚姻，然后离婚后与同性结婚，再抚养孩子吗？我们可以找出无数种排列组合的方式。虽然反对的声音甚嚣尘上，但这些情况未必是不可能的。正如伯纳德所说："事实上，你能想象得到的婚姻形态都曾经存在过。对生活在其中的人而言，这根本是极其自然的事。"

至于哪一种家庭形态会消失，哪一种家庭形态会盛行，并不取决于"家庭神圣"的宣传口号，而是要视科技的变化和我们对工作的选择而定。虽然影响家庭结构的因素很多，如沟通形式、价值观、人口分布的变化、宗教活动甚至生态变迁等，但是家庭和工作之间的关系最为密切。工厂和公司的崛起促成核心家庭的盛行，如今工厂和公司的变动也会对家庭产生莫大的影响。

我们无法在短短一章的篇幅里详述劳动市场和工作性质的改变将如何影响家庭生活，但是我们不能不密切关注一项前所未有的变化：工作将由工厂和办公室转回家中。

试想 25 年以后，有 15% 的人将在家中全天或半天工作。在家中工作对我们的人际关系和对爱情的体验会有什么影响？电子住宅里的生活会是个什么模样？

不论在家中做的工作是输入计算机程序、写文章、监督远方的制造程序、设计建筑物，还是为电子通信打字，都会立即发生一项明显的改变。在家中工作意味着，现在每天见面时间有限的夫妻，到时候不得不更亲密地相处在一起。有人无疑会憎恨这种安排，但是许多人都会发现，共同工作和生活可以挽救他们的婚姻，滋润彼此的情感。

我们不妨拜访几户电子住宅，看看人们怎么适应这一巨大的改变。这一路上，我们可以看到各种工作的生活形式。

也许在大多数家庭里，我们会发现夫妻仍照传统的方式分配职务，一个人工作，另一个人照顾孩子。此外，在家中工作可能会鼓励双方分摊工作和管家责任，因此，在许多家庭里，夫妻会分摊一项工作。比如，夫妻轮流在书房里操作计算机，监督一个复杂的制造程序，每个人工作 4 小时。

在街尾，我们可能会发现一对夫妻拥有两份极为不同的工作，各自做不同的事。他们一个是细胞生物学家，另一个是会计师，两人各有各的职位。虽然两人的工作性质大不相同，但是仍然可能共同解决问题，互相观摩学习，谈论工作内容。在这种情况下，个人的工作和生活几乎不可能完全分开。同样地，也不可能把配偶完全排除于生活之外。

在隔壁一户人家里，我们可能会看到一对夫妻拥有两份不同的工作，但是彼此分工合作。丈夫有一半的时间撰写保险企划书，另一半时间做建筑师的助手，妻子则和丈夫换班工作。这种安排可以为双方提供更加多变且更有趣的工作。

在这些家庭里，不论双方分担几份工作，每一方都必须向对方学习，两人共同解决问题、互通有无，双方的关系会越来越亲密。强迫式的亲近当然是不会幸福的。第一次浪潮时代与生产相结合的大家庭并不能被称为未来人际关系的模式，但是在这种制度下，绝不可能出现“冷淡”的关系。在一起工作势必会发展出紧密、复杂、“热烈”的关系——这正是今天为许多人所啧啧称羡的。

总之，在家中工作不仅会影响家庭结构，而且会改变家庭内部成员的关系。简单地说，夫妻双方有共同的经历可以作为话题，打开沉默的僵局。双方的关系会由“冷淡”转为“热烈”。爱情可能会出现新的定义，产生“爱情加法”的观念。

爱情加法

随着第二次浪潮时代的演进，许多家庭的功能都已经移交给其他机构：教育交给学校，治病交给医院，等等。家庭的功能被剥夺之后，浪漫的爱情应运而生。

第一次浪潮的人在找配偶的时候会问：“对方能干活吗？会治病吗？懂得教养孩子吗？我们俩能不能互相扶持？他（或她）是能吃苦耐劳还是好吃懒做？”农民家庭则直截了当地问：“他（或她）身体壮不壮？能长年在田里干活吗？他（或她）是不是病恹恹的？”

在第二次浪潮时代，家庭的功能逐渐减少，问题也不一样了。家庭不再集生产、学校、医院、托儿所于一身，其心理功能日趋重要。婚姻被认为应该给予人陪伴、性关系、温暖和鼓励。家庭功能的改变很快就反映在选择伴侣的条件上，这些条件归纳起来只有一个字——爱。时代的潮流向我们保证，有了爱，世界才能运转。

当然，现实生活不是浪漫文艺。社会阶层和收入水平仍然是择偶的条件之一，但是这些条件都不如“爱情”重要。

明日世界电子住宅的崛起很可能会推翻这种单纯的企求。期望将来能在家中和配偶一起工作而不必分开的人，很可能不单单考虑性和心理的满足，而且会连带考虑社会地位。他们会强调“爱情加法”：性和心理的满足“加上”智力，爱情“加上”理智、责任感、自制力和其他工作上必需的德行。我们说不定会听到未来的歌手轻声低唱：

> 我爱你的眼睛、你的樱唇，
> 爱情永在我心底徜徉。
> 你那隽永的言辞、敏捷的反应，
> 熟练地使用计算机的十指。

正经一点儿，你可能想象到至少有部分未来的家庭会承担更多功能，成为一个多目标的社会单位，而不只是狭窄的小天地。在这一变化的浪潮下，婚姻的条件和爱情的定义都会有所调整。

支持儿童劳动

在电子住宅里长大的孩子也会和以往大不相同，因为他们真实地认识到工作的意义。第一次浪潮的孩子，从一出生就看到他们的父母在工作。第二次浪潮的孩子正好相反，至少在最近几代确是如此，他们受到学校的隔离，和真正的工作脱节了。今天的孩子多半不知道父母到底在从事什么工作。下面这个可能是捏造出来的小故事说得很明白：有一位公司主管决定把他的儿子带到办公室去玩一天，并且带他出去吃晚餐。这个小男孩看到了铺满长毛地毯的办公室、柔和的灯光和高雅的大厅，也看到了以价格取胜的豪华餐厅、满脸堆笑的服务员和价目惊人的菜单。最后，他想到自己家里的布置，忍不住大声问道："爸爸，为什么你那么有钱，我们那么穷？"

今天的孩子，尤其是生长在富裕家庭的孩子，和父母生活中最重要的一环完全脱节了。然而，在电子住宅里，孩子不仅可以观察父母的工作情形，而且到了某个年龄之后，还可以参与工作。第二次浪潮对童工的限制本是好意，现在却成为一种落伍的手段，只是想把年轻人逐出拥挤的劳动市场，但是在家庭里，这种手段很难行得通。事实上，可能会出现一些专为年轻人设计的工作，而且与教育合并进行。（任何人低估孩子应对困难工作的能力，那是因为他们没有见到加利福尼亚州计算机商店里那些十四五岁的"推销员"。这些可能是在非法工作的小孩子曾经向我解释家用计算机的奥妙之处。）

年轻人今天的疏离感，多半应归因于他们被迫在社会上接受一个不具生产力的角色，而且被无限延长他们的成熟期。电子住宅将会扭转这一情势。

事实上，在电子住宅，把年轻人纳入工作行列，也许是年轻人高度失业问题唯一的解决方法。对许多国家而言，在近期内这个问题将会更富爆炸性，少年犯罪、暴行、心理疾病将会接踵而至。第二次浪潮的经济制度无法解决这些问题，除非采用集权的手段，比如征兵或者强迫服劳役。电子住宅会有效抑制这些问题，把年轻人重新带回生产性的角色，同时我们很快就会看到支持（不是反对）儿童劳动，呼吁以适当的措施来保护儿童，使他们不会受到严重的剥削。

电子大家庭

在家中工作的生活形态产生了一种与众不同的“电子大家庭”。

第一次浪潮社会里最常见的家庭形态就是所谓的“大家庭”，家族几代都生活在同一屋檐下。也有一些大家庭除了核心分子外，还包括一两个与家族无关的孤儿、学徒或田里的长工等。我们也会发现明日的家庭会有一两个外人，比如丈夫或妻子公司的同事，或者和工作有关的顾客和供应商，也许还会出现一位想学做生意的邻居家的小孩。这种组合方式下产生的家庭会受到特殊法律的保护，成为聚居的合伙企业。许多这类住家将成为一个“电子大家庭”。

在20世纪六七十年代兴起的群体，多半很快就宣布解散，这似乎意味着这类群体在高度科技化的社会是不稳定的。然而，仔细观察之后，我们会发现，最先解散的群体多半都是因心理因素而组合的团体，比如为了增进人际关系、克服孤独感、给予亲切感等。

这类组织没有经济基础，纯粹是实验性质。相反，能够长久维持的群体，都有清楚的对外任务、经济基础、实际而不空洞的目标。

对外任务是巩固一个群体的力量，可以提供必要的经济基础。如果对外任务是设计一件新产品、处理医院的“电子纸上作业”、替保险公司处理资料、为航空公司安排时间表、整理商品目录、经营技术性的信息服务，那么明日的电子群体很可能成为一种稳定可行的家庭形态。

这些“电子大家庭”不会妨碍个人的生活，也不以炫耀为目的，而是整个经济制度的一部分，因此生存机会将大幅提高。我们可能还会发现许多大家庭连成一个网状系统，这种网状系统可以提供必需的商业和社会服务，联合推销其劳务，或者成立自己的贸易协会。就内部而言，他们可能有也可能没有婚姻外的关系，可能是同性恋者，也可能是异性恋者，可能没有孩子，也可能有孩子。

总之，我们可能会见到大家庭再度得势。今天有6%的美国人住在传统的大家庭里，到了下一代，这个数目可能会增加一两倍，甚至会包括和家族无关的外人生活在一起。这并不是一件小事，单单美国一地就有几百万人会受到影响。电子大家庭的兴起对社区生活、爱情和婚姻形态、友谊的重建、经济和消费市场及我们的心理和个性等方面都具有重大的意义。

我们介绍这种新式大家庭的目的并不是视之为必然的趋势，也不是欲与其他家庭形态一较高下，事实上，这只是在未来复杂的社会中可能存在的许多新家庭形态之一。

父母失职

新家庭形态的诞生绝不可能不经历一段痛苦的阶段。任何家庭结构的改变均会改变我们所扮演的角色。每个社会都可以通过其机构创造各种角色和社会价值。公司和工会多多少少都会制定工人和老板的职位，学校会规定教师和学生的职责，而第二次浪潮的家庭则划分父母挣钱、管家和孩子的各个角色。一旦核心家庭面临考验，其相关角色也就宣告瓦解，同时使家庭中的个人备受折磨。

自贝蒂·弗里丹（Betty Friedan）的爆炸性著作《女性的奥秘》（*The Feminine Mystique*）引发各地掀起女权运动以来，我们看到人们痛苦地试图为家庭中男人和女人的角色重新下定义。两性在工作、法律和财务权利、家庭责任，甚至性行为方面的标准都已经有所改变。一位摇滚乐杂志的编辑彼得·诺布勒（Peter Knobler）说："现在，男人对女人突破一切约束应该感到很满意。许多束缚确实需要破除，但事情并非如此简单。"

角色的改变是由许多因素造成的，比如堕胎之争，妇女认为她们有权利支配自己的身体，政客、牧师、医生，甚至丈夫都不能加以左右。同性恋者要求权利的呼声使得性别的角色日渐模糊。即使孩子的角色也在日渐改变之中，儿童权利法案突然得到大批支持者。

法院里挤满了要求重新划分角色的案件，新的家庭形态层出不穷，而且逐渐为人们所接受。未婚配偶分手之后，是否应平分其财产？夫妻是否可以雇人利用人工授精的方式生孩子？（某英国法庭说：不可以。可是这个答案的有效期限有多久呢？）同性恋的女人能否做一个“好母亲”，她在离婚后可以取得孩子的监护权吗？（某美国法庭说：可以。）“好父亲”的定义如何？科罗拉多州一位名叫汤姆·汉森（Tom Hansen）的24岁年轻人，气愤地提出了一件最能代表角色转变的诉讼。汉森的律师表示，父母不是不能犯错，但是他们必须为其后果负法律上和财务上的责任，因此汉森在诉讼中要求赔偿35万美元，所持的是一个前所未见的法律根据：父母失职。

顺利迈入未来

所有的纠纷和痛苦都压抑不住正在成形的第三次浪潮家庭制度：多变的家庭形态和个人角色，多样化的家庭为个人提供了许多新的选择机会。第三次浪潮文明不会拼命把每一个人都塞进单一的家庭形态，因此在新家庭制度下，我们可以选择或者创造一种最符合个人需要的家庭形态。

然而，在举杯庆祝之前，还有一些转型期的烦恼必须先处理明白。旧制度已经崩溃，新制度尚未建立，生活在夹缝中的人对于多样化的未来感到困惑不安。他们不仅没有得到解放，反而因选择过多而感到痛苦、忧虑与孤独。

为了让新制度得以运行，我们必须在各方面立刻进行改变，从道德观、税赋到就业政策。

在价值观方面，我们需要消除随着家庭破碎和重建而来的无谓的罪恶感。传播界、宗教界、法律和政治制度都应该致力于减少人们的罪恶感，不要增加不必要的痛苦。

核心家庭以外的生活形态应该受到鼓励而非禁止。价值观的改变向来追不上社会的发展，我们仍然未能普遍容忍未来社会中必然出现的多样化生活。大多数在第二次浪潮社会中长大的人，被动地认为只有一种家庭形态才算“正常”，其他的即使不是“异端”，也很可疑，因此人们仍然不能容忍多变的新潮流。除非我们能改变这种想法，否则转型期的痛苦必然是剧烈的。

在经济和社会生活方面，如果法律、税赋、福利制度、学校安排、住宅规定，甚至建筑形式仍旧偏袒第二次浪潮的家庭形态，个人就不能享受自由选择的好处。这些措施完全没有考虑到各种特殊的需要，比如职业女性、在家中照顾孩子的丈夫、单身汉、离婚后尚未再婚的人、重组家庭、单身人士、同居的鳏夫与寡妇。这些人在第二次浪潮社会均受到有形或无形的歧视。

第二次浪潮文明虽然极力颂扬管理家务的工作，但是未给予执行这一职务的人应有的尊重。负责家务是一件具有生产力的工作，而且自有其重要性，应该被视为经济体系的一部分。为了提高家务工作者的地位，不论是由男人还是女人负责，也不论是由个人还是团体执行，我们都应该支付适当的薪水，或者承认其经济价值。

在外出挣钱的经济社会，多数地区的就业政策仍然建立在一个落伍的假设上，那就是以丈夫为主要的挣钱者，妻子则居于辅助地位，不算是劳动市场上完全独立的一员。借助放宽年龄限制、实施弹性工作时间、开放半天工作的机会等措施，我们可以使生产工作更合乎人情，同时也能够配合多样化家庭形态的需要。今天已有种种迹象显示，工作制度逐渐能够配合各种家庭需要。自从美国花旗银行开始提拔女性人员担任管理工作之后，出现了男主管和新任女主管结婚的情形。该行多年以来不准雇用夫妇的规定也不得不修正。据《商业周刊》说，“公司夫妇”现在可以享受到工作和家庭双方面的好处。

在不久的将来，我们或许会突破这种小规模的改变。人们不仅会雇用“公司夫妇”，而且希望整个家庭组成生产团队一起工作。这种方式在第二次浪潮的工厂中效率不高，但并不表示一定不适合今天的社会。没有人知道这种政策行不行得通，但是我们应该鼓励，甚至以财力支持这种小规模的实验。

适当的措施可以减少转型期众人的痛苦，帮助我们顺利迈入明日世界。不论痛苦与否，新的家庭制度都会逐渐取代第二次浪潮的旧形态。这一新形态的家庭制度将会成为新社会中的核心机构，也是社会革新的一部分，我们这一代将在这一基础上适应并且建立一个新的文明。

第十八章　大企业的危机

大企业是工业时代典型的企业组织。今天有上千家国有与私营的大企业大量供应我们所需要的商品和服务。

从外表上来看，这些企业都是一副威风凛凛的样子，控制大量能源，雇用成千上万名员工，不仅能左右经济，而且涉足政坛。大企业利用计算机等工具策划、投资、执行大规模的计划，这种所向披靡的能力使他们成为不可撼动的权力和永恒的代表。对软弱无力的小人物而言，大企业显然掌握了我们的命运，但是经营这些企业的人并不这么想。事实上，在今天，许多高级主管也和我们一样垂头丧气、软弱无力。因为大企业就像核心家庭、学校、大众传播工具和其他工业时代的主要机构一样，正遭受到第三次浪潮的冲击，但许多高层主管根本摸不着头脑。

货币犹如歌舞伎

最直接的影响来自世界经济危机。300 年以来，第二次浪潮文明创造了一个全球性的整体市场。虽然这一市场偶尔也会受到战争、不景气和其他巨大打击，但是每一次挫败之后，世界经济都会重新愈合，而且越来越强大、越来越协调。

如今，新的危机出现了。这次危机和工业时代以前所有的危机都不一样，不仅涉及金钱，而且危及整个社会的能源基础，还同时带动了通货膨胀和失业。更特殊的是，这次危机直接关系到基本的生态问题和前沿的科技发展，并且把新的信息方式引入生产系统。这次危机并不归资本主义所独有，社会主义的工业化国家也在劫难逃。总之，这是整个工业文明的危机。

世界经济波动影响公司的存亡，也把公司内部的管理人员扔进一个陌生的环境。相比之下，从第二次世界大战末到20世纪70年代初，企业界所处的环境堪称相当稳定。企业壮大是主要目标，美元到处吃香，货币长期维持稳定。财富不断增加，经济学家对自己预测和控制经济动态的能力信心十足，他们在谈到“调整”一词时，也总是淡然处之。

今天，我们听到的却只是轻蔑的评语。美国前总统卡特曾开玩笑地说，他在自己佐治亚州老家认识一位算命先生，他算得比经济学家还准。曾任财政部部长的布卢门撒尔说：“经济学这一行对于了解现状，不论是事前预测还是事后分析，都几乎要宣告信用破产。”公司的决策者站在经济理论的残骸和战后经济结构的瓦砾上，面对的是不可知的未来。

利率起伏不定，货币动荡不安，中央银行大量吞吐通货以压制起落幅度，然而市场动态却更为偏激。美元和日元“大跳日本传统的歌舞伎表演”，欧洲倾力推销他们的新货币，阿拉伯人疯狂抛售数十亿美元，黄金价格打破以往纪录。

值此之际，科技和通信重建世界市场，国际性生产系统应运而生，新金融制度展开作业。在计算机和卫星发明之前，绝不可能出现的全球性电子金融组织，现在可以立即联络中国香港、马尼拉、新加坡、巴哈马群岛、开曼群岛和纽约。

这一组织包括美国花旗银行、英国巴克莱银行、日本住友、瑞士信贷、阿布扎比国家银行。货币和资金超越了任何单一政府的控制，形成了“无国界货币”，随时都可能在任何人面前剧烈波动。

“无国界货币”中包括欧洲美元——美国以外的美元。1975 年，谈到欧洲美元的成长时，我曾经警告说，这一新货币是经济游戏中一张危险的牌，会冲破国界的限制，造成通货膨胀，扭转支付地位，挫伤货币价值。当时约有 1 800 亿欧洲美元。

到 1978 年，《商业周刊》惊惶地报道，国际金融制度出现了“不可思议的情况”，原先的 1 800 亿欧洲美元已经繁殖成价值 4 000 亿美元的欧洲美元、欧洲马克、欧洲法郎、欧洲基尔德和欧洲日元。银行可以自由发放贷款，无储存现金，同时可以协议利率贷放。目前据估计欧洲货币总数已达 1 万亿美元。

在第二次浪潮的经济制度下，企业的成长有赖于国内市场、国内货币和国内政府。然而，这种以本国为基础的结构完全无法限制、无法容纳新的国际性电子系统。第二次浪潮的结构已经不再适用了。

事实上，大公司所赖以维持贸易稳定的全球金融系统已有崩溃的危险。世界银行、国际货币基金组织、关税与贸易总协定都备受打击。欧洲打算成立一个由欧洲各国自行控制的新组织。一边是“低度开发国家”，另一边是挥舞着石油美元的阿拉伯人，双方都想要成立和国际货币基金组织相对抗的组织，以左右明日的金融制度。美元在世界经济组织中已历尽沧桑。

能源和资源的戏剧化短缺与过剩现象，消费者、工人与管理人员态度的激烈转变，迅速转移的贸易不平衡局面，非工业国家的武力扩张政策，都在使形势更为恶化。

这就是今日大企业所生存的环境。企业界人士并不打算弃甲投降，他们仍然奋力争取利润、生产和个人升迁，但是面对不确定的情势、高涨的公众舆论和不怀好意的政治压力，管理人员已经开始质问组织的目标、结构、责任和存在的理由。许多大企业目睹一度稳定的第二次浪潮架构正逐渐瓦解，也亲身体验到企业危机。

瞬息万变的经济

企业的危机因变化的速度而日趋恶化。因为变化的速度已经成为管理工作中一个新的要素，将原来已经十分紧张的管理人员推入一个不熟悉的环境，必须以更快的步调做更多的决定，几乎没有反应的时间。

在金融方面，由于银行和其他金融机构实施计算机化，交易的速度大幅提升。有些银行甚至依照地理位置重新设立分行，以便争取地区性的时差。国际性的银行业杂志《欧洲通货》(*Euromoney*)称:“时差可以被用作竞争性的利刃。”

大企业处于这一加速度的环境中，不得不启动各种货币投资和借贷，同时也不像以往一样以一年、90 天或 7 天为期，而是以一个昼夜，甚至分、秒为计算单位。一种新型人才跃升主管地位——国际现金管理人员。他们一天 24 小时都不离开世界性的电子俱乐部，到处搜寻最低利率、最佳通货交易、最短周转时间。（你不要小看这种作业。农夫卖土地赚的钱可能比种谷物还多。一些大公司也是一样，在通货和金融交易方面得到的利润可能比真正的生产利润还高。）

销售方面也出现了类似的情形。根据《广告时代》（*Advertising Age*）杂志的报道："营销人员必须迅速反应，才能确保不被淘汰。电视剧制作人对于收视不佳的新电视剧集已迅速决定予以停播，不再等上六七周时间，或者等到一季播完。再如，强生公司获悉百时美公司决定以低价打击强生公司的产品——泰诺，强生公司是否采取了观望态度呢？不，在极短的时间内，强生公司把商店中所有泰诺均降价出售，并没有花几周或几个月的时间来考虑对策。"这篇简单的报道有着令人屏息的力量。

在机械、制造、研究、销售、培训、人事和公司的各个部门，都可觉察出这一决策加速的现象。

在社会主义的工业国家中，也可以看到同样的发展。经济互助委员会以往都是在每隔 5 年发表 5 年计划时修订价格，现在被迫每年修订一次，不久可能会转变成每 6 个月修订一次，甚至更频繁。

企业新陈代谢的速度加快会产生许多后果：产品生命周期变短、租赁交易增加、买卖交易频繁，会出现更多昙花一现的消费形态、流行一时的产品，工人的培训时间增加（因为必须不断适应新方法），合约经常修改，协调和法律工作变多，价格变化更频繁，工作流动率更高且更为依赖资料，专业性的组织变多——通货膨胀使得上述情况更为恶化。

企业界所面临的是一个风险高、刺激大的环境。在这种日益加大的压力下，难怪许多商人、银行家和公司主管不知道自己到底在做什么。他们成长于第二次浪潮安定的环境中，却眼睁睁地看着他们熟悉的世界在瞬息万变的波涛下支离破碎。

多样化的社会

最令企业经营者感到困惑不解的就是工业社会的崩溃。第二次浪潮的经理人学到的是：批量生产是最先进、效率最高的生产形式……大量市场希望有标准化的产品……大量分配是必然的……大量工人本质上都是一样的，可以采用划一的奖励方法。讲求效率的管理人员认为，划一、中央集权、极大化、集中管理是实现目标的关键。在第二次浪潮时代，这些假设大致相同。

如今，在第三次浪潮的冲击下，企业经营者发现以往所有的假设都已面临挑战。企业所生存的社会已经趋于多样化。信息、生产、家庭生活变得碎片化，连市场、劳动力都破裂成细小多变的碎片。

大市场已经分裂成繁复多变的小市场，需要各种形式、类别、尺寸、颜色的产品。贝尔电话公司一度希望把黑色的电话装入每一户美国家庭，但是现在生产 1 000 多种不同的电话设备，从粉红色、绿色、白色话机到为聋哑人士设计的话机，甚至还有专供建筑工地使用的防爆话机。原先为了划一市场而设计的百货公司，现在陈列着许多摊位。根据美国联合百货公司副总裁菲莉斯 · 休厄尔

（Phyllis Sewell）的预测，“我们将会更趋向专业化，分成更多不同的部门”。

在高科技国家内，货物和服务种类的增多往往被认为是企业企图左右消费者、刺激不实的需求，同时借着多种选择来提高利润。当然，这种指控不是没有道理的，但是其中还有更深的含义。因为货物和服务种类的繁多也反映出，在一个多样化的第三次浪潮社会，人的需要、价值观和生活形态渐趋复杂。

劳动市场的分工反映在新工作（尤其是白领和服务工作）的增加上，也使得社会日趋复杂。我曾在一个服务业会议上见到一位心理学家列出68种新行业，从消费者代言人、公共关系辩护者、性关系治疗师到心理治疗专家和公务诉讼调查人。

工作的差异越来越大，人与人之间的差异也是如此。大多数人不希望被视为没有个性的人物，因此，第三次浪潮社会格外注意个人在种族、宗教、职业、性别、文化等方面的差异。第二次浪潮希望“同化”“统一”的团体，第三次浪潮拒绝扬弃团体的特色，而且特别强调它们的与众不同之处。已适应第二次浪潮社会的企业，仍旧不知道应该如何应对日趋个性化的员工和消费者。

社会多样化的趋势以美国最为明显，其他地区的进展也很迅速。英国一向自诩为人种极为纯粹的民族，现在众多少数民族（如巴基斯坦人、西印度人、塞浦路斯人、乌干达人、土耳其人和西班牙人）都加入以后，英国人种比以前复杂多了。同时，曾在英国生活过的日本、美国、德国、荷兰、阿拉伯和非洲访客，留下了诸如美国汉堡摊和日本速食餐馆等特色事物。

几乎全世界的少数民族都在重新认清自己的身份，要求承认长期被摒弃的工作、收入和升迁的权利。一度被认为不干涉政治的澳大利亚原住民、新西兰毛里求斯人、加拿大因纽特人、美国黑人、意大利人，甚至东方少数民族，都掀起了政治运动。从缅因州到达西部各地，美国印第安人要求“红色权力”，主张收回部落土地，他们和石油输出国组织国家打交道，以争取经济和政治支援。

连在工业国家中最为统一的日本，也出现了多样化的趋势。一个没有受过教育的囚犯霎时成为少数日本人的代言人。韩国人在日本境内势力日渐庞大，索菲亚大学的社会学家高根正明（Masaaki Takane）说：“我心里很着急，今天的日本社会正迅速失去其一致性，形成分崩离析的局面。”

在丹麦，零星的街头械斗使丹麦人和移民工人、穿皮夹克的飞车党和留长发的青年日趋分裂。在比利时，瓦隆人、法兰德斯人、布鲁塞尔人又恢复到以往的敌对状态。在加拿大，魁北克要求独立，各大企业纷纷关闭设在蒙特利尔的总公司，说英语的主管争先恐后地选读法语。

集权化的社会突然一反常态。在高度科技化的环境中，国家主义变成了区域主义，大熔炉为新人种所取代，传播工具不再创造统一的文化。这些进展都和新能源形式与新生产制度有着密切的关系。

这些息息相关的变化为生产机构创造了一个全新的环境。仍然依循批量生产的方式来思考问题的企业经营者，对这个变化中的世界感到既震惊又迷惑。

大企业的新使命

小幅度调整公司政策已经不能满足人们的需要，全世界普遍要求大企业重新制定其目标，这一呼吁导致原本不稳定的情况更加恶化。

《哈佛商业评论》（*Harvard Business Review*）的编辑戴维·尤因（David Ewing）说：“大众对于大企业的愤怒有增无减。”尤因举出1977年哈佛企业管理研究所的调查为证，据他说：“此项调查结果震惊了整个商界。”该研究显示，接受调查的消费者中，约有一半认为他们在市场上所享受的待遇不如10年前；有3/5认为产品品质较以前劣质；一半以上的人不信任产品保证书。

尤因认为，更糟的是，很多人不仅仅觉得生气和愤怒，他们对于新科技和新商业怀有莫名的恐惧。

普华永道会计师事务所的主管约翰·C.比格勒（John C. Biegler）表示：“自20世纪30年代不景气以来，美国大众对大企业的信任已经降到了最低点。美国商界和会计界人士备受指责，我们所做的每一件事都必须重新调整。公司业绩必须按照一个陌生的新标准来衡量。”

同样的情形也出现于欧洲，甚至社会主义的工业国家。在日本，丰田的内刊报道：“前所未有的人民运动正蓄势待发，意图大力抨击大企业破坏人们的日常生活。”

当然，大企业以往也曾经遭受过激烈的指责，但是今日的抱怨和以往大不相同，今日的运动起源于第三次浪潮的价值观，而不是僵死的工业文明。

在第二次浪潮时代，企业被视为商业单位，而一般人对大企业的指责也多半侧重经济事件。批评者指控其剥削劳工、压榨顾客、组织卡特尔以操控价格、生产劣质商品，但不论批评者的指控多么严重，大部分人都仍然接受大企业的观点，视之为商业组织。

今天的批评者却持完全不同的看法。他们认为商业不可以与政治、道德和其他生活层面分离。他们主张大企业不仅应对业绩负责，而且应对从空气污染到企业主管情绪压力过大等副作用负责。因此，诸如石棉中毒、将穷人当作药物实验对象、扭曲非工业国家的发展、种族和性别歧视、组织秘密活动和欺诈事件等均令大企业备受指责。此外，大企业支持某些恶名昭彰的政权和政党，例如智利的法西斯将领、南非的种族主义者，这种做法亦使大企业成为众矢之的。

问题不在于这些指控是否公正（事实上，这些指控都属实），最重要的是这些指控背后的意义。因为第三次浪潮为大企业带来了新的期望，大企业不仅要生产和获利，而且要协助解决复杂的生态、道德、政治、种族、性别等社会问题。

企业在批评者、立法机关和其内部管理层的敦促下，不再以专业化的商业机构自命，而逐渐成为一个多目标的组织。

五大压力

企业界目标的转移并不是出于自由选择，而是生产情况发生五项革命性改变的必然结果。生态环境、社会力量、信息地位、政府机构、道德观念这五项改变均迫使大企业迈向多目标之途。

第一种压力来自生态环境的改变。

20世纪50年代中期，第二次浪潮在美国已经达到成熟期，当时世界人口只有27.5亿，现在已经超过40亿；当时世界人口每年只耗用87千兆BTU[①]的能量，现在要耗用260多千兆BTU的能量；当时锌等主要原料的消耗量每年只有270万吨，现在的消耗量是560万吨。

不论用什么方法计算，我们对地球资源的需求都是有增无减，致使生态环境亮起了红灯。污染、废物、海洋毒化迹象、气候变化，我们也承担了极高的风险。这些情况显示，我们再也不能采用第二次浪潮时代的生产制度了。

企业界既是主要的生产者，又是对环境影响最大的“罪魁祸首”。如果我们希望维持经济增长——其实是为了能够养家糊口，明日的商界人士应该要负责扭转大企业对环境的不良影响。生态环境的改变促使他们自动肩负起这项责任，否则也会被迫采取必要的措施。大企业现在身兼环境和经济两种责任，然而这项改变不是由好心人士、偏激分子、生态学家或者政府机构促成的，生产环境的改变才是最主要的因素。

第二种压力来自一向不受关注的社会环境的改变。目前的社会较以往有组织，尤其是在美国，社会环境已经跃入一个新阶段，出现了许多组织良好、资金充裕的机构、商会等团体。

目前美国有137万家公司、9万所学校、33万间教堂、1.3万家行政机构和几十万个其分支机构，再加上无数地方性的环境、社会、

① BTU为英国热量单位，1BTU≈1 055.056焦。——编者注

宗教、运动、政治、种族和政府团体，这些组织都有自己的规章制度。组织之间错综复杂的关系要靠14.4万家法律公司来协调。

在这种情况下，大企业行动不仅会受到无助的个人的牵制，而且会受到有组织的团体的干涉，这些团体多半拥有专业人员、自己的刊物、政治影响力和足够聘用专家、律师及其他助理的资金来源。

大企业的决策受到周遭机构严密的监督。失业、社区瓦解、强迫迁移等都是大企业造成的“社会污染”。大企业必须为其生产的“社会产品”担负更大的责任。

第三种压力来自信息方面。社会多元化的结果显示，社会各机构，包括大企业在内，必须互相交换更多的信息，才能维持平等的关系。第三次浪潮的生产方式使大企业更为渴求信息。公司多方吸收资料、处理资料并散播资料。如今信息已成为生产中不可或缺的因素，“信息经理”也随处可见，大企业对信息方面的影响不亚于对生态和社会环境方面的影响。

信息的重要性引起了企业资料控制权之争——争取开放更多资料给普通民众、要求公开财务数据（比如石油公司的生产和利润数字）、呼吁有诚信的借贷和广告。在新时代中，“信息影响”和环境及社会影响一样严肃，大企业不仅是商业生产者，更是信息生产者。

第四种压力来自政治和权力方面。政府的复杂组织反映出社会的迅速多样化，政府的分工也显示出社会的差异，因此大企业必须和日趋专业化的政府单位打交道。这些协调不佳、各行其政的单位不断面临重组的困扰。

同时，每一家公司都卷入了政治旋涡中，不论是地区性的、全国性的还是国际性的。每一项重要的公司决策也会产生直接或间接的政治影响。

最后，在第二次浪潮文明衰退、价值系统动摇之际，第五种压力已影响到所有的机构（包括大企业在内），即巨大的道德压力，一度被视为正常的行为突然变得离经叛道。洛克希德贿赂案震惊了日本政府，欧林公司被指控向南非运送武器，海湾石油公司总裁因贿赂案而下台，英国迪斯蒂勒制药公司未给予药物受害者足够的赔偿，麦道公司的DC–10事件，都是引发道德声讨的事件。

企业的道德立场对社会的价值产生了直接的影响，其力量不亚于对环境和社会的影响。大企业被视为道德的“生产者”。

第二次浪潮的教条观念认为企业只是一个商业组织，然而在上述5种生产状况的剧烈变动下，这一观念已荡然无存。在新情况下，企业不再是扩大经济功能的机器，“生产”的定义现在包括了企业活动的直接和间接影响，以及长期和短期影响。简而言之，企业界的“产品”远超第二次浪潮的企业界人士的想象，其中包括了环境、社会、信息、政治和道德，而不单是商品而已。

企业因而由单一目标转为多重目标，这一转变不仅是表面变化而已，大企业的性质和定义都已经和以往大不相同。

我们将会看到大企业内部掀起纷争，执着于第二次浪潮单一目标的人和准备应付明日多重目标企业环境的人互不相让。

多重目标的企业

在第二次浪潮文明下长大的人很难想象未来多重目标的企业。

我们想不通医院怎么会既有商业又有医疗功能，学校如何兼具政治和教育功能，企业从何发挥强大的商业和“超商业”功能。第二次浪潮想法的代表人物——最近刚退休的亨利·福特二世（Henry Ford Ⅱ）始终认为：“企业是一个专门满足社会经济需求的机构，不宜应付与商业经营无关的社会需求。”虽然亨利·福特二世等人不愿重新调整生产机构的目标，但是许多公司在言辞上和政策上都已有所改变。

口头承诺的公关辞令往往取代了真正的改变。精美的宣传小册子大肆宣扬社会责任的重要性，企业掩饰贪婪的用心。然而，在第三次浪潮的新压力下，企业界的结构、目标和责任都有了根本的改变。这种变化的迹象随处可见。

阿莫科石油公司声称：“我们公司设厂的地点，除需要考虑一般经济价值外，还需要详细探讨其社会影响。我们顾及许多因素，其中包括对自然环境的影响、对公共设施的影响……以及对当地就业情况的影响，尤其是少数民族的就业情况。”阿莫科石油公司仍然最看重经济因素，但是他们也承认其他因素的重要性。如果两地经济情况相同，但是“社会影响不同”，则这些因素可能具有决定性的影响力。

美国一流的计算机制造者控制数据公司董事针对一项合并计划公开表示，除财务和经济条件外，还必须参考所有相关因素，包括合并所产生的社会影响，以及对就业和公司所在地的影响。在其他公司大肆涌入郊区之际，该公司刻意将新厂设在华盛顿、圣保罗和明尼阿波利斯等城市之内，以便为少数民族提供就业机会，并且协助重振这些城市市中心往日的雄风。该公司认为，其任务是“提高人们生活的品质、提倡平等及发掘员工的潜力”。对一个企业而言，

“平等”可以算作一个相当特殊的目标。

在美国，妇女和少数民族的地位一直是一个争论不休的内政问题，有些公司甚至以金钱奖励达到“积极行动”目标的管理人员。著名的食品公司品食乐规定，内部三个产品部门须各自提出下一年度的销售计划，而且必须载明妇女和少数民族员工的雇用、培训及升迁办法。主管的奖金和这些社会目标的实现与否有密切关系。美国电话电报公司每年评估管理人员一次，实现积极行动目标被视为评估项目之一。纽约化学银行有10%~15%的分行主管的工作绩效评估乃是根据其社会绩效而定，诸如参与地方性组织会议、贷款给非营利机构、雇用和提拔少数民族员工。甘乃特报业集团总经理艾伦·纽哈思（Allen Neuharth）坦率地告诉报纸编辑和地区发行人，他们“大部分的资金将取决于这些计划的进展情况”。

我们同样可以在许多大公司见到负责公司行动对环境影响的管理人员在地位和权力方面都有显著的提高。有些公司内，这类主管直接向董事长汇报工作，其他公司也在董事会成立特别委员会，以处理公司的新责任。

大企业对社会的关怀并非全都出自真心。霍夫曼–拉罗什公司美国分公司社区事务主管罗斯玛丽·布鲁纳（Rosemary Bruner）就说：“当然，有些举措纯粹是为了公共需要，有些是对大企业自身有利，但是大多数举措均确实反映出大企业观念的改变。”企业界人士受到抗议和诉讼的胁迫，再加上政府的奖惩措施，他们虽然满心不悦，但是已经开始适应这一新状况，接受多重目标企业的观念。

多重标准

多重目标的企业最需要的就是聪明的管理人员。一个管理人员必须能分辨各种目标，权衡轻重，以综合性的措施达成多重目标，所采取的政策不是针对一个目标，而是要同时考虑数个因素。这和第二次浪潮思想狭隘的管理人员完全不同。

同时，一旦企业界接受了多重目标的观念，我们就必须以新的方法来衡量业绩。大部分管理人员以往都只使用一个标准，现在第三次浪潮企业却必须使用多重标准——社会、环境、信息、政治、种族等。

许多企业界人士对目前的复杂情况都感到万分震惊，因为他们不具备第三次浪潮管理所应具备的智慧。我们知道如何衡量企业的利润率，可是应该怎么样衡量经济性的目标呢？普华永道会计师事务所的比格勒说："管理人员必须对许多没有标准可循的公司行为负责。"

这就是为何许多人积极制定新标准。会计行业目前正面临改革，随时可能脱离狭窄的经济范畴。

美国会计协会发布了两份报告，一份出自"绩效的非财务性衡量方法委员会"，另一份出自"社会计划的绩效衡量方法委员会"。两份报告篇尾的参考资料中均列出了将近250个条目的报告、论文和参考文件，可见这类问题备受重视。

费城一家名为"人力资源网"的顾问公司正和12家美国大企业共同研究何为企业的"非经济"目标。他们希望把这些目标列入企业的计划中，以衡量企业的非经营性业绩。同时，美国商务部部

长朱厄妮塔 · 克雷普斯（Juanita Kreps）建议政府明确“社会绩效指数”，使企业界可以衡量其绩效及社会影响。

欧洲也出现同样的情况。柏林的国际环境与社会研究所指出：“欧洲许多大中型企业已经开始接受社会报告的观念。有 20 家联邦德国最大的公司现在经常发表社会报告。此外，有 100 多家公司整理社会报告供内部管理之用。”

这些报告中，有一些只是“空壳子”，故意忽略污染等敏感问题，也有很多报告非常坦白、客观、严肃。瑞士最大的食品工厂米格罗斯公司坦白承认，该公司的女性员工待遇较男性员工低，许多工作“极为无聊”，其二氧化氮排放量较以前高。该公司董事长皮埃尔 · 阿诺德（Pierre Arnold）说：“大企业要有勇气承认目标和事实之间存在差距。”

瑞典和瑞士的公司及德国壳牌公司所采用的制度比较完备。壳牌公司现在发表年度社会报告，把经济性和非经济性资料一并处理。该公司所采用的是“目标会计和报告”方法，明确公司的经济、环境和社会目标，列出执行政策，分配适当经费。

壳牌公司还制定出 5 项公司总目标，其中只有一项与企业效益有关，即“获得合理的投资报酬”，该公司规定这 5 项目标（不论是经济性目标还是非经济性目标）在公司决策上“同等重要”。会计方法规定公司必须明确非经济性目标及其实现期限，并且公开其完成进度。

在理论方面，英国伯明翰大学的特雷弗 · 甘布林（Trevor Gambling）教授在其著作《社会会计学》（*Societal Accounting*）一书中呼吁大幅更改会计原则，除考虑经济学家和会计学家的观点外，还应采纳发明社会会计方法的社会学家的意见。

荷兰代尔夫特管理研究所所长科尼利厄斯·布雷武德（Cornelius Brevoord）设计了一套评鉴企业行为的多重标准。他认为，社会价值的改变产生了多重标准，社会价值已由“经济生产目标”转为“全面福祉目标”。同时他也指出，功能式分工已转为互助式分工。这两项转变均显示，大企业必须培养更为健全的观念。

布雷武德列出32条企业界绩效的标准，其中包括与顾客、股东、工会、生态组织和内部主管的关系，但是他强调，这32条标准只占未来企业界所使用标准的一小部分。

第二次浪潮的经济结构已经濒临瓦解的边缘，多样化加速了变化的步调，自然环境发出了危险的信号，企业的社会地位提高，信息、政治和道德情况发生了变化，在这多种情况下，第二次浪潮的企业已经落伍了。

生产的意义和生产的组织重新调整的结果，催生了新型的未来企业。美利坚大学管理学教授威廉·哈拉勒（William Halal）说：“在农业社会进入工业社会时，封建领土被商业机构取代。现在老式的公司也一样要被新商业机构取代。”这些新机构将兼具经济目标和非经济目标。

企业界的转变只是社会大转变的一小部分，与科技和信息的改变有连带关系。这些情况合成了历史性的大变动。然而，我们所要扭转的并不只是这个庞大的结构，同时还有普通人的日常生活。因为一旦文明的结构发生变化，生存的规范就会立刻被重新调整。

第十九章　新的社会规范

在几百户中产阶层家庭里，好戏正在上演。

刚从大学毕业的年轻人很晚才回家吃饭，他们叫喊着扔掉分类广告，宣称朝九晚五的工作是对他们人格的最大侮辱，任何一个稍有尊严的人都绝不可能忍受这样的支配。

父母上场了：

父亲刚从朝九晚五的工作岗位回来，母亲为了支付一大沓的账单也辛苦工作，如今已显得疲倦不堪。他们以前也有过和他们的孩子一样的想法，好坏年头他们都经历过，现在只希望子女在大公司里找一份安稳的工作。年轻人对此嗤之以鼻，小公司比较好，但任何公司都不是很理想。为什么要继续深造？对这些年轻人来说，这就是可怕的浪费！

父母呆愣地看着他们的建议一一被否决掉。最后，他们气愤地大叫："你们什么时候才能面对现实？"

这一情景不仅仅出现在欧美的富裕家庭，日本公司的管理者在觥筹交错之际，也不禁埋怨年轻人工作责任心不强并对企业的忠诚度日渐低落，不重视时间和纪律。甚至在苏联，中等家庭的父母也面临年轻人的挑战。

这难道只是新旧传统之间的代沟，并无其他新意？或许年轻人和父母口中的“现实”是两个世界？

事实上，我们所看到的并不是浪漫的年轻人和现实的老年人之间观念的冲突。往日的现实如今已经不复见了，因为在第三次浪潮的冲击下，基本的行为规范、社交生活的根本原则正迅速转变。

早年我们曾经眼见第二次浪潮带来了统治日常行为的“规范手册”。其中一些原则，如同步化、标准化、极大化，应用在企业界、政府机构和日常生活中，使得社会处处追求省时和完成计划。

今天，“反规范手册”出现了，其中刊载的就是在多样化的经济、传播工具、新家庭和企业结构之下，我们所过的新生活的新原则。许多老少之间看似无意义的争执，以及发生在教室、会议室、政治密室里的冲突，事实上都只不过是关于“该用哪一本规范手册”的争论而已。

新的规范手册正面抨击第二次浪潮时代人们的信仰，抨击人们对时间的过度重视到过度服从，抨击标准化的必要性。集中化和专业化所强调的效率遭到挑战。我们被迫重新考虑“大就是好”的信念，以及“集中”的观念。要了解这种新规范与旧规范之间的差异，就必须同时了解周遭许多令人大惑不解的冲突，这些冲突消耗了我们的精力，威胁到个人的权力、声望和待遇。

不再是朝九晚五

我们不妨以前文提到的那些心灰意冷的父母作为例子。第二次浪潮文明把人们每天的生活节奏和机器的运转步调相统一，睡觉、起床、工作、游戏全有一定的规律。生活在这种文明下的父母当然认为，工作必须符合节拍，每个人都必须同时到达工作地点，上下班高峰期拥挤的交通乃是不可避免的，人们的用餐时间必须准时，孩子从小就要养成时间观念和守时的习惯。他们不理解为什么子女不在乎约定的时间，为什么以前令人很满意的朝九晚五的工作（或其他时间固定的工作），现在在他们孩子的眼中却变得不可忍受。

原因在于第三次浪潮带来了一种完全不同的时间观念。如果说第二次浪潮把生活的节奏绑在机器上，那么第三次浪潮就是要向这种机械化的时间发起挑战，改变基本的社会节奏，同时把人从机器中解放出来。

一旦我们了解其中缘故，自然就知道 20 世纪 70 年代企业界传播最快的观念就是“弹性工作时间”：允许工人在规定的限度内，选择自己的工作时间。实施弹性工作时间的公司不指望每名员工都同时到达工厂或办公室，不过公司仍会规定一个大家都应该同时出勤的固定时间，其他时间则可以由员工自己弹性分配。每一个员工都可以选择自己的弹性工作时间。

这就是说习惯早起的人可以选择在早上 8 点上班，而习惯晚起的人可以在 10 点或 10 点半才开始工作。也就是说，员工可以放下工作去料理家务、买东西、送孩子看医生。一些喜欢打保龄球的工人可以调整工作时间，相约在清晨或傍晚一起去打球。总之，时间本身也变得多样化了。

弹性工作时间运动是在1965年由一位德国经济学家克里斯特尔·克梅雷尔（Christel Kämmerer）倡导的，她认为这种方法可以使更多有孩子的女性进入工作市场。1976年，有“德国波音”之称的MBB公司[①]发现，许多员工焦急地通过交通拥挤的道路后，到达办公室时已经疲惫不堪了。管理当局经过慎重的考虑后，允许2 000名员工不必按规定早上8点上班，下午5点下班，让他们自己选择工作时间。在此后的两年内，该公司1.2万名员工全部采纳了弹性工作时间，有些部门甚至不规定员工必须同时出席的固定时间。

1972年，据《欧罗巴》（*Europa*）杂志报道：“有2 000多家联邦德国公司由于实行了弹性工作制度，已经浑然忘了该国严格的守时观念。”到1977年，有1/4的联邦德国工作者（人数在500万以上）依照弹性时间工作。这一制度为法国、芬兰、丹麦、瑞典、意大利和英国的2.2万家公司所采用，惠及400万名员工。在瑞士，有15%~20%的企业允许全部或部分员工采用这一新制度。

跨国公司（今日世界文化传播的主力）很快就开始把弹性工作制度由欧洲外销到其他国家。比如，雀巢和德国汉莎航空公司就将弹性工作制度引入其美国分部。1977年，根据斯坦利·诺伦（Stanley Nollen）和弗吉尼亚·马丁（Virginia Martin）在美国管理协会所做的报道，全美有13%的公司已经采用弹性工作制度。他们

① MBB公司，全称为Messerschmitt-Bölkow-Blohm（梅塞施密特–伯尔科–布洛姆）公司，是联邦德国主要的航空企业。——编者注

预测，在数年内这一数字将上升至17%，涵盖800多万名工人。实施弹性工作制度的美国公司中，有许多著名的大公司，如斯科特纸业、加利福尼亚银行、通用汽车、百时美制药公司、公平人寿等。

一些比较守旧的商业组织——第二次浪潮的保护者，仍然举棋不定，但是个人均视弹性工作时间为一次解放运动。伦敦一家保险公司的经理说："年轻的已婚妇女听说要实施这一制度真是欣喜若狂。"瑞士一项调查显示，在此制度下工作的员工，有95%持赞成态度。35%的人（男人比女人多）说，他们现在有更多时间陪家人了。

在波士顿一家银行工作的一位黑人母亲本来几乎要被解雇了，因为她虽然是一名好员工，但是经常迟到。她的不良考勤记录使得种族主义者更振振有词地指责黑人员工"不可靠""懒惰"。然而，一旦开始实施弹性工作制度，她就不再迟到了。据社会学家艾伦·R. 科恩（Allen R. Cohen）的报道，"她经常迟到，是因为她必须把儿子送到日间托儿所，总是没法准时上班"。

开始实行弹性工作制度后，公司主管的报告显示出生产力提高、缺席率降低及其他改善。当然，任何创见都会存在问题，但是根据美国管理协会的调查，只有2%的公司尝试弹性工作时间后又改回原先的规律工作时间。德国汉莎航空公司的一位经理下了一个定论称："现在再也没有守时这种问题了。"

永不休息的城市

弹性工作时间虽然已经十分普遍，但它只是第三次浪潮时间变化的一小部分而已。我们还可以看到另一项巨大的转变，那就是夜间工作时间的增加。在经常需要夜班工作的美国传统制造业中心阿克伦和巴尔的摩，这种情况还不明显，但是在服务业迅速扩张和以计算机为主力的部分城市，情况较为突出。

《法国世界报》（*Le Monde*）称："新兴的城市是一个永不休息的怪物，许多市民不按正常时间工作。"在科技先进的国家，夜班工人现在约占全国工作者的15%~25%。比如，在法国这一占比从1975年的12%增至1974年的21%。1974—1977年，美国夜间全职工作人员增加了13%，如果把兼职工作人员计算在内的话，总人数达到1 350万。

更令人惊讶的是兼职工作的普及。许多人都非常喜爱这种生活方式。在底特律地区，J. L.哈德逊百货公司有65%的人员属于兼职工作人员。宝德信保险公司在美国和加拿大雇用了1 600名兼职员工。在美国，每5个全职工作者中就有一个自愿担任兼职工作，而且自1954年以来，兼职劳工的增长速度为全职劳工的两倍。

乔治城大学在1977年所做的一项研究显示，如果这种趋势继续进行下去，将来几乎所有的工作都会成为兼职工作。这篇以"永久性的兼职工作：管理人员的前途"为题的报告研究对象涵盖了68家公司，其中半数以上已经雇用了兼职工人。更值得注意的是，希望能拥有兼职工作的失业人员，在过去20年内已增加一倍。

兼职工作尤其受到一些人的欢迎，比如妇女、老年人、半退休人士，以及一些愿意少赚点儿钱而把时间花在追求爱好、运动、宗教信仰、艺术或政治抱负的年轻人。我们所看到的是针对第二次浪潮时间观念的一项突破。弹性工作时间、兼职工作、夜间工作的出现代表有越来越多的人不再按照朝九晚五（或者任何固定时间）的制度工作，而整个社会也转向全天候作业。

同时，新消费形态也正配合生产的时间结构。比如，24 小时营业的超市的数量不断增加。“凌晨 4 点有顾客上门，一向是加利福尼亚风格的代表，在比较沉闷的（美国）东部，会出现这种情况吗？”《纽约时报》提出了这一问题，答案是响亮的“会”。位于美国东部的一家连锁超市的发言人说，他们的超市整夜都会敞开大门，因为“人们睡得比以前晚”。《时代周刊》封面故事的撰稿人在一家商店守了一夜，记录下各类夜间顾客：一位卡车司机的太太生病了，他自己来为一家六口买东西；一位年轻的女士深夜去赴约，途中停下来买了一张贺卡；一位男士为他生病的女儿买一架五弦琴玩具；一位女士在上完陶艺课后顺便采购当周所需的食品和杂货；一位摩托车骑手在凌晨 3 点轰然驾到，买了一副扑克牌；两个男人相约拂晓时去钓鱼，顺便进店来逛一逛……

人们的用餐时间也受到这些变化的影响，变得越来越不规律。许多人都不再像从前一样在同一个时间用餐。由于快餐店的崛起，人们在任何时候都可以进餐，一日三餐的严格规律也被打破了。电视节目也有所改变，节目制作人设计出专供“都市中的成年人、夜间工作者和失眠者”收看的表演。同时，银行也放弃了他们恪守的“银行工作时间”。

曼哈顿的花旗银行在电视上为其新启用的系统打广告：“您即将看到银行界的一场革命，这就是花旗银行新提供的 24 小时服务，您可以在任意时间办理业务。斯莱特可以在天刚破晓时就查询他的账户余额，霍兰可以随时把定期存款转为活期。你我都知道，生活不会在周一到周五的下午 3 点钟停止。花旗永不休息。”

如果我们仔细观察整个社会的时间观念，就会发现一个微妙且有力的改变，人们正脱离第二次浪潮的步调，朝着新的节奏迈进。事实上，时间的多样化已经出现了征兆，这和第三次浪潮时代其他社会生活层面的多样化息息相关。

安排朋友会面

我们才刚刚开始感受到时间变化的结果。比如，每个人有自己的时间节奏，工作自然不如以前那么繁重，但是也加深了孤独感和与社会断绝的困扰。如果朋友、情侣和家人各自按照不同的时间工作，而又没有新的服务业来帮助他们协调个人的时间表，那么他们之间面对面的接触就变得十分困难了。邻近的酒吧、教堂办的郊游、学校的舞会等旧日的社交场所或场合都逐渐失去其传统的重要性。我们必须建立起新的第三次浪潮机构来满足人们对社交活动的需要。

我们很自然地会想象出一种新的计算机服务——“安排朋友”，这种服务不仅会提醒你预定的约会，而且会储存朋友和家人的时间表，使身在同一社交圈内的每个人只要一按按钮，就可以知道他的朋友和熟人的工作时间与地点，依此来安排见面。

时间的多样化还会产生其他后果。我们已经看到它给交通流量带来的影响。在第二次浪潮时代严格的工作时间表下，产生了典型的交通高峰。时间多样化使得交通流量得以重新分配。

事实上，要判断第三次浪潮在某一地区的进展如何，只要看看交通流量就可以知道个大概。如果高峰时间仍然拥挤不堪，所有的交通工具早上驶向同一个方向，傍晚又驶向相反的方向，那么第二次浪潮仍然在此地徘徊；如果像许多城市一样，交通工具整天川流不息，而且向各个方向行驶，不只是单向往返，那么第三次浪潮的企业一定已经在此地生根了。这里的服务业从业者的人数必定远超制造业，弹性工作时间已经普遍为人所采用，兼职工作和夜间工作在此占上风，24 小时营业的超市、银行、加油站和旅馆也陆续出现了。

比较有弹性的个别时间表也可以平衡高峰时间段的负荷量，节省能源成本，减少空气污染。美国有十几个州的电力公司现在已经采用划分时段的价格政策，以便减少营业和非营业用户在高峰时间段的用电量，康涅狄格州环境保护部敦促各公司遵照全国环境保护条例，实施弹性工作制度。

这些是时间变化最明显的影响。在未来数十年内，我们将看到更为不可思议的巨大改变。新的时间节奏会影响家庭生活的步调，影响艺术，影响生物学，因为一旦我们改变了时间，我们就改变了人类所有的经验。

何必守时

第三次浪潮的节奏背后有着强大的心理、经济和科技力量。一方面，人们性格上的改变导致了这一不同的节奏。现在的人比他们的父辈更富裕，受过更好的教育，也拥有更多的选择，他们不愿意被视为单一的群体。人们所做的工作不同，所使用的产品不同，自然也就希望被视为不同的个体，不愿意接受规律的安排。

另一方面，第三次浪潮个人化节奏应该归因于进入我们生活中的新科技。比如，录像带和家用录像机可以使电视观众录下播出的节目，在自己方便的时间回看。专栏作家史蒂文·布里尔（Steven Brill）说："在未来两三年内，连最忠实的电视迷，也不会再受制于节目时间表。"NBC、BBC（英国广播公司）、NHK（日本广播协会）等大电视台已经不再有吸引观众同时收看节目的能力了。

计算机也开始影响到我们的作息表和时间观念。事实上，大机构能采用弹性工作时间仍应归功于计算机。简单地说，计算机融合了个人不同的弹性工作时间，但是也深入改变了我们的沟通方式，使我们能在"同一时间"和"不同时间"获取资料与交换资料。

今天，有许多计算机用户可以参加计算机会议，他们利用家中或办公室的终端机互相联络。曾有660位来自不同国家的科学家、未来学家、政策制定者、教育学家通过"电子信息交换系统"广泛地讨论能源、经济、地方分权和人造卫星等问题。他们家中和办公室的传真机与电视屏幕可以即时传递消息，也可以暂停讨论并随时交换意见。身在不同时区的计算机使用者可以选择最方便的时间收发资料。愿意在凌晨3点工作的人，也不会感到任何不便。喜欢在同一时间工作的人也可以随心所欲地选择时间。

然而，计算机的影响远超我们的想象。计算机带来了新的字体，并且被用来办公、界定和解释各种现象，也取代了钟表的地位，成为社会上最重要的计时工具。计算机的作业速度非常快，我们通常处理资料的时间仅在"刹那之间"，连感官和神经反应都无法赶得上这种速度。我们现在有一种计算机控制的微型印刷机，每分钟可以印 1 万~2 万行字，比人们的阅读速度至少快上 200 多倍，而这只是计算机系统中最慢的一部分。20 年后，计算机科学家所用的时间单位会由千分之一秒变成十亿分之一秒，这种时间单位是我们无法想象的。如果一个人一生工作 8 万小时——每年 2 000 小时，工作 40 年，现在 8 万小时的工作则可压缩在 4.8 分钟之内完成。

除了计算机外，我们发现其他技术和产品也使得时间更为多样化。影响情绪的药物（非大麻）会改变我们对时间的感官反应。等到更先进的情绪药物出现之后，我们体内对时间的感知和对事物是否存在的看法都会变得更为主观，更没有公认的标准。

在第二次浪潮时代，机器彼此紧紧相依，在流水线上的人也和机器紧紧绑在一起，许多社会现象即是起源于这一紧密的关系。今天，机器的配合已经达到一个相当高的水准，和机器相比，即使动作最快的工人也显得十分笨拙，而人机结合也不如人机分离更能发挥效用。

换言之，在第二次浪潮时代，人们被迫去迁就机器的能量，因此所有的社会活动都局限于单一模式。无论资本主义国家还是社会主义国家都是如此。现在，由于机器已经有了明显的改善，人们反而能够挣脱束缚，获得自由。

这项改变在心理方面的影响就是“准时”的意义已与以往不同。我们现在已由公认的准时观念转变为选择性或者视情况而定的准时观念。我们的孩子对于守时的概念更为模糊，而这个名词也已经失去以往的含义。

守时的观念在第一次浪潮时代并不是十分重要，因为农业工作并不十分需要人们彼此互相配合。然而，第二次浪潮来临之后，一名工人迟到就会立刻严重影响到公司和工厂里许多人的工作，因此整个社会都强调要守时。

现在，由于第三次浪潮带来了不同的弹性工作时间，抛弃了以往划一的时间表，迟到的后果也就不如以往那么严重。一个人迟到可能仍然会使其朋友和同事觉得不便，但是对生产的影响越来越微弱。当然，对部分工作而言，仍然有不可掉以轻心的影响。我们很难说在什么时候绝对应该守时，什么时候可以视习惯、礼貌、规矩而定。守时在某些场合仍然是很重要的，但是随着计算机的普及，人们可以凭着一个插头自由加入或退出工作，因此守时对工作效率的影响越来越小。

结果“准时”的压力减轻了，年轻人对时间抱着比较随便的态度。守时就和道德观一样，成为一个因时因地制宜的观念。

总之，第三次浪潮的来临使工业时代的陈旧作风饱受威胁，整个文明社会的时间观念也因而发生变化。机械化的步调破坏了人们的兴致和生活的乐趣，如今这个第二次浪潮文明的代表已经渐趋没落。年轻人拒绝上朝九晚五的班，对时间也抱着无所谓的态度，他们可能并不了解自己行为的动机。在现实世界中，时间本身已经发生了变化，同时，支配我们的基本原则也已经开始动摇。

后标准化的心灵

第三次浪潮不仅改变了第二次浪潮的时间观念，而且破坏了工业社会另一个重要的特色：标准化。

第二次浪潮社会暗中鼓励人们将一切事务予以标准化，从价值观、重量、距离、尺寸、时间、货币到产品和价格。第二次浪潮的商人努力使每件小物品都被做得一模一样。

今天，最聪明的商人知道如何以最低的成本满足个别顾客的要求（而非提供标准化服务），并且将最新的技术应用在个别产品和服务上。随着职业种类的增加，从事相同工作的人的数量日渐减少。工作者的薪水和福利的差距越来越大，而他们的个性也相差甚远，由于他们（和我们）都是消费者，这种差异很快就反映到市场上。

传统的批量生产被扬弃之后，营销、交易和消费方式都趋于多样化。消费者开始自行做决定，他们不仅认为一个产品应该满足特定的物质或心理需求，而且希望产品能够符合他们所要求的条件。这些个别的条件和随之而来的生活形态一样，都是变幻无常的。消费和生产都需要视外在条件而定。后标准化的生产带来了后标准化的消费方式。

现在连第二次浪潮时代标准化的价格也变得更有弹性，因为定制的产品自然得配以定制的价格。一辆汽车的价格要视所选的配件而定，一套音响的价格同样要视装配的组件及顾客的要求而定。飞机、海上钻油机器、船舶、计算机及其他精密产品的价格也有很大的出入。

在政治方面，我们可以看到同样的趋势。各国之间的协议逐渐瓦解，我们的观点越来越“不标准”，众多的小团体应运而生，各自为其狭隘、短浅的目标而努力，整个文化也日趋多样化。

我们在第十三章中提出，新的传播工具出现之后，划一的心态已不可得。小型杂志、报纸和常常通过影印文件进行的小规模通信的兴起，加上有线电视、录像带和计算机的诞生，这些多样化的传播媒介粉碎了第二次浪潮传播科技急需推广的标准形象，为社会增添了五彩缤纷的形象、信念、表征和价值观。除了使用定制的产品外，我们还可以使用各种不同的观点去定制我们眼中的世界。

《艺术新闻》(*Art News*) 上刊登了西柏林国家美术馆主任迪特尔·霍尼施 (Dieter Honisch) 的看法："科隆所推崇的不见得会为慕尼黑所接受，斯图加特的成功对汉堡的居民不一定有吸引力。区域性的喜好控制了一切，我们已经失去了民族文化感。"

保守的美国新教刊物《今日基督教》(*Christianity Today*) 在一篇文章中清晰地揭露了这一文化多样化的过程。该刊编者说："许多基督徒对于各式各样的《圣经》译本感到十分迷惑，以前的基督徒没有这么多选择。"接着是一句一语双关的话："《今日基督教》认为，没有一种说法是'标准的'。"即使在《圣经》译本和宗教这个狭小的范围内，单一标准的观念也已经落伍了。我们的宗教观和喜好一样，越来越不统一、不标准。

这种改变的结果使我们得以远离第二次浪潮直线发展的趋势，不致陷入赫胥黎和奥威尔笔下泯灭个性的社会，反而朝着更丰富的生活形态及更独特的人格迈进。我们正目睹"后标准化的心态"和"后标准化的群众"的崛起。这些变化不免会带来社会、心理和哲学问题，我们现在已经可以感受到寂寞和社交断绝的困扰，但是这些问题和工业时代强迫我们屈服的问题截然不同。即使在科技最发达的国家，第三次浪潮也并未取得绝对的优势，我们仍然可以感受到第二次浪潮强大的力量。我们仍在继续一些第二次浪潮未完成的事业。比如，在美国，精装书出版一直是一门落伍的生意，直到最近才迈入批量产销的阶段，而平装书早在30多年前即已达到这一水准。其他第二次浪潮措施也多半是一厢情愿的，企图在美国采用公制单位，使美国向欧洲看齐，即为一例。此外，布鲁塞尔共同市场的技术专家力图“划一”从汽车后视镜到大学文凭等所有的东西，“划一”正是工业制度标准化的产物。

有人甚至幻想着能让时光倒流，比如美国学校里的重建基础运动。在饱受统一教育之害后，人们仍未能认清多样化的社会需要新的教育政策，反而想在学校里重建第二次浪潮划一的观念。

然而，这些力求划一的努力只不过是一个逝去的文明最后的挣扎而已。第二次浪潮的波浪朝向的是生活的多样化，而非更严格的标准化。人们的观念、政治信仰、性行为、教育方式、饮食习惯、宗教见解、种族心态、音乐爱好、流行及家庭形态，都和机械化生产一样渐趋多样化。

历史性的转折点已经到来。第二次浪潮文明的主宰原则——标准化已被取代。

新式的矩阵结构

在我们迅速远离工业社会的规律化和标准化之际，其他社会规则也正遭遇被改写的命运。

我们知道，所有的社会都需要某种程度的集权和分权，但是第二次浪潮文明一味地偏袒前者、排斥后者。从列宁到罗斯福，建立工业社会的“大标准主义者”和“集权主义者”一直携手并进。

今天，形势刚好相反。新政党、新管理技巧、新哲学将群起而打击第二次浪潮集权主义者视为理所当然的假设，从美国加利福尼亚州到苏联基辅，分权已经成为一个热门话题。

在瑞典，主张分权的小党派组成联盟，将执政已 44 年的集权社会民主党赶下台。最近几年，地方分权和区域主义的呼声震撼了法国；越过海峡，北方的苏格兰国家主义者现在包容了一批主张“激进经济分权”的人士。在西欧也出现了同样的政治活动，新西兰新崛起的“价值党”虽然规模很小，但要求“扩张地方和区域政府的功能及自治权，以削弱中央政府的机能和规模”。

在美国，风起云涌的抗税运动使分权主义者得到一些支持和响应。由于地方政客要求“邻近地带的权力”，各地区的分权主义者也因而势力大增。以邻近地方为基础的各种运动团体正迅速繁衍并提出各种诉求，从得克萨斯州圣安东尼奥的“居民要求美好的环境”到俄亥俄州克利夫兰的“市民重建百老汇”和纽约布鲁克林的“民众消防队”的组建，许多人视华盛顿的中央政府为地方大患，而非万灵药。

格诺·巴罗尼（Geno Baroni）以前是地方民权运动者，现在担任美国住房和城市发展部地方部门的助理部长，他认为这些小的分权团体反映出机械政体的瓦解，以及大政府无力应付各种不同地方情况和人民需要的缺憾。《纽约时报》说，地方运动者在“华盛顿和全国各地都打了胜仗”。

分权的哲学在建筑和设计学校尤其受到重视，从美国的加利福尼亚大学伯克利分校、耶鲁大学到伦敦的建筑协会，学生们致力于研发环境控制、太阳能取暖和都市农业的新技术，希望将来能使各个地区在某些方面实现自给自足。等这些年轻的建筑师和规划者开始担当大任时，我们就可以感受到他们的影响力。

然而，更重要的是，“分权”早已成为管理上一个响亮的名词，大公司竞相把各部门划分成独立的小利润中心。从事食品、化学、石油和保险业的大公司埃斯马克的重组，即为一个典型的例子。

埃斯马克公司总裁罗伯特·雷尼克（Robert Reneker）说：“过去，我们的企业组织很不合理。现在调整的唯一办法就是把整个机构分散成很小的单位。”结果埃斯马克公司分成了 1 000 个不同的“利润中心”，每个中心各自负责其营运。《商业周刊》指出：“雷尼克不必再做例行的决策。除了财务控制外，该公司所有作业都已采用分权制度。”

埃斯马克的重组对第三次浪潮来说并不重要，该公司可能已经重组过好几次了，重要的是它所代表的趋势。许多公司都在不断进行重组和分权，有时稍显过分后又会收敛一点儿，但是长期而言，日常作业的集中化控制情形已经逐渐消失。

更深入地来看，大公司集权主义背后的权威形态已有所改变。典型的第二次浪潮企业和政府机构组织形态不外乎“一个人一个老板”的原则。一个人可以有很多下属，可是直接负责的上司却只有一个。这个原则表明，所有的指挥权均归属中央。

今天，在精密工业、服务业、专业组织和许多政府机构里，我们会惊讶地发现这一制度已宣告崩溃。理由是越来越多的人不只有一个老板。

在《未来的冲击》一书中，我曾经指出，大机构里面挤满了临时性的单位，如工作团队、各部门会议、计划小组等。我把这种现象称为“项目制度”。目前许多大公司已经将这些临时性的单位纳入组织之中，形成一种正式的结构，我们称之为“矩阵组织”。矩阵组织不采取集权控制，而是使用“多元指挥制度”。

在这一系统之下，每名员工都隶属一个部门，仍按惯例向一位上司报告。但是这名员工同时参与其他工作，这些工作是单一部门力所不逮的，因此一个典型的计划小组可能拥有制造、研究、销售、工程、财务及其他各部门的人员。这些小组人员除了向各自的直属上司报告外，还要对计划主持人负责。

结果，现在有很多人在行政上向一位主管汇报工作，在实际工作上却拥有一位以上的主管。这种制度使员工能同时从事多份工作，加速工作流程，也可以避免员工从一个狭小部门出发看问题，使组织得以迅速应付各种突发情况，同时积极推翻了集权控制。

矩阵组织从早期的美国通用电气公司和瑞典的斯堪的亚公共保险公司兴起，传播到医院、会计公司及美国国会（在国会各委员会之间产生了各种正式的“听证会”和“地方委会”）。根据波士顿大学的S. M.戴维斯（S. M. Davis）教授和哈佛大学的P. R.劳伦斯（P. R. Lawrence）教授的说法，矩阵组织“不只是一个小管理技巧或流行风气。它象征着一种全新的突破，矩阵代表企业组织中一股新的力量”。

和第二次浪潮时代的工厂制度相比，这股新的力量显然较少有集权的意味。

更重要的是，我们的整个经济也倾向于分权制度，美国地区性小银行的崛起，正反映出传统“货币市场”寡头的没落。由于工商业的地理位置日趋分散，以往依赖大银行的公司现在逐渐转向与地区性银行打交道，田纳西州纳什维尔第一美国银行总裁肯尼思·L.罗伯茨（Kenneth L. Roberts）说：“美国银行业的未来不再操纵在货币市场银行的手中。”

第二次浪潮带来了第一个全国性的市场及全国经济的观念。随之而来的是经济管理工具的发展——社会主义国家的中央计划、资本主义地区的中央银行和全国经济政策，今天这两套工具都一无是处，企图支配这一制度的第二次浪潮经济学家和政客同感困惑不已。虽然人们并不乐见这一情况的发展，但是全国性的经济体系径自分裂成区域性的地方组织，各自处理其独特的问题。美国的“太阳带”、意大利南部、日本的关西等地区并不像工业时代一样日趋划一，反而在能源条件、资源、职业分布、教育水准、文化和其他关键因素方面逐渐分化。同时，许多区域性经济体系已经达到30年前的全国经济体系的规模。

政府未能认清这一事实乃是其稳定经济措施失败的主因。企图以全国性的增减税赋、控制货币和资金及其他划一的政策来对抗通货膨胀与失业问题，结果只会使情况更为恶化。

欲用第二次浪潮的集权工具来管理第三次浪潮的经济，就好比一个医生早上到医院后，开一剂激素给所有的病人，不管他们是腿骨骨折、长脑瘤、脾脏破裂还是脚指甲刺进肉里了。在新经济体系下，唯有新的分权管理方法才行得通，同时，分权的情势已经成为全球划一的现象了。

在政治、企业与政府组织、经济体系各方面反集权的趋势之下（再加上传播工具的发展、计算机的普及、能源领域的进步），一个全新的社会正在成形，昨日的标准已经遭到淘汰。

寓小于大才美

随着第三次浪潮的到来，许多第二次浪潮的社会规范已有被大幅修正的必要。第二次浪潮文明所强调的极大化现在备受攻击，“大即是美”的拥护者正遭到“小即是美”的支持者无情的攻击。以“小即是美”为名的书居然在 20 世纪 70 年代成为最具影响力的全球畅销书。

人们逐渐领悟到，经济规模有其极限，而许多组织已经超越了这一极限。企业界积极寻找缩小单位规模的方法。新科技的诞生和服务业的蓬勃，使得企业营运规模大幅缩减。传统的第二次浪潮工厂和公司，在一个屋檐之下容纳成千名员工，今日在科技先进国家里，这种现象已经成为过去。

我请澳大利亚一家汽车公司的总裁描述一下未来的汽车工厂，他充满自信地说：“我永远也不可能再盖一家这样的工厂，把 7 000 名员工都安置在同一屋檐下。我要把它分成小单位，一个地方能容纳三四百人即可。新的科技可以帮助我实现心愿。”我还听到许多制造不同产品的公司主管说过同样的话。

现在我们开始了解，大和小都不美，规模适中、巧妙地融合大和小，才是最美好的安排。《小即是美》（*Small Is Beautiful*）一书的作者E. F. 舒马赫（E. F. Schumacher）比一些汲汲于附和他的人更了解其中道理。他曾经跟朋友说，如果他一直生活在一个充斥着小组织的世界上，那么他所写的这本书应该叫作《大即是美》（*Big Is Beautiful*）。

我们也开始接触到一些兼具两者之长的新型组织。比如，在美国、英国、荷兰等地迅速普及的经销店制度，就是缺乏资金和意图逃税的结果，其存在价值仍待商榷，但是这种现象也代表着一种以不同程度的集权和分权连接大小公司的方法，希望借此合并大规模和小规模的组织。

第二次浪潮的极大化逐渐被扬弃，适当的规模应运而生。

同时，社会也以严苛的眼光审查第二次浪潮专业化的观念。第二次浪潮的规范手册把专家捧得高高在上，其中一个基本原则就是“专业以求成功”。今天，在各行各业里，包括政治在内，我们都可以看到人们对专家的态度已经有所转变。以往被视为立场纯正、值得信赖的专家，现在已经得不到大众的认可。人们批评他们只顾追求个人利益，除了以管窥天外，根本不能成事。大众要求在各种机构（如医院）内让外行人参与决策，以控制专家的权力。

家长希望能左右学校的政策，他们对职业教育工作者的表现不再感到满意。华盛顿州的一个工作团体在研究过公民参政情况之后，在结论中提出一种新的观点：“你不必成为专家也知道你要什么！”

第二次浪潮文明还提倡另一个原则：集中化。它把金钱、能源、资源和人口都集中起来，把大量人口集中在都市之中。今天，这种作风已经开始转变。我们可以看到地理的分布越来越分散。在能源方面，我们从仰赖集中的燃料存货转而使用各种不同形式的能源。我们也看到许多措施，意欲分散学校、医院和心理咨询机构的工作人员。

总之，我们可以顺着第二次浪潮的规划手册一项一项地数下去，从标准化、同步化、集权化、极大化、专业化到集中化，看看有多少支配我们日常生活和社交决策的旧原则在第三次浪潮文明的冲击下已经掀起了革命。

未来的组织

我们都知道，如果把第二次浪潮的所有原则都应用于一个组织之内，结果就会产生一个典型的工业官僚制度：一个庞大、持久、机械化、上令下行、等级分明的组织。它会在一个相当稳定的企业环境里不停地重复同样的产品和决策。

然而，现在我们已经开始启用新的原则，将来必然会发展出全新的组织。这些第三次浪潮的组织阶层很少，权力较分散，其中有许多由小单位组成的临时结构，每一个单位都有自己的对外关系和对外政策，不需要经过上级的批准，这些组织逐渐趋向全天候作业。

不过，这些组织和官僚制度有一个基本的不同点，可以被称为“二元”或“多元”的组织，只要情况允许，就可以变化成两种或多种不同的结构形态，正如未来可能出现的一些塑胶产品一样，遇冷或遇热即会改变形状，但是在常温下又会恢复原先的形状。

我们也可以用军队来打比方，在平时采用民主参与的方式，战时则变为中央集权，而在组成之初是希望军队能兼具两种功能。这就像一支足球队不仅可以在不同的球赛中变换各种队形，而且可以视球赛的需要机动组合成足球队、橄榄球队、棒球队、篮球队等不同的队伍。这些组织内的成员必须接受立即反应训练，而且应该能够适应各式各样的组织结构和角色。

未来的管理人员在自由开放的气氛下，应该和在阶层制度中一样能干，他们可以在金字塔的组织下工作，也可以在几乎完全独立的复杂单位中凭借有限的管理机能自如驾驭。

我们还没有一个正确的词汇可以用来形容这些未来的组织。"矩阵""项目"等名词都不是十分恰当。理论家提出了各式各样的名词，广告业者莱斯特·伟门（Lester Wunderman）说："类似游击队的组合团体将取代阶层制度。"杰出的组织理论学家托尼·贾奇（Tony Judge）曾经列举这些未来组织的"网状"特性，他指出："网状组织不是由外力而是由参与其中的成员自行协调的，我们可以称之为'自动协调'机能。"贾奇还曾引用美国建筑师巴克敏斯特·富勒（Buckminster Fuller）的"张拉整体"原理。

不论我们使用哪一个名词，都抹杀不了革新的事实。我们亲身经历的不仅仅是新组织形式的诞生，而是整个新文明的诞生。一本新的"规范手册"出现了，第三次浪潮的原则及生存的凭据尽在其中。

仍旧谨守着工业时代规范手册的父母，必然会和子女起冲突，而鄙视旧原则的孩子对新兴的规范仍然捉摸不定。他们和我们都在垂危的第二次浪潮秩序和明日的第三次浪潮文明之间徘徊。

第二十章　产消合一制度的崛起

日常生活中的小改变往往代表着巨大的历史变革。一项普遍为人们所忽视的重大改变发生在20世纪70年代初，有一件新产品打入法国、英国、荷兰和其他欧洲国家的市场。这件新产品是一组怀孕自测器。在短短几年内，欧洲妇女购买了1 500万~2 000万组怀孕自测器。不久，美国的报纸上也出现了醒目的广告："怀孕？你越早知道越好！"美国华纳–兰伯特公司推出这组怀孕自测器后，发现反响极好。到1980年，大西洋两岸已有几百万名妇女自己操作以往由医生和实验室进行的测验。

脱离医生掌控的例子并不仅限于这一例，根据《医药世界新闻》(*Medical World News*)的报道："人们可以而且应该在医药上取得独立的地位，这种自我照料的观念是流行最快的新趋势。在全国各地，人们开始学习如何使用听诊器和血压计，自己检查胸部和试纸，甚至自己做一些简单的外科手术。"

今天学校所开的医学课程，从足部保养到儿科，应有尽有。在美国，有1 300多个购物中心、机场和百货公司设有血压测量仪，人们只要投入硬币即可测量自己的血压。

在1972年以前，医学仪器很少卖给非医药界人士。今天，家庭市场占医学仪器销售很大的比例。耳镜、清耳用具、鼻喉灌注器及专门的保养品都非常畅销，人们愿意为自己的健康买单，减少看医生的次数，缩短住院时间。

从表面上看来，这只不过是一种流行罢了。然而这种自行解决问题（而不是付钱让别人来处理）的风气反映出我们的价值观、对疾病的看法、对身体和自我的认识都发生了显著的变化。不过，这种说法仍然忽略了一个更重大的意义。要了解这一现象的历史意义，我们必须回顾过往。

不可见的经济

在第一次浪潮时代，大部分人消费他们自己所生产的东西，他们既不是所谓的生产者又不是消费者，而是“产消合一者”。

工业革命把这两种功能一分为二，制造出现在所谓的生产者和消费者。这种分离的结果是产生了迅速扩张的市场及交易网，通过这些渠道，你生产的货物和提供的服务可以到达我的手中，我生产的货物和提供的服务也可以到达你的手中。

第二次浪潮的来临使我们从“为自用而生产”的农业社会进入“为交易而生产”的工业社会。然而实际情况远非如此简单。在第一次浪潮时代，有少量生产供应交易的需要；在第二次浪潮时代，也有少量生产是以自用为目的的。

鉴于此，我们最好把经济分成两个部分。A部分包括所有人为自己、家庭或者地方上所做的无偿工作，B部分包括所有通过市场交易而销售的货物和服务。

现在我们可以了解，在第一次浪潮时代，A部分所占的比重很大，而B部分则只占很小的比重。在第二次浪潮时代，情况正好相反。事实上，由于为交易而生产的货物和服务数量非常庞大，第二次浪潮的经济学家已经忘记了A部分的存在。“经济”一词的定义也排除了各种不以交易为目的的工作和生产，产消合一者成为不可见的人物。

也就是说，女人在家中所做的无偿工作，包括清理、擦洗、育儿、地方活动，均被视为“非经济性”工作，但是如果没有不可见经济的A部分所生产的货物和提供的服务，可见经济的B部分根本不可能存在。如果没有人在家中照顾孩子，B部分就不会有下一代的劳工，而整个系统也会崩溃。

如果工人从小没有受过基本的生活训练，培养语言能力，懂得社交习俗，我们怎么可能拥有一个高速生产的经济社会？如果工人连这些最基本的技术都没有，B部分的生产力将会如何？虽然第二次浪潮的经济学家存心忽视事实，但是每一部分的生产力都必须依赖另一部分，乃是极自然的现象。

今天，第二次浪潮社会正面临最后的危机，政客和专家仍然极力鼓吹完全以B部分交易为主的统计数字。他们担心“生产力”会降低、“增长”会减速。然而，只要他们继续依循第二次浪潮的分类方式，无视A部分的存在，将之摒除在经济体系之外，致使产消合一者成为不可见的人物，就永远无法妥善处理经济事务。

如果我们仔细观察，就会发现上述两个部分的关系和生产方式已经开始出现重大的改变。我们可以看到生产者和消费者之间的界限逐渐模糊，产消合一者的地位日趋重要。此外，我们还可以看到一个可怕的改变，即第三次浪潮将扭转世界体系中市场的角色。

这一切都应该归因于那数百万个自我治疗的人。因为这些人的行为使一些B部分的生产转移到A部分，使经济学家监督下的有形经济转为他们早已忘记的幽灵经济。

这些人是“产消合一者”，而他们并不孤独。

暴饮暴食者和寡妇

1970年，英国曼彻斯特一位名叫凯瑟琳·费希尔（Katherine Fisher）的家庭主妇因多年始终不敢走出家门而深感痛苦，于是她决心为患有同样恐慌症的人成立一个组织。今天，这个“恐慌症患者协会”拥有许多分支机构，在许多科技发达国家内，有数千个这类蓬勃发展的新组织，帮助人们直接解决自身问题，包括心理、社交、性关系等各方面的问题。

底特律有50多个“告别团体”，协助丧失亲友的人走出悲痛。澳大利亚有一个团体名叫“成长”，成员包括以前患心理疾病的人和神经紧张的人，该团体在夏威夷、新西兰和爱尔兰均设有分会。美国22个州都成立了名叫“同性恋者父母”的组织，专门帮助孩子是同性恋者的父母进行心理疏导。在英国，“忧郁者组织”有60多个分会。“毒瘾者匿名组织”“黑肺协会”“无偶父母”“孤寡聚会”等新组织纷纷在各地出现。

当然，人们聚在一起谈论自己的问题，彼此互相学习，并不是一件新鲜事。然而，今天，自助运动如野火燎原般发展起来，却是史无前例的。

据“新人类服务中心”负责人弗兰克·里斯曼（Frank Riessman）和艾伦·加特纳（Alan Gartner）估计，仅在美国就有50万个这类组织，每435人中就有一人参加这种组织，并且每天都有新的组织出现。其中很多组织只是昙花一现，但如果每天有一个组织解散了，就有好几个取而代之。

这些组织的性质各不相同。有些组织质疑专家，希望能不借专家之力自行解决问题。这些组织完全依赖“互相指导”的办法，根据自己的生活经验，互相交换意见，而不接受专业人士的指导。有些组织强调给予深陷困扰中的人一些支持。部分组织扮演政治性的角色，为改变立法或税制而努力。还有一些组织具有宗教色彩。另外，有少数组织的会员不仅经常聚会，而且共同生活，这类组织形成了区域性或全国性的联系。专业心理学家、社会工作者、医生等人士参与这些组织之后，他们的角色逐渐发生改变，从无所不知的专家变成和病人或同组织其他成员一起研究的倾听者、教师与指导者。当初，以协助他人为目的的义务团体和非营利机构，现在也力图适应这一自助运动。

自助运动因而改变了社会的结构。瘾君子、有语言障碍者、有自杀倾向者、赌徒、咽喉疾病患者、双胞胎的父母、暴饮暴食者，以及其他各类型人士组成了一张紧密的组织网，并与新兴的第三次浪潮家庭和企业融为一体。

不论这些社交性组织有何重要性，都代表了一项基本的改变，即被动的消费者已经成为主动的产消合一者，他们自有其经济追求。虽然他们仍然必须仰赖市场，并且参与市场交易，但是已经把B部分的经济转至A部分，由交换转为产消合一。这项方兴未艾的运动并不是唯一的动力，有一些世界上最大、最富有的公司，出于技术和经济原因，也尽力促成产消合一者的涌现。

一切自己动手

1956年，由于市场对通信的需求日益增加，美国电话电报公司开始引入新的电子技术，使用户能够直接拨通长途电话。今天，人们甚至可以直接拨叫国际电话。只要按下正确的号码，消费者就可以自己处理以前由接线员担任的工作。

1973—1974年，阿拉伯石油禁运引发了石油危机，汽油价格扶摇直上。大石油公司财源滚滚，而地方上的加油站却不得不为生存而苦苦挣扎。为了降低成本，许多加油站都装置供顾客自行操作的加油枪。起初，这只是一个稀罕的玩意儿，报纸上刊登了许多司机把加油枪插入冷却器的好笑故事。然而，不久之后，消费者自己加油就成为极为普遍的现象。

1974年，全美配有加油枪的加油站只占8%，到1977年升至50%。在德国33 500个加油站中，有15%在1976年转为自助服务方式，这15%的加油站的售油量占全国的35%，该行业专家指出，不久即可达到总售油量的70%。消费者再度取代了生产者的地位，变成产消合一者。

同一时期，电子金融系统也开始问市，此举不仅打破了“银行时间”的规则，而且大量减少银行出纳员的就业人数，让顾客自行操作银行职员的工作。消费者自己动手已不再是新鲜事，这就是经济学家所谓的“转嫁劳动力成本”。自助式超级市场也是基于同一道理，熟悉存货的店员微笑着为你服务的情景已很少见，取而代之的是顾客推着购物车自行选购。虽然有些人会怀念以往有人亲切服务的好日子，但是更多人都很喜欢这种新方式。他们可以自己来回寻找商品，而且最后还可以少付一点儿钱。事实上，他们是雇用自己去做以往店员所做的工作。

今天，同样的转嫁形式出现在许多行业，美国超级市场的崛起就代表着这一趋向。雇用的店员有限，顾客可以少花一点儿钱，但是要多出一点儿力气。连一向认为必须雇用有经验店员的鞋店也朝自助方向发展，让消费者自己动手。同样的现象还出现在其他行业。卡罗琳·伯德（Caroline Bird）女士在她的力作《拥挤综合征》（*The Crowding Syndrome*）中写道：“许多事物因简易的拼凑程序而瓦解。圣诞节期间，一些自大的纽约老店不得不让顾客代替那些不愿动手的店员而自己开发票。”

1978 年 1 月，华盛顿一位公务员听到冰箱中传出奇怪的声响。依照惯例，他翻阅了冰箱所附的使用手册。在手册上，他发现了制造商的电话号码。制造商是位于密歇根班顿港的惠而浦公司，提供免费服务。

这是惠而浦用来帮助顾客解决困难的“冷线”。这位公务员拨通了这个电话，在电话另一端的人教他怎么修理，告诉他要卸下哪一颗螺丝钉，注意听哪一种声音，以及需要什么零件。这位公务员说：“那个家伙很有办法。他不仅知道我该做什么，而且使我信心十足。”冰箱很快就修好了。

惠而浦公司有9位全职顾问和数位兼职顾问，其中有几位以前是服务人员，现在他们都戴上耳机，接听服务电话。他们面前的荧光屏随时都会出现有关产品的图形（惠而浦除了冰箱外，还制造冷冻器、洗碗机、空气调节器及其他产品），他们据此指导消费者。1978年一年内，惠而浦处理了15万通咨询电话。

“冷线”是未来维修工作的模板，用户可以取代以往工匠和专家所做的工作。随着长途电话成本的降低，将来用户在接受电话指导时，可能会从家中电视机上看到修理程序的步骤。这种进展可以使修理工人从事更重要的工作，使工匠（像医生和社会工作者一样）成为产消合一者的指导人。

我们看到的是一个横跨许多行业的趋势：更多的转嫁活动，消费者积极参与以往由他人提供服务的工作。在这一情况下，B部分的经济活动转向A部分，由交易活动转向产消合一。

和自己动手行业戏剧化的转变相比，这些小规模的活动顿时失色。自己动手的人往往以修理窗户玻璃、毁坏的物品、破碎的石板来消磨时间，这并没有什么新奇之处。然而，自己动手的人和专业建筑师、木匠、电工、水泥匠之间的关系却发生了变化，而且是惊人的变化。

10年前，美国只有30%的电器工具卖给自己动手的人，70%都流入木匠和其他技术工人手中。在短短10年内，这两个数字完全对调：

现在有30%卖给专业人员，70%流入自己动手的消费者手中。

弗若斯特沙利文公司的报告显示，1974—1976年，美国建材市场迈入了一个新阶段，“有一半以上的建筑材料是由房屋所有人自行购入而非通过承包商购买的。”这个数字还不包括造房工人购买材料所花费的另外3.5亿美元在内，他们的工作成本低于25美元。

20世纪70年代的头5年，建筑材料的支出增加了31%，由自己动手的屋主采购的金额增加了65%，增长了一倍以上。该报告中指出，“改变惊人而且持续”。

弗若斯特沙利文公司的这项调查指出，这类支出的快速增长，显示人们的价值观已转为自给自足的心态。“以往中产阶层瞧不起体力劳动，现在体力劳动已经成为骄傲的象征。人们对自己动手引以为傲。”

学校、出版社积极提供自己动手的课程和书籍。《美国新闻与世界报道》(*U. S. News & Word Report*)称:“穷人、富人都陷入这一旋涡中。在克利夫兰，公共住宅设施中提供修理说明书；在加利福尼亚，流行房主自建蒸汽浴室、温泉池和平台式房顶。”在欧洲，所谓的“DIY革命”正在兴起，因民族性的不同而略有差异。(德国和荷兰的自己动手者喜欢严格执行计划，制定高标准，仔细地添购装备。意大利人才刚刚开始开展这一运动，许多年纪大的已婚男士仍然认为自己动手是一件丢脸的事。)

这一流行背后的原因有很多。通货膨胀、木匠和水泥匠不易找、有些工作操作起来并不困难、休闲时间增加等都是影响因素。不过，主要原因可能是所谓的“相对不经济原理”，也就是说，货物生产机械化的程度越高，单位成本越低，非机械化服务的成本也就相对越高。（如果一个水泥匠到家服务一小时需要 20 美元，而 20 美元也可以买一个掌上计算器，那么等 20 美元可以买好几个掌上计算器的时候，水泥匠的薪酬自然就大幅上涨了。和其他货物的成本相比，他的劳动价值增加了好几倍。）

因此，许多服务的价格在数年内均会继续大幅攀升。随着这些价格的上涨，会有越来越多的人自己动手工作。总之，即使不考虑通货膨胀的因素，“相对不经济原理”也会使得自给自足变得更为有利，因此使更多的活动由B部分转向A部分，由交换生产转向产消合一。

外行与内行

如果我们希望了解自己动手风气的未来发展的话，除了服务业外，还应该观察生产方面的情形，我们发现消费者也已逐步参与了生产过程。

积极的制造厂商现在已经懂得聘请顾客来帮忙设计产品。这种情形不仅出现在直接销售货物给大众的产业界，如食物、肥皂、化妆品等，而且扩展到多样化发展速度最快的计算机产业。

得克萨斯仪器公司策划系统部主管说：“和一两位顾客一起工作时，成效最佳。只靠自己研究，想要制作一个标准化的产品，往往不会成功。”

服务于亚德诺半导体公司的西里尔 · H. 布朗（Cyril H. Brown）把所有的产品分为两类：“内制外销”的产品和“外定内制”的产品。

后者的规格不是由制造商而是由顾客定的。布朗表示，这些外定的产品非常理想。精密制造业越发达，生产越趋多样化，顾客参与生产过程的可能性就越大。

目前，多家计算机制造国际公司正致力于零件和方法的分类及编码，希望能使生产作业完全自动化。这项工作在专家看来只不过是一个起步，总有一天顾客将会直接把他自己的程序输入制造厂商的计算机中去。

宾夕法尼亚州工业和制造业系统工程部的伊尼扬·哈姆（Inyang Ham）指出，计算机不仅可以设计顾客想要的产品，而且可以选择所使用的制造方法。计算机可以指挥机器，安排必要的步骤——如锯、磨、上色等，为分支计算机和各种控制设备撰写程序，甚至可以输入一个"适应控制"装置，使各种不同的组合方法能配合经济和环境的要求。

将来，消费者不仅能够提供规格，而且只要一按键就可以把这整套设计付诸行动，届时消费者将成为生产活动中的一部分，其重要性不亚于今天流水线上的工人。

虽然这种顾客参与式的制造系统仍然需要一段时日，但是至少有部分硬件已经出现了，因此，至少在理论上，成衣工业所使用的计算机激光枪，如果能够经由电话线路和家用计算机相连接，顾客就可以输入他自己的规格，选择合适的布料，然后实际操作激光切割器，根本不必走出家门一步。

兰德公司信息服务部主管罗伯特·H. 安德森在计算机化生产方面是一位专家，他说："一个人在未来20年内所能做的最富创造力的事，就是做个非常有创意的消费者。你可能会坐在这里，为自己设计一套衣服或修改一个标准设计，让计算机操控激光枪为你裁剪，再用各种控制机器缝起来。你可以借助计算机的帮助，设计自己的规格，制造一辆汽车。当然，规格中已经自动设定了所有的政府安全规定，使你不至于设计得太离谱。”

现在我们要考虑到另一个可能性，很多人可能很快就会在明日的电子住宅中工作，因此消费者所使用的工具也会有重大的改变。我们在家中工作所使用的电子仪器也可以生产自用的货物和服务。在这种情况下，第一次浪潮社会的产消合一者又将重新成为经济活动的中心，不过却是在以高新科技为基础的第三次浪潮时代。

总之，不论是自助运动还是新生产技术，我们都会发现同一种转变——消费者逐步参与生产活动。在这种情势下，生产者和消费者传统的界限消失了。“外行人”变成“内行人”，生产由B部分转至产消合一的A部分。

这一乍看之下十分微弱的改变，可能会以渐进的速度扭转最基本的组织——市场。

产消合一的生活形态

消费者自愿加入生产行列，此举具有惊人的意义。在了解其原因之前，我们应该记得市场是建立在生产者和消费者分离的前提下的，而这一前提现在已经界限模糊了。如果大多数人只消费自己所生产的东西，市场就显得多余了。唯有在消费功能和生产功能分离的情况下，市场才有作用。

传统的学者把市场局限在一个以金钱为主的资本主义现象中，然而市场只不过是交易的另一个名词罢了，交易有很多不同的形式。对西方社会而言，最熟悉的就是以利润为主的资本主义市场，但是除此之外，还有社会主义市场。苏联斯摩棱斯克州的伊万所提供的货物或服务，可以交换东柏林的约翰所提供的货物或服务。有些市场实行金钱交易，也有些市场以物易物，市场不为资本主义所专有，也不为社会主义所独占，而是生产者和消费者分离后的必然结果。只要出现分离的状况，市场必定应运而生。一旦消费者和生产者之间的差距缩小，市场的整个功能、角色和力量就都会出现问题。

产消合一的制度因而开始改变市场在我们生活中所扮演的角色。

我们现在还很难断言这个微妙却重大的改变什么时候才会降临。当然，市场不会完全消失，我们不会重返没有市场的经济状态，我所谓的B部分（交易功能）不会萎缩凋谢。我们在可见的未来，仍然会继续仰仗市场。

然而，产消合一制度的兴起代表着A、B部分关系的重大转变。产消合一制度意味着至少有一些活动必须采取多样化的方式来销售，也因而大幅改变了市场在经济社会中的角色。这意味着未来的经济将和我们以往的了解完全不同，这种经济不偏向A、B任何一部分。这种新的经济和第一次浪潮、第二次浪潮的经济都不相同，而是将两者的特性融入一个新的体制。

服务成本的提高、第二次浪潮官僚制度的崩溃、第三次浪潮科技的进步、结构性失业所造成的问题，以及其他许多错综的因素促成产消合一者的崛起，也带来了新的工作方式和生活形态。如果我们能抱着质疑的态度，记住前述的各种改变，比如反规律化、兼职工作、电子住宅的出现、家庭结构的改变，我们就可以逐渐辨认出这些生活方式的改变。

我们正迈向一个未来的经济社会，很多人不会拥有全职工作，同时所谓的“全职工作”的定义已经改变了，工作周和工作年变得越来越短。（瑞典最近通过了一项法律规定，保证所有的工人，不分年龄和资历，每年有5周的带薪假期，正常的工作年为1 840小时，事实上，由于缺勤率较高，比较实际的数字应该是每年1 600小时。）

许多工人平均每周只工作三四天，或者休假一段时间继续深造和消遣。双职工家庭数量增加之后，这种情势会更为明显。劳动力市场上将会有越来越多的人接受较短的工作时间。闲暇时间增多将会成为一个新问题。一旦我们发现所谓的闲暇时间其实多半被用来生产自用的货物和服务，以往工作和闲暇的界限即因此消失。问题不在于工作时间或闲暇时间的多少，而在于为B部分所做的有偿工作与为A部分所做的无偿、自治式工作相对立。

第三次浪潮时代，一半为交易而生产、一半为自用而生产的新生活形态将成为事实。这种生活形态在工业革命初期是一种很普遍的现象，当时农村人口逐渐被都市吸收。在漫长的转型期间，许多人有一半的时间在工厂里工作，另一半的时间则在田地里种植自家所需的粮食；购买一部分必需品，自己制作另一部分必需品。这种生活方式在世界上许多地方仍然很流行，不过多半是在科技比较落后的地区。

假设辅以21世纪的货物和粮食生产技术，以及自助方式的服务，人们的生活方式又会出现另一种局面。举例来说，明日的产消合一者不会再使用服装设计图，他们可以买一个软件，用来指挥电子缝纫机。有了这种软件以后，即使是最笨手笨脚的家庭主妇也可以做出合身的衬衫。喜欢机械工作的人不仅可以自己修理汽车，而且可以自己动手制造汽车。

也许有一天顾客可以通过计算机和电话把他自己想要的规格输入汽车制造程序中。不过在今天，顾客已经可以参与一辆汽车的制造工作了。

布拉德利汽车公司已经推出一套“布拉德利GT组件”，让顾客“组装自己的豪华跑车”。顾客购买这套预先组装好的配件后，把玻璃纤维的车身装在大众车底盘上，连接引擎线，安上方向盘，塞入座椅。

我们可以看到，在兼职工作的环境中长大的一代人喜欢使用家中便宜的小型技术装备自己动手工作，这类人的数量将占全球人口的一大部分。他们一半在市场之内，一半在市场之外，间歇工作而不是整年辛劳，偶尔休息一整年，赚的钱可能比较少，但是以自己的劳动取代他人的服务，可以弥补其不足，更可以缓和通货膨胀的影响。

美国的摩门教教徒也提供了一种未来的生活形态。许多摩门教的教区都有自己经营的农庄。教区内的成员，包括居住在都市里的成员，都将部分闲暇时间用来义务耕种田地。收成多半不出售，而是储存起来以供不时之需，或者分配给其他需要粮食的教徒。他们还有罐头食品加工厂、制瓶设备、谷物起卸机。有些摩门教教徒自己种植粮食作物，运到罐头食品加工厂去。还有些人在超级市场购买新鲜蔬菜，然后送入当地的罐头食品加工厂。

盐湖城的一名摩门教教徒说：“我母亲买番茄回来，自己腌制。妇女志愿团体会选一天一起腌制番茄。”许多摩门教教徒不仅捐钱给教堂，而且参加义务劳动，比如盖房屋。

这并不是说我们全都要变成摩门教教徒，也不意味着我们要向这类宗教团体学习，大量推广社区的社交活动，但是供个人或团体自用的生产原则可能会盛行一时。

有了家用计算机，有了为都市和公寓园艺所设计的种子，有了便宜的家用工具，有了新原料、新黏合剂和新保护膜，有了通过电话传授的免费技术知识，再加上计算机或电视屏幕上出现的指示，我们可以创造一种生活形态，比第二次浪潮时代更完美、更多变、更具创造性、更令人满意，而且不单调，不集中于市场。

现在还很难断言，由B部分交易转为A部分产消合一的变化将出现何种进展，两部分的平衡在世界各地将会有多大的差异，这种情况下，究竟会出现何种生活方式尚未可知。然而，唯一可以确定的是，使用生产和交易生产比例的变动将会使整个经济制度与价值观发生动摇。

第三次浪潮的经济

由为他人生产转向为自己生产，是否与工作道德水准的下降有关？工业社会辛勤工作的风气普遍受到漠视。西方国家的管理人员暗自埋怨这种“英国病”，他们担心现在不医治，将来必定会进一步恶化，他们说：“只有日本人还肯努力工作。”不过，我听到日本的大企业管理者说，他们的工人也染上了同样的病症，他们说：“只有韩国人还肯努力工作。”

然而，在上班时不肯努力工作的人，往往是在下班后很卖力工作的人。他们铺浴室的地砖、编织地毯、为选举活动贡献时间和心力、参加自助会议、缝制衣服、在园子里种蔬菜、写短篇小说、翻修阁楼上的卧室。以往使B部分得以扩张的动力，现在是不是已经转入了A部分——产消合一？

第二次浪潮所带来的不仅仅是蒸汽机和机械织布机，还有个性上的重要改变。今天，在由第一次浪潮迈入第二次浪潮的社会，我们仍然可以看到这种转变，比如韩国仍然不惜牺牲A部分，努力扩张B部分。

相反，成熟的第二次浪潮社会受到第三次浪潮的影响，生产转向A部分，消费者加入生产行列，此时产生了另一种个性。我们日后会讨论这种有趣的改变，现在我们只要记住产消合一制度的兴起极可能影响到个性结构。

然而，产消合一带来的改变中最具爆炸性的莫过于经济。经济学家除了在B部分摩拳擦掌外，还要给予社会一个新的整体主义经济观念，分析A部分的行为，研究如何使两者互相配合。

在第三次浪潮开始重新调整世界经济之际，经济学因无法解释所发生的状况而备受攻击。包括计算机模式和矩阵在内的各种复杂工具似乎都无法告诉我们经济制度到底如何运作。事实上，许多经济学家都认为，传统的经济思想，不论是西方学派还是马克思主义，都已经和迅速变迁的现实世界脱节了。主要的原因可能是有越来越多的重大改变发生在B部分之外，也就是在整个交易活动之外。为了使经济和现实衔接起来，第三次浪潮的经济学家必须研究出新的模式、方法和指标来记录A部分的活动，而且在产消合一的制度下，他们必须重新衡量许多基本的假设。

一旦我们认清B部分可测生产（和生产力）与A部分不可见经济的不可测生产（和生产力）之间紧密的关系，我们就被迫重新对这些关系做出解释。20世纪60年代，美国经济学家维克托·富克斯（Victor Fuchs）就发现了这一问题，他指出，服务业的崛起使传统衡量生产力的方式显得落伍。富克斯说："消费者的知识、经验、诚实和动机影响到服务业的生产力。"

不过，在这番话中，消费者的"生产力"仍然仅限于B部分，被视为交易性的生产。至今仍没有人意识到A部分也有实质的生产，为自用而生产的货物和服务亦是实质的产出，可以取代B部分的货物和服务。传统的生产数据，尤其是GNP越来越没有意义，除非我们能将A部分的活动也包括在内。

产消合一者的崛起也令成本的观念更为明晰。一旦我们认识到A部分产消合一者的行为可以提高或者降低B部分企业和政府机构的成本，我们对于这一问题就有了更新的认识。

例如，酗酒、怠工、精神分裂、心理失常都会增加B部分"做生意的成本"。（美国企业界每年为酗酒者付出的生产成本约为200亿美元。在波兰和苏联，这种情形更普遍，付出的生产成本必定更为惊人。）自己动手可以减轻这类劳工问题，从而降低经营成本。产消合一的效率因而影响到生产的效率。

还有一些微妙的因素也会影响企业界的生产成本。工人的知识程度与智商有多高？他们是不是都能说同一种语言？他们有时间观念吗？他们在心理上能否愉快地胜任工作？他们在家庭中学到的社交技巧对工作能力有利还是有弊？这些个性因素、心态、价值观、技巧和动机都是B部分所必需的，且均需仰仗A部分。产消合一者的兴起使消费者和生产工作重新结合，也促使我们更密切关注两者之间的关系。

这一改变将会迫使我们重新考虑效率的定义。今天，经济学家比较生产同一货物或服务的各种方法，以决定效率。他们很少比较B部分的生产效率和A部分自产自用的效率。然而，正有几百万个不懂得经济理论的人将这两者做比较。他们发现，一旦收入达到某一水准，产消合一就可能更赚钱，在经济上、心理上都使人觉得更为理想。

经济学家和企业界人士也从未系统地研究B部分效率对A部分的不良影响。比如，一家公司要求其管理层人员经常调动，以致因压力而生的疾病、破碎的家庭和酗酒事件的增加。我们会发现，在传统的B部分看来，无效率的事情如果从整个经济状况着眼而不只局限于一部分，那么这些事情可能非常合乎效率原则。

严格来说，“效率”不应只是暂时的效果，还应包括持续的效果，而且应包括经济的两个部分，而不仅是单一部分。

那么“收入”“福利”“贫穷”“失业”这些观念呢？如果一个

人有一半的时间介入市场，另一半时间在市场活动之外，那么哪一种有形或者无形产品算是他的收入呢？如果大部分人都接纳产消合一的制度，那么收入数字在这种社会里又有什么意义呢？

在这种制度下，你怎么定义福利？享受福利的人应该工作吗？这些工作必然属于B部分吗？享受福利的人应该加入产消合一的行列吗？

失业意味着什么？被解雇的汽车工人、为自己的房子装一个新屋顶或修理自己的汽车的人，和在家里闲着看电视转播足球赛的人都一样算是失业者吗？产消合一者的崛起迫使我们去探索对失业、官僚制度的浪费及强迫雇用的看法。

第二次浪潮社会应对失业的办法不外乎排斥先进的技术、禁止移民、交换劳工、增加出口、减少进口、制订公共设施计划、缩短工作时长、提高劳动力流动能力、整批地放逐人口，甚至不惜掀起战事以刺激经济，然而问题却日趋复杂、困难。

在第二次浪潮社会的结构下，不论是资本主义还是社会主义，都无法解决劳动力过剩或不足的问题。如果我们以整个经济社会为观察对象，而不只着眼于其中一部分，我们能否找出一个解决问题的新方法？

如果人们一方面忙于为自己生产货物和服务，另一方面又为他人而生产，这种情况下，保证最低收入会受到何种影响？在第二次浪潮社会，收入必然与为交易经济所做的工作有关。虽然产消合一者不属于市场的范围或者只是市场的一部分而已，但是他们不也在“工作”吗？留在家中抚养孩子的男人或女人虽然没有在B部分做一份有收入的工作，但是他们在A部分的努力对B部分的生产力有所贡献，难道他们不应该获得收入吗?

产消合一者的崛起终将改变所有的经济观念，经济冲突的基础也会因而移转。工人与生产者、管理人员与生产者之间的竞争当然仍会继续存在，但是随着产消合一者的增加，我们离第三次浪潮社会更近，这个问题的重要性也大不如前，取而代之的是新的社会冲突。

争执的重点在于应由哪一部分的经济来满足那些需要。比如，颁发执照和建筑规定等事项的争执较为激烈，因为第二次浪潮的势力为了确保工作机会和利润，不让产消合一者有插手的余地。教师联盟往往奋力把家长赶出教室，建筑商也总是尽力保护落伍的建筑规定。许多健康问题（如暴饮暴食、缺乏运动、抽烟等导致的问题）不能单靠医生来解决，还需要病人的积极参与。同样的道理，许多教育问题没有父母的参与也不可能得到解决。产消合一者的出现改变了整个经济景象。

上述所有的影响都将更为明显，整个世界经济也会因而产生变动，我们所面临的是一个历史性的事实——第二次浪潮经济学家和思想家一向忽略的事实。我们在本章中所谈到的一切进展都会成为未来的一部分。

市场扩张的结束

人们介入市场的方式固然和以往不同，但更重要的是创建市场的整个历史过程已经在不知不觉中完成了。这一转折点具有革命性意义，然而资本主义和马克思主义的思想家都迷失在第二次浪潮的争论中，而未能注意到这一微妙的迹象。由于这一转变不符合任何一方的理论，双方都没有给予足够的关注。

至少在近1万年以来，人们致力于建立一个世界性的交易网——市场。在过去的300年内——第二次浪潮开始以后，这一方面的努力得以取得快速进展。第二次浪潮文明将全世界予以“市场化”。今天，在正常产消合一制度再度崛起之际，这一进展即将告终。

我们必须先了解市场和交易网的真实面貌，才可能了解这项改变的历史意义。我们不妨把它想象成一条管道。工业革命爆发，掀起第二次浪潮之际，世界上还没有人隶属任何货币体系。交易只存在于社会的外线。批发商、分销商、零售商、银行从业者及交易制度下的其他成员均十分稀少，货物和金钱只通过少数狭窄的管道进行流通。

300年来，人们以惊天动地的努力来修筑这一管道。我们从三方面来促使其实现。首先，第二次浪潮时代的商人散布全球，威逼利诱人们进入市场，从事多为交易、少为自用的生产。自给自足的非洲原住民在利害威逼之下，生产赚钱的作物，挖掘地底的铜矿；一向自耕自食的亚洲农民被迫到大规模农园中工作，采割橡胶树液来做汽车轮胎；拉丁美洲人为了欧洲和美国的销路而种植咖啡。这些进展使管道越修越多，而人们也越来越依赖管道的功能。

其次，扩张市场的另一种方法就是使生活“商品化”。不仅有大量劳动力进入市场，而且许多货物和服务均是为市场而设计的，因此必须不断扩充市场的“流通能力”——扩大管道的口径。

还有一种扩张市场的方法。由于社会和经济日趋复杂，将一种产品由生产者送入消费者手中所需的交易次数不断增加。中间商越多，管道的分支就越多。系统的扩张能力本身就是一种进步，就像在一个管道上添装特殊的小管道和阀门一样。

今天，所有的市场扩张行为都已经达到极限，再也没有新的人群可以被带入市场。只有少数最偏僻地区的人还没有接触过市场。即使是贫穷国家成千上万仅能糊口的农民，也和市场及其附带的货币体系有所关联。

剩下的只有清理工作而已，市场再也无法借新增人口而得以扩张了。

这种扩张市场的方法在理论上仍然是可行的。我们还可以想象出其他能够销售或交易的货物和服务，但是产消合一者的出现就在此时凸显了其重要性。A部分和B部分的关系非常复杂，产消合一者活动往往必须仰仗市场供给原料或工具。自助运动的兴起，以及许多货物和服务的多样化销售方式，显示出以市场为销售中心的现象可能即将结束。

最后，销售渠道的扩张（复杂的配销网、越来越多的中间商）显然也已经到了极限。交易的成本即使以传统的方法来衡量，在很多方面也已经超过了原料生产的成本。这一交易方式达到了某一极限。同时，计算机和配合产消合一制度的科技都指向较少的存货与简单的经销网。这些证据显示以市场为销售中心的方式即使不会立刻结束，也维持不了多久了。

如果说“销售渠道计划”即将宣告完成，这一事实对我们的工作、价值观和心理各方面会产生何种影响？毕竟，市场所包括的并不是在其中流通的钢铁、鞋子、棉花或者罐头食品。市场是一个结构，通过这个结构，货物和服务可以通行无阻。同时，市场不仅是一个经济结构，而且是一种组织人们的方式、一种思考的方式、一种众人共同的期望（比如期望所购买的货物会实地交货）。因此，市场不仅是一个经济实体，而且是一个心理结构，其影响力远超经济一个层面。市场将几十亿人口系统化地连接在一起，产生了一个没有人能够独立控制其命运的世界——其中没有人、没有国家、没有文化。市场使人们相信，与之结合才是“进步的”，自给自足是“落伍的”。市场极力传播粗俗的物质主义，让人们相信经济和经济诱因才是人类生活的主要动力。市场把人生视为一连串的契约交易，而社会则是由“婚姻契约”和“社会契约”结合而成的。市场化的观念因此改造了人们的思想、价值观和行动，成为第二次浪潮文明的基础。

我们要投入无数的时间、精力、资金、文化和原料才能创造出一种联系，使美国的采购代表可以和韩国素未谋面的公司职员做生意——双方各持着算盘或计算器，都有市场的观念，都有一套交易的期望，都采取某些可预测的行动。因为双方都已受过长期的训练，可以扮演某些预定的角色，双方背后巨大的全球系统都牵涉几百万甚至几十亿人口。

有人可能认为，这种人际关系的庞大结构和爆炸性的全球影响力，乃是第二次浪潮文明最惊人的成就，连卓越的科技成就都相形失色。这种由交易中逐步建立起来的社会文化和心理结构（不仅包括流通其中的货物和服务），相当于金字塔、加德桥（罗马式水渠）、长城和中世纪的教堂等建筑工程的几千倍。

这一历史上最大的建筑计划——安装使经济得以奔流的管道工程，赋予第二次浪潮文明内生的动力和推进力。如果说这一消逝中的文明曾经有过任何重大任务，那么必然是将世界予以市场化。

今天这一任务已经达成了。

开辟市场的英雄时代已经结束了，取而代之的新阶段中，我们只能维持、修补、翻新管道。我们自然必须重新设计重要的管道，以配合递增的信息流量。这一系统必须依赖电子、生物和新的社会科技。当然，这项工作也需要资源、想象力和资金。和第二次浪潮致力于市场化的努力相比，这一新计划所需的时间、精力、资金和想象力都少得多，所需的硬件和人员也都比原先的建筑工作要少。然而，不论这项转变多么复杂，市场化都不可能再成为文明的中心课题。第三次浪潮带来了历史上第一个“超越市场”的文明。

我所谓的“超越市场”，并不是指没有交易网的文明，不是重返不能也不愿和他人交易的完全自给自足、孤立的小社区，而是指依赖市场，但并不需要因开辟、扩张、规划或调整这一结构而消费的文明。这个文明能够向一个新方向移动，主要是因为市场已经完工了。

生活在16世纪的人不能想象市场的成长居然会改变科技、政治、宗教、艺术、社交生活、法律、婚姻、个性等的发展步调；同样的道理，我们今天也很难想象市场化结束所造成的长期影响。

这些影响即使不落实在我们身上，也必将落实在我们的下一代身上。市场化的措施必须付出代价，即使是以纯粹的经济眼光来看，这笔代价也十分庞大。人类的生产力在过去 300 年内虽然曾经提高，但是生产力中相当大的一部分被用在开辟市场的工作上。

现在基本的建筑工程已经完成，以往用于开辟世界市场系统的大量资源现在可以投向其他目标了，仅这一情况即可促成无数文明的变迁。新的宗教将会诞生，艺术作品将出现不可思议的蓬勃局面，科学将取得更为奇妙的进展，最重要的新社会和政治组织也将发生变迁。

今天，在危险边缘徘徊的不仅仅是资本主义和社会主义，也不仅仅是能源、食物、人口、资本、原料和工作，真正危险的是市场在我们生活中所扮演的角色及文明自身的远景。

这才是产消合一者崛起的真正意义。

经济基本结构的改变只是许多相关变化中的一部分，能源基础、科技、信息系统、家庭和企业组织都面临同样的转变。这些现象也影响到我们的世界观。在这一方面，我们所经历的乃是一个历史性的大变动，因为工业文明的整个世界观正掀起革命的狂潮。

第二十一章　思想的变动

以往世界各地从来没有过这么多人（包括受过良好教育和处事相当老练的人在内）在理性上陷入绝望的境地，处于冲突、困惑和不协调思想交织而成的旋涡之中。互相抵触的观念摇撼着我们的心灵。

每天都会出现新的流行、科学发现、宗教、活动、寓言。自然崇拜、万能灵药、社会生物学、无政府主义、结构主义、新马克思主义、新物理学、东方神秘主义、科技狂、科技恐惧狂等几千种潮流和反潮流席卷过我们的意识领域。全社会随处可见各自鼓吹着它们的科学虔诚和“十分钟大师”。

我们看到基础科学备受攻击，看到正统教派如野火燎原般重振声威，人们拼命搜索可以信任的事物——几乎任何事物都可以接受。

这种混乱的局面其实是一场文化激战的结果，是新生的第三次浪潮文明与工业社会令人蛊惑的观念和成见之间的冲突。第二次浪潮带来了传统的观念和工业社会的价值系统，而今天，哲学上的反叛已经出现，企图推翻过去300年的偏执成见。工业时代的基本观点受到质疑、批评并被淘汰，从而形成更有力的理论。

在过去的300年内，第二次浪潮文明的基本信念也是经过艰苦的挣扎才为人们所接受的。在科学、教育、宗教各方面，工业主义“激进的”思想家要和农业社会“保守的”理性思想家相对抗。今天，轮到维护工业主义的人来防守，而由新的第三次浪潮文明采取攻势了。

自然的新形象

观念的崩溃清楚地显示在我们对自然形象的改观上。

过去10年内，由于地球生态状况发生了危险的改变，人们业已发起一场世界性的环境运动。这项运动不仅攻击环境污染、食品添加剂、核反应堆、高速公路和发胶，而且迫使我们重新衡量对大自然的依赖程度。结果，我们不再认为应和自然界拼死搏斗，而是获得了一个崭新的观念，强调人与自然的和谐，改变了两者以往对抗的关系。

科学界产生了许多研究，希望了解生态关系以缓和我们对自然界的影响并将其导入建设性的途径。我们正逐渐了解这些复杂活动的关系，并且在自然系统的重建、更新和扩充容量的过程中赋予社会新的意义。

这些观点都反映在大众对自然态度的转变上。不论是从民意调查、流行歌曲、广告形象还是传道内容中，都会发现人们极为关切大自然，而且往往带着浪漫情怀。

城市的居民羡慕乡村生活，美国都市土地中心表示，有大量人口迁往郊区。近年来，人们对天然食物、自然分娩、母乳喂养、生物周期、身体保养均十分有兴趣。大众对科技的疑惑也越来越深，现在即使是一心一意追求GNP的人士也会在口头上表示，我们应该保护自然，而科技对自然的不利影响应该被预警，不能置之不理。由于我们对地球的破坏已经深化，现在的地球远比第二次浪潮文明所想象的脆弱。同时，在逐渐膨胀、越发复杂的宇宙中，地球被视为一个逐渐消失的黑点。

自约25年前第三次浪潮降临以来，科学家利用许多新工具探测自然的极限，而这些激光、火箭、加速器、原生质、先进的摄影技术、计算机等都打破了我们对环境的认识。

我们现在所看到的现象比第二次浪潮时代任何发现的规模都更小、更大、更快。我们所观察的现象小到只有 $1/10^{15}$ 厘米，而整个可探测的宇宙之边缘至少有 10^{23} 英里之远。我们研究的现象短到 $1/10^{22}$ 秒。然而，天文学家和宇宙学家却告诉我们，宇宙的年龄在 2×10^{10} 岁以上。自然界可探测的范围已经超过了以往最大胆的假设。

在这种膨胀的视野下，我们发现地球可能不是唯一一个有生物居住的地方。天文学家奥托·斯特鲁韦（Otto Struve）说：“众多的恒星中必然有行星，许多生物学家相信，生命是由某一类复杂分子或分子群组成的，整个宇宙的化学元素是相同的，光和热均来自万能的星球，除了地球外，火星和金星上也有水，这些看法迫使我们调整想法，并且考虑到在地球外生活的可能性。”

我们所说的并不是类人生命的可能性，也不一定是不明飞行物，只是在了解生命不是地球所独有的之后，我们对自然和人在自然中的地位会有更深一层的认识。20 世纪 60 年代以来，科学家一直在黑暗中倾诉，希望能侦查出“远方生物”传来的信号。美国国会举行了一次听证会，讨论“宇宙中他处有智慧生命的可能性”。“先锋 10 号”宇宙飞船在星际太空飞驰时，带给外太空生物一个绘制的问候信息。

第三次浪潮来临后，我们生存的星球显得更为渺小、脆弱，我们在宇宙中的地位似乎更不值得夸耀了。即使是任何显示我们并不孤独的薄弱证据也使人踌躇深思。

在我们心中，进化的形象已经和以往不同了。

进化由人设计

在我们心中，进化的形象，或者说进化本身也已经和以往不同了。

生物学家、考古学家、人类学家都希望揭开进化的奥秘，但是他们发现自己身在一个远比想象中更为复杂的大世界中，而且以往认为环宇通用的法则，事实上只不过是特例而已。

诺贝尔奖得主、遗传学家弗朗索瓦·雅各布（François Jacob）说：“自达尔文以来，生物学家逐渐研究出一套进化机械论，称之为自然选择，人们根据这个基础，把所有的（宇宙、化学、文化、意识形态、社会）进化都视为自然选择的结果，但是这种看法显然无法继续存在，因为各个领域的法则都有所改变。”

即使在生物领域内，以往被视为通用的法则也已经遭到诘问。科学家被迫去探究所有的生物进化到底是突变和自然选择的结果，还是（就分子而言）由变异累积成“遗传趋势”，而非受自然选择的操纵。日本国立遗传研究所的木村元雄（Motoo Kimura）博士指出，分子方面的进化研究结果“和新达尔文主义的想法非常矛盾”。

其他由来已久的假设也同样不可靠。生物学家告诉我们，真核（人类和多数其他的生命形态）最先来自简单的细胞——原核（其中包括细菌和藻类）。最近的研究却与这一理论对立，提倡一个令人不安的观念——简单的生命形态可能来自比较复杂的形态。

同时，提高生存的适应能力一向被认为在进化中占上风。然而，我们现在却发现进化方面的惊人例证似乎支持以短期损失换取长期利润，到底孰优孰劣呢？

美国亚特兰大的格兰特公园动物园也出现了一则惊人的新闻，拥有两套不同染色体的两种猿偶然交配后，产下了第一对混种猿。虽然专家仍不知道混种猿会不会生育，但是这种奇异的遗传现象支持了某些人的想法：除了小变化的累积外，进化也可能以跃迁的方式出现。

事实上，今日许多生命科学家和考古学家除了视进化为平稳的过程外，还致力于研究“突变理论”，以解释进化史上许多分支的“断裂”和“跃迁”。也有人潜心研究突发的结构性转变对小型转变的影响。每一个事件都引起科学界人士激烈的争论。

然而，所有的争辩在一个改变历史的事实下都不得不低头。

1953年的某一天，一位年轻的生物学家詹姆斯·沃森（James Watson）正坐在英国剑桥的老鹰酒吧里，他的同事弗朗西斯·克里克（Francis Crick）兴奋地冲进来，向在场的所有人宣布，“我们发现了生命的秘密”。是的，沃森和克里克解密了DNA（脱氧核糖核酸）的结构。

1957年，人们刚刚感受到第三次浪潮的第一圈涟漪，阿瑟·科恩伯格（Arthur Kornberg）博士就发现了DNA自我复制的方法。从这时开始，整个过程可以归纳如下：“我们解开了DNA密码……知道了DNA如何传递命令给细胞……我们分析了染色体以了解遗传功能……合成了一个细胞……我们融合了两种细胞……分离了纯粹的人类基因……合成了一个基因……改变了一个细胞的遗传。”今天，世界各地实验室研究基因工程的人可以创造前所未有的生命形态，他们封杀了进化这回事。

第二次浪潮的思想家认为人类是漫长进化过程中的极品。第三次浪潮的思想家必须面对现实：我们即将成为进化的“设计师”。进化再也不是旧日的进化了。进化就像人们对自然的观念一样，也处于激变之中。

全面的进步

既然第二次浪潮对自然和进化的观念都有所改变，那么第二次浪潮对进步的看法也会受到人们严苛的重估。工业时代充斥着一种轻松的乐观主义，把每一项科学突破和“进步的新产品”都视为人类迈向完美的必然进展。自20世纪50年代中期第三次浪潮开始冲击第二次浪潮文明以来，受害最深的莫过于这种乐天的信念。

20世纪50年代的披头士、60年代的嬉皮士使怜悯人类际遇的悲观主义泛成文化基调。这些运动的结果是使悲观主义陷入绝望的深渊。

不久，悲观主义就成为一种时尚。好莱坞电影撤下20世纪三四十年代颌骨突硬的英雄，换上了五六十年代与社会格格不入的反英雄——无因叛徒、个性杀手、迷人的大麻推销员、愤怒的飞车党、强硬迟钝（却热情）的无赖。生命是一场没有赢家的游戏。在许多第二次浪潮国家，小说、戏剧、艺术中也都出现了坟墓般的绝望气息。20世纪50年代初，加缪已经定下了日后无数小说家追随的主题。一位英国评论家的结论是："人类不免犯错，政治理论无绝对性，机械进步乃海市蜃楼。"连一度满是乌托邦式探险的科幻小说也变得尖酸刻薄，以模仿赫胥黎和奥威尔为傲。

科技不再被视为进步的动力，反而开始破坏人类自由和自然环境。对许多环境学家而言，"进步"变成一个肮脏的字眼。大量的典籍涌入书店，如《沉沦的社会》（*The Stalled Society*）、《即将来临的黑暗时代》（*The Coming Dark Age*）、《论进步的可怕》（*In Danger of Progress*）、《进步之死》（*The Death of Progress*）。

第二次浪潮蹒跚迈入20世纪70年代，罗马俱乐部的报告《增长的极限》（*The Limits to Growth*）中预言工业世界大祸临头，为这个年代立下了墓志铭。1973年石油禁运使变故、失业、通货膨胀日趋恶化，悲观主义气焰更盛，人类必然进步的观念已遭到摒弃。基辛格用施彭格勒的语气讲述了西方的没落，令许多人毛骨悚然。

这种绝望的心理是否正确，需要由每位读者自己去决定。然而，有一件事情是很清楚的：在第二次浪潮文明接近尾声之际，工业社会的另一个支柱——单向进步的观念已失去了部分拥护者。

今天，全世界已经迅速认识到，进步不能再用科技或者物质标准来衡量，一个在道德、美术、政治、环境各方面均呈现退化情形的社会，并不是进步的社会，不论人们多么富有、科技多么领先。总之，我们心中对进步的定义比以前更为宽泛，进步不再是机械化的成就，也不再是物质的衡量标准。

同时，我们也不再认为社会定会朝着单一的轨道移动，每个社会都会自动由一个文化站转往下一站，而一站比一站“进步”。其实，路上有很多分支线，不只是一个路基而已，社会可以在各方面获得广泛的进展。

我们把进步想成一棵树的成长，有许多枝丫伸向未来，人类文化丰富多样的程度才是衡量的标准。从这个角度来看，朝多样化的世界迈进本身就是一个重要的进步，与生物进化朝变异和复杂发展乃是同一趋势。

不论未来的进展如何，人类文化都再也不可能重回第二次浪潮时代天真、单纯、乐观的进步主义了。

过去数十年，人们被迫重新探讨自然、进化和进步的观念。然而，这些观念是建立在一些更为基本的观念，即我们对时间、空间、事务、因果所做出的假设上的。第三次浪潮打破了这些维系第二次浪潮文明的假设。

时间的未来

每一种文明崛起，不仅会改变人处理时间的方式，而且会改变人的心理时间图。第三次浪潮就重新绘制了一幅时间蓝图。

第二次浪潮文明从牛顿以来，都假设时间是一条直线，从模糊的过去延伸至遥远的未来。时间在宇宙各处都是绝对的、规律的，独立于质量和空间之外。每一刻和下一刻都是相等的。

今天，根据由太体物理学家转为科学作家的约翰·格里宾（John Gribbin）的说法："拥有卓越学术地位和多年研究经验的科学家冷静地告诉我们，时间不同于我们的时钟和日历上的记载，并不是以稳定的步调无情地向前奔流的。时间会受自然左右，测量时间的位置不同，就会得到不同的结果。简而言之，极度塌陷的物体——黑洞，可以把时间完全抹杀，使一切都停止在它的周围。"

20世纪初，爱因斯坦已经证明时间可以被压缩，也可以被延伸，因而粉碎了绝对时间的观念。他举出著名的两个人和铁轨的例子，内容大致如下：一个人站在铁轨旁边，看见两道闪电同时闪现，一道在铁轨的最北边，另一道在铁轨的最南边。此人在两者的正中间。另一个人坐在高速火车内沿着铁轨向北奔驰。当他经过第一个人身边时，他也看到了闪电。可是在他看来，这两道闪电并不是同时出现的。因为火车把他带离一道闪电，而接近另一道闪电，两道闪电在他眼前出现的时间不同。对坐在行驶中的火车上的这个人而言，北边的闪电先出现。

虽然在日常生活中，由于间隔时间太短，闪电闪现的速度太快，其间的差别根本不引人注意，但是这个例子表明了爱因斯坦的观点：记事的秩序在时间上何者为首、为次、为后，必须视观察者的速度而定。时间不是绝对的，而是相对的。

这一观点和古典物理学及工业社会所依据的时间标准已有了很

大差别。后者认为，“以前”和“以后”都有固定的意义，不是观察者所能决定的。

今天物理学不断在进步，每一天都有学者想出或者找出新的粒子和天体物理现象，这些假设和发现具有重大的意义，我们的时间观因而有了更多的改变。

一方面，黑洞冲破了天空，吸入包括光在内的所有东西，破坏了物理法则。在这些黑旋涡中，质量和能量奇妙地消失无踪。物理学家罗杰·彭罗斯（Roger Penrose）甚至指出“虫洞”和“白洞”的位置，失去的能量和质量经由此地注入另一个宇宙。

据说，黑洞周围的一瞬间可能等于地球上的永恒。如果一个星球控制小组派一艘宇宙飞船去探测一个黑洞，我们可能要等上 100 万年，这艘宇宙飞船才会到达目的地。由于在黑洞周围重力失调，加上速度变化，宇宙飞船上的钟只会移动几分钟，甚至几秒钟。

一旦我们离开太空，进入微分子和微波的世界，就会发现同样令人迷惑的情景。哥伦比亚大学的杰拉尔德·范伯格（Gerald Feinberg）博士甚至假设，有一种速度比光还快的分子，叫作“快子”，他的一些同事指出，对这种分子而言，时间会倒流。

英国物理学家J. G.泰勒（J. G. Taylor）告诉我们：“微观的时间观念和巨视（肉眼所见）大不相同。”另一位物理学家弗里乔夫·卡普拉（Fritjof Capra）说得更简单。他说：“时间在宇宙各地的流动速度都不一样。”因此，我们不能再把时间视为一个简单的词语，各种不同的时间在宇宙各地按照不同的规则运行。此观点虽然没有取代古老的循环时间观，但是打破了第二次浪潮的全球线性时间观。

值此之际，我们积极地改变了时间的社会用途，使用弹性工作时间，把工人从机械生产流水线旁分散到各处，同时我们也重新调整时间的理论形象。这些理论上的发现目前似乎没有办法实际应用到日常生活上来，而以往黑板上那些看来可疑的粉笔记号似乎也没有什么用途，最终却使得原子弹得以爆炸。

空间旅行者

时间观的改变也颠覆了我们对空间的认识，因为这两者是息息相关的。不过，我们的空间观改变得更快。

我们生活、工作和游戏的真实空间正在发生改变。我们用什么方式去工作，多久出门一次，走多远，住在什么地方，都会影响我们对空间的认识，而这些认识都在发生着改变。事实上，第三次浪潮来临之后，我们进入了一个人类与空间关系的新纪元。

在到处都是农业的第一次浪潮时代，大部分人一辈子都住在家乡附近，形成永久的农耕部落。农业变成停驻不动、空间紧凑的存在，孕育出浓厚的乡土情感。

相反，第二次浪潮文明使人口集中在大都市，因为必须从远处取得资源，同时运送货物到他处，因而出现了流动性较强的人群，孕育出空间广阔、以城市和国家而非农村为主的文化。

第三次浪潮运用分散人口而不予集中的方式来改变我们的空间观。仍在进行工业化的地区，人口不断涌入都市，但是高科技国家已经出现了逆流的趋势。东京、伦敦、苏黎世、格拉斯哥等数十个主要城市的人口都在减少，而中小型城市的人口却在逐渐增加。

美国人寿保险委员会宣称："部分都市专家相信，美国的大城市已经成为历史。"《财富》(*Fortune*)杂志指出："运输和通信技术切断了以往把大公司捆绑于传统大城市的束缚。"《商业周刊》一篇文章的标题是"展望一个没有重要城市的国家"。人口的重新分配将会在许多方面改变我们的观念和期望，包括个人和社交空间、可以接受的上班路程、住所的密度等。

除了这些改变之外，第三次浪潮还带来了一个新的观念，一个地方味浓厚而又具有全球性的观念。我们发现在地方政治和地方事务上出现了集中的"社区"，同时有许多人（往往是最具地方色彩的代表人士）关心全球性的事务，担忧万里之外的饥荒和战争。

通信技术进步之后，我们可以把工作带回电子住宅，更鼓励了这一双重焦点的观念。许多人留在住所附近，不常远行；为了娱乐而不是为了工作旅行；心灵和思想横跨整个地球，进入外太空世界。第三次浪潮的心灵兼顾远近。

我们也迅速接纳了许多动态的和相对的空间观。我的办公室里有几张放大的纽约市及近郊的卫星照片和U–2照片[①]。卫星照片看起来像美妙非凡的抽象画，海水碧绿、海岸绵延；U–2照片则是红外线下的纽约市，大都会艺术博物馆清晰可见，连拉瓜迪亚机场斜坡上停的飞机都历历在目。我问一位国家航空航天局的工作人员，如果再放大这些照片，我们是不是可以看得到机翼上的线条和标识。他耐着性子，开心地纠正我说："铆钉都行！"

① U–2照片，是指由美国洛克希德公司为空军研制的单发高空侦察机U–2侦察机拍摄的照片。——编者注

然而，我们的视野不只限于静态的美丽画面。在威斯康星大学担任地图绘制师的阿瑟·H. 鲁滨逊（Arthur H. Robinson）教授指出，在10年之内，卫星可以让我们看到一座城市或一个国家的活动画面，现场观看其中进行的活动。

届时，地图不再是一幅静态的画，而是一部影片，事实上更像活动的X光片，因为不仅会显现出地球的表面，而且会一层一层揭露表面之上和表面之下的情形。我们对地形与人和地形的关系也会得到一个更为敏感、多变的概念。

同时，许多地图绘制者也开始批评第二次浪潮教室里的传统世界地图。工业革命以来，最通用的世界地图一直采用的是墨卡托投影法。这种地图在航海上很方便，可是却扭曲了地球表面积的尺寸。如果你的手边有一份墨卡托地图，你就会发现斯堪的纳维亚半岛的面积比印度大，事实上后者比前者几乎大三倍。

德国历史学家阿尔诺·彼得斯（Arno Peters）研究出一种新投影方法，可以正确显示出地球表面积适当的比例，地图绘制者正为之争论不休。彼得斯指出，墨卡托地图的偏差是工业国家自大的根源，致使人们未能以正确的制图及政治眼光来看待非工业世界。

彼得斯认为："发展中国家的面积和重要性都被蒙蔽了。"在美国人或者欧洲人眼中看来很奇怪的是，在这幅地图中，欧洲变小了，阿拉斯加、加拿大、苏联很平坦，南美洲、非洲、阿拉伯和印度延长了很多。有6万份彼得斯的地图通过德国世界传道会和其他宗教组织分发给非工业国家。

这方面的争论使我们认识到，世界上没有一幅"正确的"地图，只有因不同目的而产生的不同空间观。就最浅显的意义而言，第三次浪潮带来了一种新的世界观。

整体主义与半体主义

我们的自然观、进化观、进步观、时间观和空间观都会发生重大的改变，因为我们已经由强调研究孤立事物的第二次浪潮时代进入注重结构、关系和整体的第三次浪潮文明。

20 世纪 50 年代初，生物学家破译了遗传密码，贝尔电话实验室的通信理论家和工程师、IBM 的计算机专家、英国邮政实验室的物理学家与法国国家科学研究中心的专业人才都展开了紧张、刺激的工作。

基于第二次世界大战的“作业研究”，产生了第三次浪潮工厂和公司生产所依赖的自动化革命与全新的科技。除此之外，新的思维方式也应运而生。自动化革命的一种主要产品就是“系统方法”。

笛卡儿派的思想家强调分析组成部分，而往往忽略了结构；系统思想家注重的是早期系统理论家西蒙·拉莫（Simon Ramo）所谓的“全面而非片面地观察问题”。系统思维方式强调次级系统的反馈关系，以及这些个体形成的大整体，自 20 世纪 50 年代中期这一学说走出实验室后，业已在文化上产生了重大的影响。系统思维方式的名词和概念被许多人引用，包括社会科学家、心理学家、哲学家、外交政策分析家、逻辑学者、语言学者、工程师和行政人员。

系统理论学家并不是过去一二十年来唯一敦促人们以整合眼光来观察问题的人士。

20世纪70年代，反抗狭隘的过度专业化的声浪也得到环保运动者的支持，因为生态学家逐渐发现自然如“网”，种族互相牵连，生态系统有其整体性。巴里·洛佩斯（Barry Lopez）在《环境运动》（*Environmental Action*）中说：“非环境学家喜欢把事情分成各个部分，逐一解决。”相反，“环境学家对事情的看法完全不同，他们的直觉就是平衡整体，而不是解决单一部分”。生态方法和系统方法声气相通，都朝知识的综效与整合发展。

同时，在学术界，越来越多的人要求合并各学科的思想。虽然大部分学院的学科障碍仍然阻遏了观念的交换和信息的整合，但是要求各学科或者多学科合并的呼声现在非常高涨，几乎已经成为一种潮流了。

知识层面的转变也反映在其他文化上。比如，在欧洲中产阶层中，东方宗教一向只有极少数的信徒，然而在工业社会开始分裂之后，许多西方年轻人转而崇拜印度大师，聆听印度音乐，开设印度素菜馆，在第五大道起舞。他们突然歌颂世界并没有破裂成笛卡儿的碎片，它是一个“整体”。

在心理健康方面，心理学家企图以形态治疗法治愈“一个完整的人”。形态治疗学家和机构在全美各地随处可见。心理治疗学家弗雷德里克·S. 珀尔斯（Frederick S. Perls）认为，这种疗法的目的是通过个人感官知觉与外在世界关系的整合拓展人类的潜能。

医学界已经掀起了“整体健康”运动，他们所持的观念是个人的福祉有赖生理、精神和心理的整合。这个运动在20世纪70年代末得到热烈的支持，其中有严肃的医学创见，也有骗人的把戏。

据《科学》杂志的报道，“几年前，我们还无法想象联邦政府会支持以信心治疗、虹膜学、针压止血法、佛教冥想、电子医学等为名的健康会议。现在，各种治疗方法和系统都有专人研究，所有研究都冠以整体健康之名”。

各个不同层面出现了许多活动，“整体主义”这个名词自然也成为流行的词汇之一，我们不假思索就会脱口而出。一位供职于世界银行的专家呼吁“整体了解都市死角”，美国国会一个研究团体要求长期的“整体”研究，一位课程专家宣布他使用“整体阅读和计分法”来教导学童写字，比弗利山庄的一所美容健身院提供“整体运动”。

这些运动、时尚和文化潮流各不相同，但是其共同之处很明显，都在攻击同一个假设：研究孤立的部分可以了解整体。这些抗议可以用哲学家兼系统理论家欧文·拉兹洛（Ervin Laszlo）的话来证明：“我们是一个相关自然系统的一部分，除非博学的‘通才’致力于研究自然相关形态的系统理论，否则短短的计划和有限的控制能力会把我们自身带向毁灭。”

对片面、部分、分析的攻击声势日渐浩大，以致许多狂热的“整体主义者”在追求不可名状的整体时，忘记了部分的重要性，结果未形成整体主义，反而造成另一个分裂。他们的整体主义只是半体主义。

许多深思的批评家希望大力强调综合能力，以平衡第二次浪潮的分析技巧。最明显的例子就是生态学家尤金·P. 奥德姆（Eugene P. Odum）敦促他的同事兼并分类主义和整体主义，观察整个系统和其中的部分。当他和他的弟弟霍华德（Howard）共同获得生命学院奖时，他说："部分合并而产生更大的有机整体，在局部并未出现或者并不明显的新性质由此产生。"

"这并不是说我们要放弃分类科学，这种方法曾经为人类带来许多好处，但现在应该同样支持大规模整合系统的研究。"

系统理论、生态学、整体思考的一般观念，与我们变动中的时间观、空间观一样，都对第二次浪潮文明的前提进行过攻击。这些攻击在一个新观点出现后达到极致，那就是事情为什么会发生，即新的因果观。

宇宙游戏室

第二次浪潮文明给我们一种乐观心态，让我们相信我们知道（或者至少可以知道）事情发生的原因。它告诉我们，每一种现象都在时空中占有一个独特、确定的位置，同样的情况一定会产生同样的结果，整个宇宙中充满了"球杆"和"撞球"——原因和结果。

这种机械化的因果论非常有用，可以治疗疾病、建造摩天大楼、设计精巧的机器、组合庞大的机构。虽然这种理论可以有效地解释许多现象，但是其功能只不过相当于一部简单的机器，如果遇上成长、衰退、瞬间突破至较高层次、大变动导致骤然溃败、小事件偶然形成大爆破力量等现象，就无法以因果论进行令人满意的解释。

今天，"牛顿的撞球室"正被推到"宇宙游戏间"的角落去。机械因果论被视为一个特例，可以适用于部分而非所有的现象，世界各地的学者和科学家都在钻研一种新的变化观和因果观，以配合迅速变动中的自然观、进化观、进步观、时间观、空间观和物质观。

出生于日本的认识论专家丸山孙郎（Magoroh Maruyama）、法国社会学家埃德加·莫林（Edgar Morin）、信息理论家斯塔福德·比尔（Stafford Beer）和亨利·拉博里（Henri Laborit）等人都在探索非机械系统生存、死亡、成长、进化和变革的因果关系。比利时诺贝尔奖得主伊利亚·普里果金（Ilya Prigogine）提出了惊人的秩序与混沌、偶然性与必然性的概念及其与因果的关系。

第三次浪潮的因果论部分起源于系统理论的一个重要观念：反馈。最常被用来解释这个观念的例子就是维持室内温度的自动温度调节器。调节器把暖气炉打开，然后控制温度上升。等到屋内足够暖和，就把暖气炉关掉。一旦温度下降，它就会感觉到环境的改变，再把暖气炉打开。

这就是一个反馈过程。保持均衡状态，一旦超出某一水准即压抑改变，我们称之为“消极反馈”，其功能是维持稳定。

在 20 世纪 40 年代末和 50 年代初，信息理论家和系统思想家发现了消极反馈的理论后，开始找寻类似的例子。他们兴奋地在各个领域都发现了近似的稳定保护系统，从生理学（如婴儿维持体温的方法）到政治学（当权者遏制超过容忍限度的反对意见），消极反馈似乎在我们周围随处可见，事物因而得以维持其均衡稳定状态。

20 世纪 60 年代初，丸山孙郎等批评家开始注意到，人们过分注重稳定而忽略了变化。丸山孙郎认为，我们需要加紧研究“积极反馈”——不压抑改变，反而促成改变；不维持稳定，反而向稳定挑战，甚至反抗稳定。他强调，积极反馈可以在系统中容纳微小的差异，将之扩大成威胁结构的庞大压力。

如果说第一种反馈是压抑改变，是“消极的”，那么第二种反馈就是促成改变，是“积极的”，二者都应受到重视。积极反馈可以解释许多以往令人迷惑的因果关系。

积极反馈打破稳定，依赖变动，因此可以用来解释恶性循环与良性循环。还是以自动温度调节器为例，不过这里把它的感应器功能调整一下，屋内足够暖和，调节器不关掉暖气炉，反而把它打开，使温度越来越高。再看看《大富翁》游戏（或真实生活中的经济游戏），玩家钱越多，所能买到的房产越多，可以得到的租金收入越多，因此就越有钱去购买房产。这都是积极反馈的例子。

积极反馈有助于解释自我刺激的现象，比如军备竞赛，苏联造一件新武器，美国就连忙造一件更强的，苏联受到刺激又造一件更强的……最后导致失控的军备竞赛。

如果我们把积极反馈和消极反馈放在一起，看看这两种方式如何在复杂机体（从人脑到经济体系）中交互作用，结果会产生惊人的见解。一旦我们发现任何真正复杂的系统，不论是一个生物组织、一座城市还是国际政治秩序，都可能包括有促成改变和压抑改变的因素，积极反馈和消极反馈也会互相影响，这时我们才开始看到这个世界前所未见的复杂状况，对因果关系的了解又深了一层。

另外还有一层新的认识。我们会进一步了解到，这些促成改变和压抑改变的因素不一定在一开始就存在于生物和社会系统中，可能在开始时付诸阙如，然后逐渐滋长，有时是源自变化的结果。一个偶发事件可能因此触发神奇的连锁反应。

这就是为什么变化往往很难追根溯源，也因此充满了令人惊讶之处；这就是为什么一个缓慢平稳的步骤会突然间产生爆炸性的改变，而相反的情形也会发生；这也就是为什么开始时类似的情况，最后却可能产生截然不同的结果。这是用第二次浪潮心态无法了解的。

逐渐成形的第三次浪潮因果论显示出一个交互影响之下的复杂世界、一个充满惊人事物的世界，其中有促成改变也有压抑改变的因素，还有许多其他因素——不只是可预期的撞球相碰，还有在宇宙台球桌上永无止境的互相碰撞。这个世界比第二次浪潮的机械论还要奇妙。

是不是每件事情都如第二次浪潮机械因果论所言，可以根据原则来推论？或者如批评机械论的人所说，是注定无法预测的？我们是被运气还是宿命左右？

第三次浪潮的因果论对于这个古老的矛盾也有令人兴奋的新看法，至少能帮助我们避开决定论者和反决定论者争论不休的二选一陷阱：宿命的必然还是机运的偶然？不落入任何一个陷阱可能是第三次浪潮在哲学上最重大的突破。

白蚁的教训

普里果金博士和他在布鲁塞尔自由大学及得克萨斯大学奥斯汀分校的工作小组，直接攻击第二次浪潮的假设。他们证明，化学和其他结构通过必然与偶然的混合，可以跃入一个更高阶段的差异性和复杂性。普里果金也因此获得诺贝尔化学奖。

普里果金出生于莫斯科，幼年时迁居比利时，年轻时即对时间问题深感兴趣，他对两种相冲突的观念深感困惑：一种观点是物理学家对熵的信念——宇宙的运转正逐渐变慢，所有有组织的形态最后必然会衰退；另一种观点是生物学认为，生命本身就是组织，我们一直在不停地迈向更高阶、更复杂的组织。熵是一个方向，进化又是另一个方向。

这促使普里果金去探讨高等组织形态如何出现，他致力化学和物理学研究多年，就是为了解决这一疑问。

普里果金指出，在任何复杂系统内，从液体分子、脑神经元到都市交通，构成系统的部分永远在进行小规模的改变，不断变迁。系统内部因变化而振动。

有时，消极反馈占上风，这些变化遭到剔除或压抑，系统重获均衡。当积极反馈作用时，有些变化可能大幅膨胀，威胁到整个系统的均衡。外来变化可能在这时出现，加强振动效果，使整体的均衡被破坏，原先的结构被完全摧毁。

不论是内部的变化还是外来的力量，抑或是两者并发，旧均衡状态的崩溃往往不是产生紊乱或破灭，而是在较高层次产生一个全新的结构。这个新结构可能比旧的变异更大，内部交互作用更多，也更为复杂，需要更多的能量、质量（和信息及其他资源）来维持其存在。此系统主要是物理和化学的反应，不过偶尔也可以应用于社会现象，普里果金把这种比较复杂的新系统称为“分散结构”。

也可以这样认为，进化是通过更高层次新分散结构的出现，趋向更复杂、更多变的生物和社会组织。因此，普里果金指出，他的观念除了纯粹的科学意义外，还有政治和哲学意义。他的一篇演讲题为“紊乱中的秩序”，我们引申为“变动中的秩序”。

这种方式的进化不可能用机械模式预先安排。在量子论出现之前，许多第二次浪潮的思想家仍然相信，偶然在变化过程中根本无足轻重。一个作用的开始条件就已经决定了结果。在原子物理学方面，人们已经普遍相信偶然会决定变化。近年来，许多科学家已经开始融合这两个极端，如生物学家雅克·莫诺（Jacques Monod）、社会学家沃尔特·巴克利（Walter Buckley）、认识论专家丸山孙郎。

普里果金不但融合了偶然和必然，而且明确了两者之间的关系。他相信，一个结构跃入一个新的复杂阶段之时，在原则上和实际中都无法预测它会选择哪一种形态。一旦路径决定了，新结构产生了，决定论将再度成为主宰。（这也可用来观察由第二次浪潮文明跃入第三次浪潮文明。）

普里果金还提到一个精彩的例子，白蚁表面上无结构的活动创造出结构严密的蚁巢。它们在地面上随意爬行，到处拾取小片的“黏性物质”，拾来的东西随机运送。可是因为物质中含有一种化学成分，使其他白蚁纷纷为之吸引。

就这样，各处搜集来的黏性物质逐渐叠积成柱状或块状。如果这些叠积物彼此互相隔离，工作就此停止。如果这些叠积物碰巧很接近，则会形成一道拱门，作为蚁巢复杂结构的基础，随机活动亦因而转变成非常严密的非随机结构。我们看到了普里果金所谓的“自然形成的紧密结构”——紊乱中的秩序。

这一现象动摇了旧的因果理论。普里果金说：“今天看来，严格的因果法则只适用于有限的情况，即极为理想的情况，几乎等于变化的同义词，注重复杂化的科学则带来了一个完全不同的观点。”

我们不再被锁在一个步调机械的封闭宇宙中，而是发现自己置身于一个非常有韧性的系统，正如普里果金所说："不稳定随时可能把我们带入某一新的结构，我们真的拥有一个'开放的宇宙'。"

一旦我们超越了第二次浪潮的因果思维方式，开始思索相互影响、促成或压抑改变、系统崩溃和突发的革命性跃迁、分散结构和偶然与必然的混合——总之，只要摘下第二次浪潮的眼罩，我们就会看见一个全新的文明，即第三次浪潮文明。

这个自变化出发而日趋多样的新文明希望能整合自然、进化的新视野，孕育更丰富的时间观、空间观，融合分类主义和整体主义，并加入新的因果理论。

工业时代一度完美地解释了宇宙和其中个体配合的方法，直到现在这一理论仍然十分有效。可是它已经不再被视为到处通用的真理。用明日的眼光来看，第二次浪潮的意识形态将被视为狭隘、自满的观念。

第二次浪潮思想系统的没落使许多人拼命抓住任何一块浮木，从得克萨斯的道教到瑞典的神秘主义，从菲律宾的信心治疗法到威尔士的巫术。他们不为新世界建立一个合适的新文明，只希望输入适用于其他时代的旧观念，重寻生活在截然不同的背景下的老祖先的狂热信仰。

工业时代心理的崩溃，漠视科技、社会、政治的新面目，处处促使人们懒惰地找寻旧日的答案，形成前仆后继、瞬间破灭的假智慧之流。

灵魂的拍卖场上夹杂着沮丧的嘲讽和宗教的虚伪，然而一个积极的新文明正在其中生根，这是一个配合我们的时代和处境的文明。新的整合见解开始出现，有新的象征来了解现实。工业主义的文明碎片被第三次浪潮历史性的改变冲走了，我们可以瞥见新的统一已经崭露头角。

即将解体的第二次浪潮文明的意识形态反映出工业主义君临世界的手段。人对自然的看法建立在破碎的部分之上，也反映出破碎自主的国家观念。今天，我们对自然和事物的看法都有所改变，国家观念也随之调整，这是迈向第三次浪潮文明的另一步。

第二十二章　民族国家的崩溃

国家主义的烈焰正在世界各地熊熊燃烧，菲律宾、埃塞俄比亚等地的解放运动进行得如火如荼，加勒比海的多米尼加、南太平洋的斐济先后宣布独立，派遣代表进入联合国。正当此时，科技文明的世界上发生了一件奇怪的事情，不是新兴国家的崛起，而是旧有国家面临崩溃的威胁。

在第三次浪潮席卷全球之际，第二次浪潮时代的政治单位——国家的首尾都被紧紧地钳住。下压的力量希望把政治权力从国家转移到较小的地区和集团手中；上推的力量希望把权力由国家交给国际性的机构和组织。环顾今日世界，这两股力量已促使高科技国家分裂成势力较弱的小单位。

阿布哈西亚人与得西哥人

1977 年 8 月，三个蒙面人坐在一张临时拼凑成的桌子旁，一边放着一盏灯，另一边放着一根燃烧的蜡烛，一面旗子横在当中。旗上是一张戴着飘扬的头巾的愤怒面孔和四个字母FLNC。一群记者被蒙上眼罩带到此地，这三个今日世界的蒙面人仅露出一双眼睛，陈述他们的故事。他们宣布炸毁了塞拉迪皮诺电视台——科西嘉岛（意大利西岸法属岛屿）唯一的法语电视台。他们希望科西嘉岛脱离法国统治。

巴黎人向来鄙视科西嘉人，法国政府也未曾协助科西嘉岛发展经济，尤其令科西嘉人恼火的是，法国政府在阿尔及利亚战争之后，把外籍兵团都运往科西嘉岛的基地。更过分的是，政府给予前阿尔及利亚殖民地人民特别的补助和权利，让他们能定居于科西嘉岛。大批涌入的外来人口立刻买下岛上许多葡萄园（除旅游业外该岛最主要的经济来源），使科西嘉人感觉自己更像岛屿上的陌生人。今天，这个地中海小岛之于法国，相当于一个小规模的北爱尔兰火药库。

在法国的另一端，长期酝酿的分裂主义近年来声势高涨。布列塔尼一地——法国失业率最高、工资最低的地方，分裂主义分子的活动得到广泛的支持。其中分出许多敌对的党派，并且有一支由恐怖分子组成的队伍，其中有部分成员因破坏凡尔赛宫等公共建筑物而遭逮捕。同时，阿尔萨斯和洛林、朗格多克的一部分，以及其他地区，都纷纷向巴黎要求文化和地域上的自主权。

越过海峡，英国人也从苏格兰人那儿感受到同样的压力，但暴力色彩稍淡。20 世纪 70 年代初，苏格兰自主之说被伦敦引为笑谈。北海石油使苏格兰在经济发展上实现独立后，这就不再是一件可笑的事了。虽然筹组个别苏格兰议会之举在 1979 年遭到封杀，但是独立的压力更大了。英国政府一直偏重于南方的经济发展，苏格兰为此政策所困已久，力主独立的人士现在宣布，苏格兰的经济随时可以起飞，而英国疲惫的经济却一直在拖累苏格兰。

他们希望能有更大的石油控制权，也企图以新的电子业和其他高科技工业取代萧条的钢铁业、造船业。事实上，当英国还在争执是否应发展半导体工业时，苏格兰已经继加利福尼亚州和马萨诸塞州之后，成为世界第三大集成电路装配地。

在英国其他地区如威尔士，分裂主义者的压力也很明显，甚至在康沃尔和韦塞克斯都出现了小型的自主运动，各地区人士要求有自己的法律、立法机构，淘汰落伍工业，引入新的科技。

在比利时，瓦隆人、法兰德斯人和布鲁塞尔人之间的紧张局势已经浮现；在瑞典，一个分裂团体最近赢得了一场胜仗；在联邦德国，苏台德人要求返回他们在捷克边境的老家；还有意大利的南部人、奥地利的斯洛文尼亚人、西班牙的巴斯克人和加泰罗尼亚人、南斯拉夫的克罗地亚人，以及许多比较不为人所熟知的团体。整个欧洲都可以感受到强大的离心压力。

在大西洋的另一边，加拿大魁北克地区的内部危机还没有结束。勒内·勒维克（René Lévesque）当选魁北克独立派总理，资金和企业由蒙特利尔外流，操法语和操英语的加拿大人之间裂痕日深，这些都可能导致国家的分裂。加拿大前总理皮埃尔·特鲁多（Pierre Trudeau）竭力维护国家的统一，他曾警告说："如果分裂的趋势得以应验，我们将眼看着这个国家分崩离析，而它作为一个国家的存在实体和行动能力也将被摧毁。"魁北克并不是唯一的压力来源。在藏油丰富的阿尔伯塔，独立分子的呼声虽然不为外人所熟知，但是具有同样的重要性。

横跨太平洋，澳大利亚和新西兰显示出同样的趋势。珀斯的一位矿业大王朗·汉考克（Lang Hancock）指出，矿藏丰富的西澳大利亚州被迫支付高价换取澳大利亚东部所产的商品。西澳大利亚州声称，它在堪培拉的政界没有得到应有的代表权；在这个幅员辽阔的国家，航空费率受人为操纵，对其不利；政府政策打击外国人在西澳大利亚州投资的意愿。汉考克的办公室外，用金子镶成的招牌上写着："西澳大利亚州分裂运动"。

同时，新西兰也面临分裂的问题。南岛的水力发电供给全国大半的能源需要，但是约占总人口的 1/3 的南岛居民认为，他们并没有享受到好处，工业仍然较北方落后。在达尼丁市长主持的一次会议上，南岛独立运动宣告诞生。

大部分美国人不能想象美国崩溃的后果（大部分加拿大人在 10 年前也不能想象今日情景），但是区域主义的压力日渐加大。目前加利福尼亚州最畅销的一本地下小说，描写的就是西北部争取独立，威胁要炸毁纽约和华盛顿的核矿藏。其他分裂之说也层出不穷。在基辛格担任国家安全顾问时，在呈给他的报告中，有一份即谈到加利福尼亚州和西南部脱离美国，组成西班牙语或双语地区（"西班牙语系的魁北克"）的可能性。曾有人提到把得克萨斯州重新并入墨西哥，组成一个石油强权，称为"得西哥"。

不久以前，我在得克萨斯州奥斯汀一家旅馆的报摊上，买了一份《得克萨斯月刊》（*Texas Monthly*），上面严厉地指责华盛顿对墨西哥城所采取的政策，并说："近年来，我们和墨西哥城的老敌人，似乎比和华盛顿的首领更为接近。北方佬一直在觊觎我们的石油。对于墨西哥希望躲开这种经济帝国主义，得克萨斯州人应该一点儿都不觉得惊讶。”

我还在这个报摊上买了一张非常显眼的保险杠贴纸，上面印着得克萨斯州星号和两个大字——脱离。

这类论调可能相当普遍，不过事实上在美国各地和其他高科技国家内，国家的权威正面临考验，而来自地方的压力日益加大。暂且不谈波多黎各和阿拉斯加独立主义的强烈倾向，以及美国原住民要求自治的呼声，我们仍然可以看出各州之间日益加深的裂痕。根据美国全国州议会的报告，“美国正在进行第二次南北战争，东北部和中西部的工业地区对抗南部和西南部的太阳带”。

一家著名的商业刊物提到“州际二次大战”，认为“不同的经济增长使各地区产生尖锐的冲突”。南部和西部怒气填膺的政府官员也用同样挑剔的语气说，情形相当于“经济南北战争”。根据《纽约时报》的报道，这些官员被白宫的能源计划撩起怒火，“除了没有脱离联邦外，已经发誓要不顾一切保全石油和天然气的供应，以便维护该地区成长中的工业基础”。

西部各州自身也日趋分裂。“土地之友组织”的法律主管杰弗里·奈特（Jeffery Knight）说：“西部各州逐渐发现自己是加利福尼亚州等地的能源殖民地。”

20世纪70年代中期，取暖用石油短缺之际，在得克萨斯州、俄克拉何马州和路易斯安那州出现了一种非常流行的汽车保险杠贴纸，上面写着：“让那些浑蛋冻死在夜里。”路易斯安那州在《纽约时报》上刊登的一则广告中，也透露出一丝脱离的意味。这则广告请求读者“想象一个没有路易斯安那州的美国”。

中西部人士也接到许多建议，要求他们停止“征逐烟囱”，迈向更先进的工业，考虑地方利益。同时，东北部的政府官员也团结起来维护自身的利益。大众的反应可以从“拯救纽约联盟”所刊登的全页广告上窥见端倪，这则广告批评说，由于联邦政策不妥，“纽约正被强奸”，而“纽约人要求施以反击”。

这些挑战式的论调、抗议和暴力，到底意味着什么？答案是绝对无误的：工业革命后国家内部潜在的爆炸性压力。

这些压力中显然有一部分来自能源危机，以及由第二次浪潮转入第三次浪潮的能源基础，还有一部分是第二次浪潮与第三次浪潮工业基础的冲突所致。我们也看到地区性和区域性的经济增长，正和 30 年前全国性的经济一样庞大、复杂、分歧。这些情况形成独立运动和争取自主的经济基础。

然而，不论是公开的分裂主义、区域主义、双语主义、地方自治主义还是分权主义，这些离心力之所以会赢得人们的支持，都是因为政府无法对迅速多样化的社会采取有韧性的应对措施。

工业时代划一的社会在第三次浪潮的影响下宣告分裂，区域、地方、社会、宗教等各个团体越来越不统一。情况和需求都有所分歧，个人也发现了彼此的差异，并且敢于维护其迥异之处。

企业界应对这个问题的方法，就是增加不同的产品线，同时积极执行市场细分政策。

相反，政府官员却发现他们很难按个别需要制定政策。他们被第二次浪潮的政治和官僚结构限制，无法独立应对每一个地区和城市，每一个种族、宗教、社区、性别和民族团体，当然更无法把每一位公民都视为独特的个人。由于情况分歧，国家的决策者多数无视迅速变迁中的地方性需要。如果他们希望了解这些地方性或专门的需求，则往往会被过分详细、无法消化的资料淹没。

反对加拿大分裂主义的杜鲁多早在 1967 年就明确表示："如果政府的一部分、一个省或一个州处于一个非常重要而又特殊的地位，如果它和中央政府的关系有异于其他各省，则此一联邦政府体系根本无法运作。"

结果，华盛顿、伦敦、巴黎、莫斯科的各个政府将不断为划一社会所设计的固定、标准政策应用于渐趋分歧的大众身上。地方需求及个人需求不是被遗忘就是被疏忽了，致使愤怒的火焰趋于白热化。随着多样化的崛起，我们可以预见分裂主义和离心力量日益壮大，威胁到许多国家的统一。

第三次浪潮给各个国家带来了莫大的基层压力。

由上而下

值此之际，我们看到有力的巨爪凌空攫住各个国家。第三次浪潮带来新的问题、新的沟通结构及世界舞台上新的演员，令个别国家的权力大为削弱。

由于许多问题太琐碎、太地方化，中央政府无法有效地处理；同样的道理，层出不穷的新问题中，有些实在太庞大，任何国家都无法独立应对。法国政治思想家德尼·德鲁热蒙（Denis de

Rougemont）认为："国家自认为拥有绝对自主权，可是显然太过渺小，无法在全球层面担任一个实在的角色。我们这28个欧洲国家中，没有一个可以对自己的军事防御能力和经济局面、科技资源……核战争和生态灾害的预防工作放心。"美国、苏联、日本一样办不到。

今天，各国之间紧密的经济联系使任何一个单一的政府都无法独立应付自己的经济或企图隔离通货膨胀。比如我们早先提过的欧元汇率上涨之事，即已超出任何国家的控制能力。宣称内政措施可以"阻止通货膨胀"或"消除失业"的政客，不是过于天真就是在撒谎，因为多数的"经济传染病"都可以穿越国界，通行无阻。国家的经济外壳越来越容易被渗透。

同时，不能封锁经济流通的国界，对于环境的破坏威力更是难以抵抗。如果瑞士的化工厂把废弃物倾倒入莱茵河，污染会经过德国、荷兰，最后到达北海。不论荷兰还是德国自身都无法保证其河流环境。油轮外溢、空气污染、不是故意为之的气候改造、破坏森林，以及其他带有副作用的活动都会横扫国界，边境现在已经荡然无存。

新的全球通信系统更使每一个国家都暴露在外界的侵蚀之下。加拿大人一直很气愤，在边界地区有70多家美国电视台向加拿大观众播送节目。可是这种第二次浪潮的文化渗透方式和第三次浪潮的通信系统——人造卫星、计算机、传真机、收发无线电系统、随处可见的地上电台相比，实在微不足道。

美国参议员乔治·S. 麦高文（George S. McGoven）认为，"'攻打’一个国家的办法之一，就是限制其信息流通，切断跨国公司总公司和海外分公司的联系……在一国外围建立信息围墙……”国际字典里出现了一个新名词——“信息自主”。然而，如何能有效地封锁国境，能封锁多久，颇为令人怀疑。因为在朝第三次浪潮工业基础迈进时，需要发展一个十分错综、敏感、开放的神经网络或所谓的信息系统。任一国家如果企图封锁资料的流通，可能不仅不会有助于它的经济发展，反而会起到阻碍作用。同时，每一项科技突破都会提供一种渗透一国外壳的新途径。

所有的这些发展（新经济问题、新环境问题、新通信科技）都会合起来打击个别国家的地位。正当此时，强大的新角色也出现在世界银幕上，向国家权力发起挑战。

跨国企业

新兴的力量中，最受人瞩目也最为有力的应该算是跨国企业。

过去 25 年，我们目睹的是一个特殊的全球性生产系统，不单是原料和制成品由一个国家运往另一个国家，组织也横跨国界。

跨国企业可能在第一个国家从事研究，在第二个国家制造零件，在第三个国家装配，在第四个国家销售成品，在第五个国家存入剩余基金，可能在十几个国家设有业务机构。自 20 世纪 50 年代中期以来，这一全球游戏的新玩家在规模、重要性、政治权力等各方面都一路扶摇直上。今天，在高科技国家，至少有 1 万家公司在本国之外设有分支机构，其中 2 000 多家公司在 6 个以上的国家设有分公司。

销售额超过10亿美元的382家主要工业公司中，有242家25%以上属于“外国成分”，其中包括销售额、资产、外销、盈余及雇员。经济学家正在为如何定义及评估（并且分类、计算）这些公司而争论不休，不过它们代表这个世界体系中一个重要的新因素及对国家的挑战，乃是不争的事实。

跨国企业的规模如何？1971年的某一天，它们合计拥有2 680亿美元的短期流动资金。根据美国参议院国际贸易委员会的报告，这个数字“为同日全球所有金融机构总数的两倍有余”。相比之下，联合国全年的预算只占此数的1/268。

20世纪70年代初，通用汽车公司的年销售额比比利时或瑞典的GNP都高。这类比较数字令经济学家莱斯特·布朗（Lester Brown）慨言：“一度太阳永不落于大英帝国。今天，太阳会落于大英帝国，但是不会落于像IBM、联合利华、大众和日立等全球性的商业帝国。”

埃克森石油公司的油轮船队比苏联油轮船队的规模大一半。经济学家约瑟夫·威尔钦斯基（Josef Wilczynski）曾在1973年说过一句古怪的话：“只要把10家跨国企业的销售额合起来，就够14个社会主义国家的5 800万名共产党员按美国标准度6个月假的。”

虽然跨国企业被公认为是资本主义的发明，但是事实上在经济互助委员会成员国中，有50多家“社会主义跨国企业”在做生意，包括铺设油管、制造化学药品和滚珠轴承、汲取碱水、制造石棉和行驶轮船。同时，从莫斯科人民银行到黑海和波罗的海的平民保险公司，社会主义的银行和金融机构做生意的对象包括苏黎世、维也纳、伦敦、法兰克福和巴黎。部分马克思主义的理论家现在也认为，“生产国际化是必要的，而且是进步的”。1973年，在销售额超过5亿美元的500家西方私营跨国企业中，有140家和经济互助委员会成员国中的一国或多国有“大量的商业交易”。

跨国企业并非全都来自发达国家。拉丁美洲经济体系中的25个国家最近在农业交易、平价住宅和资本货物方面建立起自己的贸易制度。菲律宾的公司在波斯湾修建深水港，印度的跨国企业在南斯拉夫设电子工厂、在利比亚设钢铁厂、在阿尔及利亚设机具厂。跨国企业的崛起改变了国家的地位。

马克思主义者往往认为政府是企业界权力的辅助者，因此强调二者的利益相同，然而跨国企业时常有着和国家相反的利益，国家亦然。

在英国，跨国企业违反英国的禁运规定；在美国，跨国企业违反关于阿拉伯联合抵制犹太律师事务所的规定。在石油输出国家组织禁运期间，获得配额的国际石油公司在国家与国家之间运送石油，所依据的是其成员国的优先顺序，而不是国家标准。别处的机会一出现，跨国公司对国家的忠诚就立即消失，所以跨国企业在各国之间不断转换工作，逃避环境保证条例，致使各个往来国家互相冲突。

布朗认为，“过去几个世纪以来，全球清楚地划分为独立自主的许多国家。随着成百上千家跨国企业的出现，这些互相排斥的政治实体现在已经被经济机构凌驾于其上了”。

国家在世界上担任唯一主力时所拥有的权力，现在已经大幅减少。

跨国企业茁壮成长，已经承担了部分国家的职能，如外交和高效率地搜集情报。

吉姆·霍根（Jim Hougan）在分析私人情报机构的一篇文章中说：“多国公司的情报需要和美国、法国及其他国家保持一致。事实上，讨论到美国中央情报局、克格勃及其卫星机构的情报战时，绝不能不考虑埃克森、大通银行、三菱、洛克希德、飞利浦等公司所扮演的重要角色。”

跨国企业有时和政府合作，有时又剥削政府，有时执行政府的政策，有时又利用政府来推行其政策，既非太好又非太糟。跨国企业有能力在瞬间调度几十亿美元，有办法发展科技且行动迅速，因此往往可以凌驾于政府之上。

休·斯蒂芬森（Hugh Stephenson）在研究跨国企业对国家的影响时说：“主要问题不在于跨国企业能否超越某一地区的法律和规定，问题是我们的思想和反应结构的奠基是独立自主国家的观念，而跨国企业根本不承认这个观念。”

就全球权力体系而言，跨国企业的崛起削弱了国家的角色，此时正是离心压力即将导致内部分裂之际。

国际组织的出现

跨国企业虽然声名显赫，但并不是世界舞台上唯一的新势力。我们可以看到国际贸易集团的崛起，形成企业界的新形象，还可以看到成长中的宗教、文化、民族活动跨越了国家界线，使彼此互通。我们眼见欧洲的反核示威得到许多国家的响应，也目睹国际政治集团的成立。基督教民主党和社会党都提及要组织超越个别国界的“欧洲党”，欧洲议会的创立使这一主张备受瞩目。

和这些进展旗鼓相当的当属非官方国际组织的蓬勃发展。这些组织的活动领域从教育到海洋勘探，从运动到科学，从园艺到心理治疗，形式有大洋洲足球联盟、拉丁美洲齿科联盟、国际红十字会、国际中小型商业联盟、国际女律师联盟等。这类组织和联盟代表了许多国家的数百万名会员和成千上万家分支机构，有的反映出强烈的政治兴趣，有的则不过问政治的意向。

1963 年，这类超越国界限制的组织据统计有 1 300 多个。到 20 世纪 70 年代中期，数目倍增至 2 600 个。预计到 1985 年会增至 3 500~4 500 个，大约每隔三天就会产生一个新组织。

如果说联合国是“世界性组织”，那么这些知名度较低的团体就是“次级世界性组织”，在 1975 年的预算仅有 15 亿美元，不过这只是其从属单位所掌握资源中的一小部分。它们有自己的工会——设在布鲁塞尔的国际组织工会。它们彼此纵向联系，在国际组织之下，与地方性、区域性、全国性团体互相联络；也通过工会、工作团体、组织会议和任务组合等密切联系，进行横向沟通。

国际组织工会的研究指出，这些国际往来非常密切，据估计，1977 年，1 857 个这类团体之间可辨认的关系竟有 52 075 种之多。许多国际性会议和座谈使这些不同团体的成员得以互相联络。

这些发展迅速的国际联络还不十分成熟，却为即将来临的第三次浪潮世界增添了一个新视野。不过，还有未尽的画面。

国家的角色分量日渐减轻，因为国家不得不设立泛国家机构。

虽然各个国家尽力维护其自主权和行动自由，但是逐步被迫接受自身独立的新限制。

欧洲国家并不十分心甘情愿地成立了共同市场、欧洲议会、欧洲货币系统及专业机构，如欧洲核子研究组织。共同市场税务委员理查德·伯克（Richard Burke）对会员国施压，要求它们改变国内的赋税政策。一度由伦敦和巴黎决定的农工政策，现在全由布鲁塞尔定夺。欧洲议会的成员不顾政府的反对，批准增加 8.4 亿美元的欧洲经济同盟预算。

共同市场可能是泛国家机构最明显的例子，却不是唯一的例子。我们目睹这类多政府组织（3 个或 3 个以上国家的团体或协会）前仆后继地出现，其中包括世界气象组织、国际原子能机构、国际咖啡组织及石油输出国组织。今天全球交通、通信、专利及从稻米到橡胶的各个领域都需要通过这类组织进行联络。同时，这类多政府组织的成员也已倍增，由 1960 年的 139 个增加到 1977 年的 262 个。

国家可以通过这些组织应付较大的问题，同时仍然保有极大的国家决策控制权。不过，许多决策不免会逐渐转入这些比国家组织规模更大的机构手中，或是受其左右。

全球意识

从跨国企业的崛起、国际组织的出现到多政府机构的设立，这些发展都朝同一个方向移动。国家越来越难以采取独立行动，失去了很多自主权。

我们所创造的是一种新式的、多层次的全球游戏，在这种游戏中，不仅有国家参与，而且公司、工会、政治、民族、文化集团、国际组织和泛国家机构都是玩家。在新的全球体系出现之际，已经饱受威胁的各个国家发现它们的行动自由受到了限制，权力不是被取而代之就是消失殆尽。

国家势力的削弱反映出自第三次浪潮来临后所产生的全球新经济形态。以往国家是经济必然的决策单位，现在这个决策单位不仅出现了漏洞，而且被自身的成功淘汰。第一，区域经济的增长已经达到了以往全国经济的水准；第二，国家一手培植出的世界经济规模日益扩张，形成了奇异的新形态。

因此，新的全球经济被大型跨国企业控制，其中包括许多银行和金融企业，都以计算机式的运行速度迅速发展，其财富和信用不受任何国家的管制。它们朝国际货币（不是单一的“世界金元”，而是多种货币和“超货币”）前进，所依据的是现行国家货币或通货的“市场篮子”。资源供需双方的世界性冲突使新经济濒临分裂，不可想象的举债规模使新经济前途成谜。在这种混合经济之下，私营资本主义企业和国有社会主义企业并肩经营，携手合作。其背后的意识形态既非自由放任主义又非马克思主义，而是全球主义（人们认为国家主义已经落伍了）。

第二次浪潮时代，有一批人的利益超越了地方性的范畴，形成国家主义的基础；第三次浪潮时代产生的团体，其利益已超越了国家的范畴，形成全球主义（有时也称为“全球意识”）的基础。

许多人都拥有这种意识，比如跨国企业的经营者、掀起环保运动的人、金融专家、革命分子、知识分子、诗人、画家等。一位著名的美国四星上将曾向我保证“国家已经消失了”。全球主义不只是为一个有限团体的利益着想。正确地说，国家主义者宣称代表全国，而全球主义者声称代表全世界。全球主义的出现被视为进化的必然结果——“宇宙意识”又向前迈进了一步，准备去拥抱苍穹。

总之，从经济、政治到组织、心态，我们所目睹的是一阵内外交攻的炮火，目标是第二次浪潮文明的基石——国家。

许多发展中国家仍然努力要建立一个国家实体，因为国家在以往是工业化所不可或缺的，然而发达国家的竞争已经超越了工业主义，在这些地方，国家的角色正逐渐被取代、逐渐消失。

在未来 10 年之内，我们可以预见新的全球机构即将代表全世界的居民发言。

神话与创新

不论是白宫和克里姆林宫中的专家，还是地方上的老百姓，没有人能够断言新世界体系会是什么模样，将由哪一种新机构来主持区域和全球秩序。不过，我们仍然可以澄清一些流行的神话。

第一个神话是《疯狂轮滑》(*Rollerball*) 和《电视台风云》(*Network*) 等电影所传播的信息：一个无情的坏人宣布世界即将分裂，由跨国企业组成的集团接管。这个神话最常用的预言就是只有一个世界性的能源公司、单一的食品公司、单一的住宅公司、单一的娱乐公司等。这每一家公司都为一个更大的公司所有。

这个简单的形象是根据第二次浪潮的趋势继续呈直线发展而形成的：专业化、极大化、集中化。

这种观点完全没有考虑到现实生活中多样化所展现的奇迹，世界各地文化、宗教、传统的崩溃，变化的速度，前所未有的冲力把高科技国家带入多样化的世界，同时持这种观点的人天真地以为能源、住宅和食物等可以被清楚地划分界线，他们无视促使企业界的结构和目的产生革命的基本变化。简单地说，他们对企业界的形象和结构所持的看法是落伍的第二次浪潮观念。

此外，有人想象地球会被一个集权的“世界政府”控制。这种想法往往是将现有的机构予以扩张，形成一个“世界联邦共和国”、一个“全球无产阶级国家”，或者只不过是一个更大型的联合国。这种想法同样是第二次浪潮原则的直线延伸。

然而，即将出现的既不是一个由公司控制的世界，又不是一个全球政府，而是一个和某些先进企业中的矩阵组织相仿的复杂系统。未来世界中不会有一个或数个金字塔形的全球政府，只会有融合各种利益相同的组织的网络。

比如，我们可能会在未来 10 年内见到一个“海洋矩阵”，其中包括的不完全是国家，还有所有和海洋有关系的地区、城市、公司、环保组织、科学集团等。将来会有新团体加入矩阵，也会有部分团体退出行列。同时，也会有类似的组织结构来处理其他问题——太空矩阵、食物矩阵、运输矩阵、能源矩阵等，彼此互相牵连、互相重叠，形成一个错综开放而非清晰封闭的系统。

总之，在未来的世界体系中，每个单位都像大脑内部的神经元一样互相连接，而不是像官僚组织一样部门划分分明。

在这种情形下，我们预见联合国内将掀起激烈的冲突，争论该机构到底是应该维持目前“国家工会”的形态，还是应该让其他形式的单位（地区、宗教，甚至企业和民族团体）都取得代表地位。

国家因分裂而重组，跨国企业和其他新角色在全球崭露头角，战争的威胁和可能性日益升高，值此之际，我们应该尽力发掘全新的政治形态，为世界带来新秩序，而国家主义在很多方面已经成为一个危险的观念。

第二十三章　甘地与人造卫星

“惊人的震撼”“意外的叛乱”“激烈的变动”……制作标题的人绞尽脑汁搜索适当的词语来形容这个混乱的世界。伊朗的伊斯兰教和动乱令他们瞠目结舌。美元崩溃、发展中国家的新战备、萨尔瓦多和阿富汗爆发叛乱，到处都是被视为毫无关联的随机事件。有人告诉我们，世界正走向一片混乱。

然而，许多漫无法纪的事件并非真的无迹可寻。新文明的出现必定会粉碎旧关系，推翻老政权，动摇金融系统。表面上混乱其实是大规模地调整权力，以迎接新文明。

如果我们视今日为第二次浪潮文明的黄昏，那么触目所见的景象不免令人生出恻隐之心。工业文明在接近尾声之际，留下的是一个 1/4 的人口过着富裕生活，3/4 的人口却生活于贫穷中的世界——8 亿人口属于世界银行所谓的“绝对”贫穷，7 亿人口粮食不足，5.5 亿人口是文盲，大约 12 亿人口得不到公共医疗设备，甚至没有安全的饮用水，这就是工业时代结束时的情景。

在这个世界上，有二三十个工业国家依赖廉价能源和原料来繁荣经济。国际货币基金组织、关税与贸易总协定、世界银行、经济互助委员会等全球性的组织管制金融和贸易，以保护第二次浪潮强权的利益。许多发展中国家为了满足发达国家的需要，只剩下“单一产品”的经济。

第二次浪潮的战略

第三次浪潮的迅速崛起不仅预言了第二次浪潮王国的结束，而且突破了我们传统上消灭贫穷的想法。

从20世纪40年代末开始，缩小世界贫富差距所采用的策略只有一个，我称之为第二次浪潮战略。

这个战略的前提是：第二次浪潮社会是进化的极限，所有的社会想要解决自身的问题，都必须像西方国家、苏联、日本一样进行工业革命。所谓的进步是把众多人口由农业转向批量生产，再加上都市化、标准化和其他第二次浪潮的特征。简而言之，进步就等于一心一意地模仿成功的模式。

各国政府都努力执行此计划。少数国家（比如韩国）由于情况特殊，得以成功建立了一个第二次浪潮的社会，但是大多数国家的努力都遭到了挫败。

这些发展中国家的相继失败可以归咎于许多颇为令人信服的原因，如新殖民主义、规划不佳、贪污、宗教落伍、部落意识、跨国企业、美国中央情报局、进步太慢、进步太快。然而，不论其原因为何，事实都摆在眼前，依照第二次浪潮模式进行工业化，失败的机会远比成功的机会大。

伊朗就是最明显的例子。

1975 年，专制的伊朗国王夸下海口，他要追随第二次浪潮战略，使伊朗成为中东最先进的工业化国家。《新闻周刊》(*Newsweek*) 在报道中说：“伊朗国王手下的建筑工人辛辛苦苦地兴建起一系列辉煌灿烂的工厂、水坝、铁路、公路及工业革命所需的一切配件。”1978 年 6 月，各国际银行仍然争着以极低的利息大量贷款给波斯湾造船公司、麻沙登纺织公司、国营电力公司塔发尼、伊斯法汉的钢铁区及伊朗铝业公司等。

这些企业应该会使伊朗成为一个“现代化”的国家，但贪污之风弥漫了德黑兰。惹眼的消费行为使贫富对立的局势日益恶化。外国企业（大半是美国公司）在此得到绝佳的发展机会。(一位德国经理在德黑兰的待遇比在他自己的国家要多 1/3，可是他的下属只能得到相当于德国工人 1/10 的收入。) 都市的中产阶层如同苦海中的孤岛。除了石油外，市场上所生产的货物有 2/3 是由全国 1/10 的人口在德黑兰消费的。乡下的收入只及城里的 1/5，郊区民众始终生活在困苦之中。

主持德黑兰政局的百万富翁、将军、技术专家均接受西方教育，企图采用第二次浪潮战略，他们认为进步在本质上是一个经济过程。宗教、文化、家庭生活、特殊角色，只要金钱到位，都会自动就绪。文化本位毫无意义，因为他们在工业主义的笼罩下，看到这个世界日趋标准化，而非多样化。“抗拒西方”的观念被内阁直斥为“落伍”，而内阁成员中有 90% 曾受教于哈佛大学、加利福尼亚大学伯克利分校和其他欧洲大学。

除了部分特殊情况如石油和伊斯兰教的混合外，伊朗境内的情况在其他追随第二次浪潮战略的国家内也是司空见惯的。从亚洲、非洲到拉丁美洲，许多贫穷社会的情形多半大同小异。

德黑兰政权的垮台激起了其他政府之间的广泛争论，从马尼拉到墨西哥城都有回响。人们经常提到的一个问题就是有关改变的速度。速度是不是太快了？伊朗人遭受到未来的冲击了吗？纵使拥有石油的收益，政府能够迅速制造出一个广大的中产阶层，以避免革命和动乱吗？伊朗的悲剧，继伊朗一国之后产生的类似高压政权，处处迫使我们对第二次浪潮战略的基本前提持怀疑态度。

传统的工业化是通往进步的唯一途径吗？在工业文明自身已濒临死亡之际，模仿工业模式还有意义吗？

破碎的成功典范

只要第二次浪潮国家维持着“成功”的外貌——安定、富有、更为富有，世界上其他国家就会始终视其为模范。不过，20世纪60年代末，工业主义的危机已经爆发了。

罢工、管制、崩溃、犯罪、心理挫折遍及第二次浪潮世界，杂志上刊登的文章尽是“为什么没有一件事行得通”。能源制度和家庭制度都岌岌可危，价值体系和都市结构都分崩离析。污染、贿赂、通货膨胀、疏离感、寂寞、种族主义、官僚制度、离婚、愚蠢的消费者运动，处处遭到严厉的攻击。经济学家预言金融系统可能会完全崩溃。

同时，全球性的环保运动提出警告，污染、能源和资源的限制可能很快就会危及第二次浪潮国家的正常运行。除此之外，就算第二次浪潮的战略能在发展中国家创造奇迹，也不免会把整个地球变成一座巨型工厂，彻底破坏生态环境。

随着工业主义的危机增加，最发达的国家弥漫着一片愁云惨雾。突然间全世界几百万人不再追究第二次浪潮的战略没有用，反而希望知道为什么人人都要追随一个自身已告分裂的文明。

另一项惊人的发展也促使人们不再认为第二次浪潮战略乃是致富的唯一途径。第二次浪潮的策略假定“你必须先开发，然后你才能发财”，财富是辛勤工作、节俭、严守道德及经济和社会长期变迁的结果。

然而，石油输出国组织的禁运、石油美元突然在中东泛滥成灾等情势使加尔文主义的观念摇摇欲坠。在短短几个月内，意想不到的几十亿美元如潮水般涌入伊朗、沙特阿拉伯、科威特、利比亚及其他几个阿拉伯国家，全世界亲眼见证数不清的财富并不是尾随变迁而来，相反，它是领先一切的变动。在中东，是金钱使人们有兴趣去谋求“发展”，而不是“发展”为人们带来金钱。这种事情以前几乎从未发生过。

同时，发达国家之间的竞争也日趋白热化。《纽约时报》驻东京特派员在报道中说：“韩国的钢铁被用在加利福尼亚州的建筑工地上，中国台湾的电视机行销于欧洲，印度的拖拉机出售给中东国家，中国大陆突然成为一支有潜力的工业力量。处于此种情势下，人们希望知道发展中国家对日本、美国和欧洲等发达国家和地区的既成工业会产生多大的威胁。”

法国钢铁工人的大罢工使这个问题更趋明朗。工人要求结束“工业大屠杀”，示威者占据了埃菲尔铁塔。在较为发达的工业国家中，第二次浪潮企业及其政治盟友大肆抨击“工作机会外销”，以及把工业化输往较落后国家的政策。

总之，世界各地都满腹狐疑，不知道以往大力鼓吹的第二次浪潮战略能不能够，甚至应不应该行得通。

第一次浪潮战略

发达国家面对第二次浪潮战略的失败，慑于发展中国家要求重新检讨全球经济的呼声，并且担心它们自身不可知的未来，在20世纪70年代已经开始拟定应对贫穷的新策略。

一夜之间，许多政府和“开发机构”，包括世界银行、美国国际开发署，都纷纷改用所谓的第一次浪潮战略。

这个战略和第二次浪潮战略刚好相反，它既不压榨农民，又不强迫他们迁入过分拥挤的城市，只是重新强调乡村开发工作。它不集中生产赚钱的作物以外销，只是鼓励粮食自给自足；它不盲目争取更高的GNP，也不相信利润会自动惠及穷人，只是呼吁人们将资源直接投入“人类的需要”。

新的做法不推销节省劳工的科技，只是强调低成本、低能源、低技术水准的劳动密集型生产。这种做法不主张建大钢厂和大都市工厂，而偏爱为乡村设计的分散式小规模设备。

第一次浪潮战略的支持者完全推翻了第二次浪潮的论调，他们认为许多工业科技对发展中国家而言不啻为一种灾难。机器坏了，没有人修理，成本高昂，原料必须依赖进口，而受过训练的劳工人手又不足。因此，新的论调认为，我们需要的是“适当的科技”，有时也称为“中度”“软性”或“选择性”科技，总之是“介于镰刀和收割机之间”的科技。

开发这类科技的机构很快就遍布了美国和欧洲，1965 年在英国成立的中度科技发展集团就是早期的一个例子。发展中国家也成立了此类机构，并且开始进行小规模的科技创新工作。

博茨瓦纳的莫丘迪农民工作团已经研发出一种用牛或驴来拉的农具，可以在单双行垦殖的犁田用于播种、喷洒农药。冈比亚的农业部采用一种塞内加尔的工具架，这种工具架可以配合使用于犁田板、落花生捡拾器、播种机和筑垄机上。在加纳，工作已经进展到打谷机、啤酒渣压榨机、木制香蕉榨汁机。

第一次浪潮战略还有更广泛的用途。1978 年，当时的印度新政府虽然仍受累于高昂的石油和肥料价格，以及甘地政府带来的第二次浪潮战略，但是已采取措施，禁止机械化纺织作业的扩张，鼓励人们用手动织布机代替动力织布。这种做法的目的不仅是增加就业，而且是以乡村工业来遏制城市化的进展。

这种新观念当然有其深远的意义。它缓和了人们迁往城市的速度，使穷人居住的乡村更有生气。就生态因素而言，这是明智之举。它强调利用廉价的当地资源，而不要使用昂贵的进口资源，“效率”之传统、狭隘的定义遭到挑战。在开发的过程中，当地的习俗和文化重新被列入考虑因素之内。改善穷人的环境受到重视，人们不再寄希望于经过富人之手，把资本转分给穷人。

第一次浪潮战略虽然备受好评，但是终究只能改善第一次浪潮的恶劣处境，而不能有所突破。它治标不治本，而世界上许多政府也抱着同样的想法。

印度尼西亚总统苏哈托说出了许多人的意见，他认为这种战略“可能形成新的帝国主义。如果西方国家只致力于小规模的草根计划，我们的痛苦可能会稍微减轻，但是我们永远不会有所成长”。

劳动密集型工业忽然受到青睐，也被认为对富人有利。发展中国家停留在第一次浪潮状况越久，能打入已呈现饱和状态的世界市场的竞争性货物越少；留在农场上越久，新吸收的石油、瓦斯和其他稀有资源越少，而且政治势力越强，越不会惹麻烦。同时，第一次浪潮战略有一种盛气凌人的假设，那就是认为其他生产因素必须请求经济，但是劳工的时间和精力无须如此，在稻田里终日辛劳没有关系，只要是由别人代劳就行了。

非洲经济开发和计划中心主管萨米尔·阿明（Samir Amin）的话可能代表这一派许多人的观点，他在提到劳力密集型技术突然间备受瞩目时说：“感谢嬉皮心态，感谢重回黄金时代和野蛮文明的神话，感谢资本主义世界的批评者。”

更糟糕的是，第一次浪潮战略危险地抨击先进的科学和技术。许多现在大力鼓吹的“适当的科技”，甚至比美国农民在1776年所使用的工具更为原始，更接近镰刀，而不像收割机。美国和欧洲农民在150年前开始采用“适当的科技”的时候，他们把木耙齿换成钢耙齿和铁犁，并没有反对一代代累积下来的工程和冶金知识，他们掌握了知识。

根据最近的记述，1855年巴黎博览会上展示了新发明的打谷机。

在操作各种机器时，有 6 个人同时用连枷打谷。下面就是一小时工作后的结果：

6 个人用连枷打谷……………………………………36 升小麦
比利时制打谷机……………………………………150 升小麦
法国制打谷机………………………………………250 升小麦
英国制打谷机………………………………………410 升小麦
美国制打谷机………………………………………740 升小麦

只有那些从来没有辛苦劳作过的工作者，才会轻易否定早在 1855 年就能比人工快 123 倍的打谷机。

我们现在所谓的“先进科学”，大半都是发达国家的科学家为了解决发达国家的问题发展出来的，他们很少针对发展中国家的日常问题进行研究。然而，任何盲目推动科学和科技知识的“开发政策”，都会使成千上万个饥饿、劳苦、绝望的农民陷入万劫不复之地。

遇上适当的场合和时机，第一次浪潮战略可以改善大部分人的生活。然而，我们无法证明，任何稍具规模的国家可以利用第一次浪潮的方法实现足够的生产，然后投资于自身的改造。事实上，许多证据显示情况正好相反。

第一次浪潮战略只是一个对付不景气的战略，对发展中国家而言，其适用程度比不上第二次浪潮战略。

在这个日趋多样化的世界，我们必须发明各种新的战略，不要在目前的工业模式或者工业时代以前的旧模式中搜索。我们应该睁眼瞧瞧未来了。

第三次浪潮的问题

难道我们就得永远沉溺在这两种过时的观点之间了吗？我特意把这两种战略描写得比较夸张，以便凸显两者的区别。在真实世界，没有一个政府能够遵循抽象的理论，许多政府希望能够将两种政策予以合并。然而，第三次浪潮的来临显示我们不再需要在这两个公式间摇摆了。

第三次浪潮的到来改变了所有的事物。高科技世界的理论，不论是资本主义还是马克思主义，都无法解决“发展中世界”的问题，现存的模式没有办法完全搬用，在第一次浪潮社会和快速成型的第三次浪潮文明之间浮现出一种奇异的新关系。

我们常常看到人们幼稚地想“开发”一种第一次浪潮国家，使用的却是完全不协调的第二次浪潮战略：批量生产、大众传播、工厂式教育、英国式议会政府、国家组织。他们完全没有考虑到，要想成功施行这些战略，就必须击溃传统的家庭和婚姻习俗、宗教、角色安排，这意味着整个文化会被连根拔起。

第三次浪潮文明正好相反，其拥有许多特色：分散式生产、适当的规模、可再生的能源、疏散都市人口、在家中工作、自己生产自己消费等。这些活动相当接近第一次浪潮社会的模式，看起来似乎是时光倒流。

这就是为什么今天许多惊人的新发明都像是旧日回忆加了一个彗星尾巴而已。在迅速崛起的第三次浪潮社会，这种似曾相识的神秘感吸引人们投入昔日的乡村生活。今天，最令人惊讶的事情莫过于，第一次浪潮文明和第三次浪潮文明两者在很多方面是一致的。

这种奇异的一致性会不会使今日许多第一次浪潮国家具备部分第三次浪潮文明的特色呢？不需要吞下整个药片，不需要完全抛弃自身的文化，不需要经过第二次浪潮的开发阶段，对某些国家而言，引入第三次浪潮结构会不会比传统的工业化方法更为容易呢？

一个社会现在有没有可能不用将所有的精力都投入交易生产，就能够获得较高的物质生活水准呢？根据第三次浪潮所提出的众多选择，人们能不能不抛弃自身的宗教和价值观，不拥抱传播第二次浪潮文明的物质主义，而仍然能够降低婴儿死亡率，延长寿命，改善教育水平、营养和一般生活品质呢？

明日的“发展”战略不会来自华盛顿、莫斯科、巴黎或日内瓦，而会来自非洲、亚洲和拉丁美洲。这些战略是符合当地需要的固有文明之产物，它们不会过分偏重经济而牺牲了生态、文化宗教、家庭组织和心理的存在空间，不会模仿任何外来的模式，不论是第一次浪潮、第二次浪潮还是第三次浪潮的模式。

不过，第三次浪潮的出现给了我们一个崭新的观点，并使世界上最穷和最富的国家都得到全新的机会。

太阳、河虾与晶片

第一次浪潮和第三次浪潮文明之间有许多相似之处，显示在未来 10 年内，我们也许可以将过去和未来混合成一个更新、更好的现在。

以能源为例。进入第三次浪潮文明的国家经常谈及能源危机，可是人们往往会忘记第一次浪潮社会也有能源危机。他们在薄弱的基础上应该建立起什么样的能源制度呢?

当然，他们需要第二次浪潮时代集中化的大型化石燃料发电厂。印度科学家阿穆利亚·库马尔·N. 雷迪（Amulya Kumar N. Reddy）发现，这类社会最迫切需要的是乡村的分散式能源，而非供应都市需要的集中式能源。

一户自己没有土地的印度农民现在每天要花 6 个小时找寻煮食和取暖用的木柴，另外花 4~6 个小时从井中取水，再花同样长的时间饲养牛羊。雷迪说:“这种家庭无力雇用劳工，也买不起节省劳力的工具，因此最合理的做法就是至少生育 3 个孩子以满足劳力需要。”雷迪指出，农村能源制度可能是一种极佳的避孕方法。

雷迪研究农村能源需求之后，发现只要有一座小型廉价的沼气工厂，就可以利用农村居民和动物的排泄物满足当地的能源需要。并且他证明，设立几千座这类小工厂比设立几座大工厂的效用要大，而且更经济、更符合生态标准。

从孟加拉国到斐济，各个国家都开展了沼气的研究和装置计划。印度已经拥有 1.2 万座工厂，其目标是 10 万座。中国大陆计划在四川修建 20 万座家庭用的沼气装置。韩国已经拥有 29 450 座，并希望在 1985 年能达到 55 000 座。

在新德里郊外，著名的未来学家兼商人贾格迪什·卡普尔（Jagdish Kapur）利用一座沼气工厂把一块占地 10 英亩的不毛之地改造成世界著名的“太阳农场”。这座农场不仅可以生产足够他的家人和雇工所需的谷物、水果和蔬菜，而且仍有成吨的食物可以转售到市场上谋利。

印度科技中心也设计出一座10千瓦的太阳能工厂，供应农村电力，用以照明、运转汲水机器，为社区电视和收音机发电。在泰米尔纳德邦的马德拉斯（现称金奈），政府当局装设了一座靠太阳能发电的脱盐工厂。靠近新德里的中央电子公司也建了一座示范屋，用光伏太阳能电池来发电。

以色列分子生物学家哈伊姆·阿维夫（Haim Aviv）提议在西奈半岛进行一项埃及–以色列联合农工计划，利用埃及的水和以色列先进的灌溉技术生产木薯或甘蔗，再用以制造汽车燃料用的乙醇。计划中还包括用甘蔗副产品饲养牛羊，用纤维素废物供应造纸工厂，形成一个完整的生态圈。阿维夫建议在非洲、东南亚和拉丁美洲等地实施同样的计划。

第二次浪潮文明所带来的能源危机为世界上许多较贫穷地区的能源生产（不论是集中式生产、分散式生产，还是大规模生产）都带来了很多新观念。第一次浪潮社会和第三次浪潮社会有许多十分相似的问题，而两者都不能仰仗为第二次浪潮时代设计的能源方法。

那么，农业如何呢？第三次浪潮仍然把我们带入一个与传统不同的方向。设在亚利桑那州图森的环境研究实验室用水槽将河虾养殖在温室中，让其与黄瓜和莴苣为伍，利用河虾的排泄物作为蔬菜的肥料。佛蒙特州的实验人员也用同样的方法养殖鲶鱼、鳟鱼和种植蔬菜。鱼缸里的水收集太阳能，到晚上再放出来，从而维持室内的温度，鱼的排泄物则可以用作蔬菜的肥料。

马萨诸塞州的新炼金术研究所则把鸡饲养在大鱼缸上面，利用其粪便滋养海藻，鱼则靠吃海藻维生。这些只是食品生产和食品处理新构想中的一部分，这些创意对当前的第一次浪潮社会具有特殊的意义。

南加利福尼亚大学未来研究中心所做的“未来20年世界食物供给趋势”预测指出，几项重要的发现可能会全面减少人造肥料的需求量。根据该中心的研究，到1996年，我们有九成把握能使用廉价的可控制天然肥料，氮化肥料的需求量将会减少15%，同时，固氮谷物很可能也会出现，使肥料的需求量进一步减少。

这份报告更加“肯定”了将会有新的谷物品种出现，其在无灌溉土地上单位产量更高，增加25%~50%。报告中还提出一种“滴漏式”灌溉方法，利用分散的风力水井和动物运送的井水，可以大量增加收购量，减小每年的收成波动。

同时，由于作为牛羊饲料的粮草只需要极少的水量，在干燥地带牲口的负载量可以增加一倍；由于对营养组合有了更深入的了解，热带地区的非谷物产量有可能提高30%；疫病控制方面的突破可以大量减少谷物损失；低成本的汲水方法、孑孓蝇的控制为饲养家畜开拓了一个新领域；此外，还有许多其他方面的进展。

长期而言，我们可以预测农业将朝“能源农庄”的方向发展：为能源生产而购置作物。最后，我们会看到气候改造、计算机、卫星监控、遗传学融为一体，使世界食物供给产生大革命。

今天，这些可能性并不会把食物送入一个饥饿农民的肚子里，但是第一次浪潮政府在拟订长期农业计划时必须考虑到这些新方法的发展潜力，设法将锄头和计算机合并使用。

新的科技配合着第三次浪潮文明也开启了新的机会。已故未来学家约翰·麦克黑尔（John McHale）和他的妻子在一部出色的研究著作《人类基本需要》（*Basic Human Needs*）中认为，生物科技的卓越进展可以使第一次浪潮社会改头换面。这类科技包括海洋农业、利用昆虫和其他有机物从事生产性的工作、通过微生物将纤维素废物加工成人造肉、将大戟属植物转变成无硫燃料。许多第一次浪潮国家也有潜力发展“绿色药物”，从以往不为人所熟知或人们不会充分利用的植物中制造药物。

其他方面的发展也动摇了传统的开发观念。许多第一次浪潮国家最敏感的问题就是大量失业。这一事件引起第一次浪潮和第二次浪潮支持者激烈的辩论。一方主张批量生产的工业不需要使用太多劳工，因此开发工作应着眼于小规模、技术不太先进的工厂，以消化较多的人工、较少的资本和能源；另一方则认为应当引进发达国家淘汰的第二次浪潮工业，如钢铁、汽车、制鞋、纺织等。

不过，急着建第二次浪潮的钢铁厂，可能和建马车工厂一样不明智。设立一座工厂可能是出于许多政策上的考虑，但是新的合成材料在强度、韧度和重量上都比铝要理想数倍，新的透明材料和钢铁一样坚韧，加压塑胶灰泥取代了镀锌水管，在种种新发明的冲击下，钢铁需求量的好景还能维持多久？产量什么时候会呈现过剩景象？根据印度科学家M. S. 艾杨格（M. S. Iyengar）的看法，这些新发明会使“一直呈直线发展的钢铁和铝业生产变得落伍”。也许发展中国家在找寻贷款或国外投资来扩充钢铁产量之前，应该先了解“材料寿限”。

第三次浪潮也带来了更为直接的措施。瑞典隆德大学主持研究战略计划的瓦尔德·莫尔豪斯（Ward Morehouse）认为，发展中国家的眼光应该超越第一次浪潮的小规模工业和第二次浪潮的大规模集中工业，而专注于第三次浪潮的主要工业之一——微型计算机。

莫尔豪斯说："过分强调低生产力的劳动密集型技术，对发展中国家而言可能会是一个陷阱。"他指出，计算机晶片工业的生产力呈现惊人的发展，"对缺乏资金的发展中国家而言，每单位投入资金能得到较大的产出，这当然是极为有利的"。

但是，更重要的是第三次浪潮科技和现行社会措施的配合。莫尔豪斯说，微型计算机多样化的产品显示出"发展中国家可以采纳一种基本的技术，用以配合其社会需要和原料生产。微型计算机工业适合分散化的生产"。

大都市人口的压力会因而降低，小规模的发展还可以降低运输成本。最重要的是这种生产形式的能源需求量很小，市场成长迅速、竞争激烈，即使发达国家想独占这些工业，也不可能称心如意。

最先进的第三次浪潮工业符合发展中国家的需要，持这种看法的并不是只有莫尔豪斯一人。斯坦福大学集成电路实验室副主任罗杰·梅伦（Roger Melen）说："工业世界把大家迁往城市去生产，现在我们要把工厂和劳工疏散回乡。有些国家始终没有脱离17世纪的农业经济，比如中国。在现在看来，它们可以吸收新的生产技术，而无须移动所有的人口。"

果真如此，第三次浪潮为人类对抗贫穷提供了新的科技策略。

第三次浪潮对运输和通信的需要提出新的看法。工业革命时期，道路是社会、政治和经济发展的必要条件。今天，电子通信系统变成了要件。人们一度认为通信是经济发展的自然产物，现在，阿瑟·D. 利特尔研究公司的总裁约翰·马吉（John Magee）说：“这是一个过时的观念，电信是前提而非结果。”

通信成本的直线下降表明，通信已经取代了许多运输的功能。就长期而言，先进的通信系统可能比昂贵的分支道路系统更便宜、更节省能源，也更合乎需求。当然，道路运输仍然有其需要，但是随着生产的分散，运输成本可以大大降低，而城、乡和世界均不会互相孤立。

越来越多的第一次浪潮国家领袖开始注意到通信的重要性，他们开始要求重新分配世界上的电子光谱，因为第二次浪潮强国开发电子通信在先，控制了可用的频率。美国和苏联就使用了25%的短波无线电谱，占了光谱中较精密部分的很大比例。

然而，光谱就像洋底、地球上的空气一样，属于每一个人，而不是为少数人所独有。因此，许多第一次浪潮国家认为光谱是一种稀有资源，希望能分享其利，虽然它们目前缺乏使用的设备。（它们认为在它们有能力自行使用之前，可以“出租”自己的权利。）在美国和苏联的反对下，它们要求建立“世界信息新秩序”。

然而，更大的问题来自这些国家内部，如何将有限的资源分配于电信和运输两方面。这也是科技尖端国家必须解决的问题。低成本的地面电台、计算机化的农场灌溉系统、地面探测器、供农村工业使用的廉价计算机终端机等设备也许可以帮助第一次浪潮国家避免承受第二次浪潮国家沉重的运输支出。这些观点在今天看来的确像乌托邦，可是不久就会成为泛泛之见了。

不久之前，印度尼西亚总统苏哈托用一把传统宝剑的剑尖按下一个电子按钮，连接印度尼西亚各群岛的卫星通信系统就此开启，这听起来好像是一个世纪以前连接美国两岸的铁路在启用时展示镀金钉尖的故事，这也象征着第三次浪潮带给企求突破的国家一些新的选择。

能源、农业、科技、通信各方面的新发展还蕴含着更深刻的意义：融合过去和未来、第一次浪潮社会和第三次浪潮的新社会。

我们可以勾画出一个新的突破策略：融合低人口流量、以农庄为主、资本低廉的乡村工业和少数精心选择、高人口流量的科技，再以一个经济制度来防堵或推行这两者。

卡普尔曾说："在人类最先进的科学、科技与甘地主张的田园生活、乡野老农之间出现了新的平衡。"卡普尔认为，这种混合的实现需要社会"彻头彻尾的改变，包括心态、价值观、教育制度、奖励方式、能源流程、科学和工业研究，以及其他许多机构一起改变"。

然而，越来越多目光长远的思想家、社会分析家、学者和科学家相信，这种转变现在已经开始了，我们被带入一个崭新的时代。简而言之，就是甘地加上人造卫星。

富有创意的产消合一者

未来的改变将会涵盖个人和市场的经济关系，资本主义市场和社会主义市场都不例外。我们不得不了解个人在生产和产消合一方面所投入的时间与劳力，也就是说为市场报酬而工作和为个人而工作各占多少比例。

大部分第一次浪潮时代的人已经陷入了货币系统。然而，货币收入虽然对穷人的生存极为重要，但是为交易而生产只是他们收入的一部分，自己生产自己消费则是另一部分的收入。

第三次浪潮刺激我们从一个崭新的角度观察这一情况。在各个国家内，有几百万失业人口，对这些国家而言，完全就业是一个实际的目标吗？目前有任何政策可以提供全职工作机会给这些失业者吗？瑞典经济学家贡纳尔·默达尔（Gunnar Myrdal）认为，“失业”一词根本就是第二次浪潮时代的观念，他的看法正确吗？

来自世界银行的保罗·斯特里坦（Paul Streeten）认为：“问题不在于失业，失业是一个西方的观念，其前提是薪金雇佣制度、劳动市场、劳动力交换、社会福利的支出。问题是穷人，尤其是乡村穷人的工作没有效率、无利可图。”第三次浪潮带来了一个惊人的现象，今天在发达国家中出现了自己生产自己消费的人，这些人的崛起使我们重新衡量第二次浪潮经济学家的假设和目标。

西方国家的工业革命将大多数经济活动由A部分（产消合一部分）转入B部分（市场部分），也许模仿这一制度本身就是一个错误。

也许产消合一制度应该被视为一股积极的力量，而不是令人遗憾的沉疴。也许大多数人需要的是一个有酬劳的兼职工作，再加上使产消合一者更具“生产力”的新战略。事实上，将这两种经济活动巧妙地结合起来，可能就是数百万失业人口生存的关键。

实际的做法可能就等于“提供资本工具给产消合一者”，发达国家正在采取这种做法。在发达国家，我们看到一个令人兴奋的景象：市场提供大量的资本工具给产消合一者，其中包括洗衣机、手提钻孔机、电池试验装置等。发展中国家正处于水深火热之中，在这个时候提到洗衣机和动力工具似乎毫无道理可言。然而，难道这些国家就无法脱离第一次浪潮文明吗？

法国建筑师约纳·弗里德曼（Yona Friedman）提醒我们世界上的穷人不一定需要工作，他们需要“食物和房子”。工作只是实现这一目的的手段，人们可以自己种粮食，自己盖房子，或者至少分摊部分的工作责任。弗里德曼在联合国教科文组织的一篇报告中指出，政府应当放宽部分土地法和建筑法，以鼓励人们投入产消合一的活动，因为这些法规使穷人难以自己建筑房屋或修缮住宅。

弗里德曼呼吁政府消除这些障碍，帮助人们兴建自己的住宅，给予他们行政上的协助，提供难以取得的原料，甚至从事土地开发工作供应水电。弗里德曼等人认为，帮助产消合一者的重要性不亚于以GNP来衡量的生产能力。

为了提高产消合一者的“生产力”，政府必须重视这方面的科学和技术研究。目前，政府可以用低廉的成本提供简单的工具、社区工厂、有经验的工匠和教师、少许通信设备、动力工具，以及对自建住宅和自垦土地者口头与道义上的支持。

今天，第二次浪潮的教条会使世界上最偏僻地方的穷人都相信，他们自己做的东西还不如批量生产的废物。政府的工作应该是让人们不要轻视自己的贡献，不要推崇第二次浪潮的产品而贬损他们自己的创作，同时政府还应该奖励最佳或最有创意的自建住宅和自制货品，提高产消合一制度的“生产力”。发展中国家的人民如果了解连世界上最富有的人也逐渐迈向产消合一的道路，他们也许会改变以往的态度。在未来社会中，市场和非市场活动的整个关系将因第三次浪潮的来临而呈现崭新的面貌。

第三次浪潮也将非经济和非科技活动提升到一个重要的地位。比如，它让我们以新的眼光来看待教育。大家都同意，教育是开发工作的重心，但究竟是哪一种教育呢?

殖民强权把正式教育带入非洲、印度及其他第一次浪潮社会，他们不是将工厂式的学校原封不动地予以移植，就是建立起模仿他们上流学校的十流翻版。今天世界各地都对第二次浪潮的教育模式产生了疑问，第三次浪潮向第二次浪潮“教室教育”的模式提出挑战。今天我们必须从工作、政治、社会服务甚至娱乐中学习。不论发达国家还是发展中国家，都需要检讨对教育的传统假设。

比如，消除文盲是一个妥当的教育目标吗?如果是，那么文盲的定义是什么?是指不会读写吗?爱丁堡有一所从事未来研究的内维斯学院，著名的人类学家埃德蒙·利奇（Edmund Leach）在该中心发表的一篇具有煽动性的报告指出，读比写有用且易学，不是每个人都需要学习写字。20世纪原创媒介理论家、思想家马歇尔·麦克卢汉（Marshall McLuhan）也主张回归近似许多第一次浪潮社会的口语文化。语言辨识技术的出现为人类带来不可思议的新远景，廉价的新通信工具和小录音机装置在简单的农具上，将会使不识字的农民也能接收口头指示。在这种情况下，识字的定义都应重新调整。

最后，第三次浪潮也促使我们回顾第二次浪潮对奖励制度的传统假设。良好的营养可能会提高孩童的智慧和能力水平，同时，他们的欲望和工作情绪也会因而提高。

第二次浪潮的人常会批评印度村民或者哥伦比亚农民缺乏工作热情。撇开一些不利因素，如营养不良、蛔虫、气候、高压的政治管控等，缺乏工作热情是不是有一部分应该归因于他们不愿意拆散自己目前的家庭和生活，以换取未来不可知的希望？如果“发展”的意义只是将一个完全陌生的文化强加在现有的文化之上，如果实质的进步似乎遥遥无期，一个人当然会尽全力紧握住现有的点滴。

由于第三次浪潮文明和第一次浪潮文明有许多相似之处，未来的改变将会出现较以往更少的破坏、痛苦和冲击，也可能因而动摇所谓的缺乏工作热情这样的批评。

第三次浪潮不仅为能源、科技、农业、经济带来革命性的改变，而且连个人的思想和行为也会受到影响。

起跑线

第三次浪潮文明并没有提供给我们一个可供模仿的现成模式。第三次浪潮文明本身尚未完全成形，但是不论贫富，第三次浪潮都为人类打开了解放之门。我们现在不仅注意到第一次浪潮世界的弱点——贫穷和苦难，而且发掘出它固有的优点。在第二次浪潮标准下显得十分落后的古老文化，如果以第三次浪潮观点来衡量的话，会显现出许多深藏的优点。

这两种文化的汇合在将来必定会改变我们对贫富关系的看法。经济学家萨米尔·阿明认为，我们“完全有必要”打破“错误的矛盾”：是复制今天西方的现代技术，还是选择相当于西方世界一个世纪以前的古老技术？这正是第三次浪潮的贡献。

发展中国家和发达国家都站在同一起跑线上，在这场与众不同的新竞赛中，它们要一起奔向未来。

第二十四章　历史的洪流

10 年前，我们对各种变化之间的关系一无所知。今天，变化之中产生了一个凝聚的形态：未来正在成形。

在历史的洪流中，许多变化的支流汇合在一起，形成日渐澎湃的第三次浪潮。

这一历史性的变化所代表的并不是工业社会直线的延伸，而是方向的骤变——往往呈逆向发展。此转变至少应和 300 年前的工业文明等量齐观。

同时，我们所面对的并不只是一场科技革命，而是一种全新文明的到来。因此，回顾以往的讨论，我们会发现许多领域都发生了巨大的改变。

地球上所存在的每一种文明均会反映或改变人口和资源的结构。每一种文明均有其特殊的科技背景，一个能源基地配合一个生产系统，再搭配一个分配系统；每一种文明也均有其社会背景，其中包括相关社会组织；每一种文明还均有其信息背景，即信息所流通的沟通路径；每一种文明亦均有其权力背景。

除此之外，每一种文明还都有一套独特的对外关系，剥削、共生、武力与和平；同时，每一种文明都有其自身的超意识形态、一套强有力的文化前提，以主宰其价值观，为其所作所为辩护。

日渐明朗的第三次浪潮在各个不同的领域掀起了革命，带来惊天动地的变化，结果不仅分裂了社会，而且创造了新的基础。

第二次浪潮机构在我们眼前崩溃，其罪行日益加深，核心家庭分崩离析，一度令人信赖的官僚制度错误百出，工业社会动荡不安，此时此刻我们只见到周围环绕着衰败和破灭。然而，社会的没落正是新文明的温床。在能源、科技、家庭结构、文化等方面，我们正在为新文明铺设基本架构。

事实上，我们现在才辨认出这些主要的特色，以及其间的关系。令人兴奋的是，新生的第三次浪潮文明不仅在生态和经济方面条理井然，而且只要我们肯投入心力，它就会比以往的时代更为高尚、民主。然而，这些发展绝非水到渠成。在转型期间，我们会经历剧烈的社会变革、惊人的经济波动、局部瘫痪、脱离运动、科技灾难、政治动荡、暴力、战争及战争的威胁。在组织和价值观均呈分崩离析的情况下，独裁主义者将会起而攫夺权力。任何一个稍有思想的人都不会无视可能产生的结果。两种文明的崩溃蕴藏着极大的危险。

然而，我们的希望不在于毁灭，而在于最终的生存。我们必须知道变化之流要将我们带往何处。如果我们能克服短期的危险，眼前将会出现一个怎样的世界？简单地说，什么样的社会将脱颖而出？

明日世界的基础

第三次浪潮文明和以往不同，它必然会带来令人惊讶的各种能源形式，如氢气、太阳能、地热、海浪、生物量、闪电放电、先进的核能源，以及其他 20 世纪 80 年代时人们想象不到的能源形式。（即使再度出现三英里岛核事故，部分核能工厂也仍会继续存在，但是就整体而言，核能将会成为一种昂贵且危险的能源。）

在转换到新能源的过程中，极端不正常的情形将会出现，不是过剩、短缺，就是价格动荡不定，但长期的方向十分清楚，那就是由依赖单一能源的文化进入多能源时代。最后我们将会看到一种自给自足、具有可再生性质的能源制度，取代以往不可再生的能源。

第三次浪潮文明也将依赖多样化的能源，包括生物、遗传、电子、材料科学、外太空及深海作业，部分新科技会需要大量能源，但是大部分第三次浪潮科技所需的能源日渐减少。第三次浪潮科技也不会像以往那样趋向批量生产、危害生态环境。许多科技规模不大，操作容易，一个行业的废弃物将转化为另一个行业的原料。

第三次浪潮文明最基本的原料（也是永远不会匮乏的原料）就是信息加上想象力。有了信息和想象力，人们将会找出当前不可再生能源的替代品，当然，也有随之而来的经济剧变。

随着信息重要性的增强，新文明将会改变教育结构，重新调整科学研究的方向，最重要的是重新组织传播媒体。今天的大众传播，不论是纸质媒体还是电子媒体，都无力应付传播的重荷，提供生存所需的多种文化。第三次浪潮文明不会被少数传播媒体控制，反而会制造出灵敏的多样化媒体，为社会注入个别化的形象。

再往前看，电视会让位给“个人屏幕”——最狭窄的传播方式，一次只传达影像给一个人。我们也许会使用药物，直接脑对脑传播，以及其他目前不甚明朗的电子化学传播方式。这些新科技将会引起许多政治和道德上的争论。

家庭、医院、旅馆、汽车零件，甚至在每一块建筑砖块之内，电子环境都将成为人类生活的一部分。

撇开流行的错误观点不谈，以信息为基础的电子社会将会减少对高成本能源的需要。

这个计算机化（更准确地说是信息化）的社会并不意味着人际关系的泯灭。我们在下一章中将会发现，人们仍旧会受伤、哭泣、欢笑、互相欣赏、玩耍，但是所有活动的背景和以往大不相同。

第三次浪潮的能源形态、科技信息媒体会加速工作环境革命性的改变。工厂仍然会不断建立，但是第三次浪潮的工厂和我们目前所了解的工厂几乎没有任何相似之处，在发达国家里，在工厂工作的人数将会继续减少。

第三次浪潮时代，工厂不再是其他组织模仿的对象，其主要功能也不再是批量生产。第三次浪潮的工厂如今已经在生产多样化、满足顾客需要的产品，其生产方式是采取整体生产和加速生产，使用的能源较少，浪费的原料较少，包含的零件较少，但是需要较高的设计能力。最重要的是，许多机器不是由工人操纵，而是由消费者自己在远程控制。

第三次浪潮工厂的工作不会像第二次浪潮那样重复、无情。机器传送带不再出现，噪声将会减少，工人随意上下班，工作场所非常合乎人情，总有红花绿草与机器辉映，待遇和福利在某一范围内将会随着个人偏好而调整。

第三次浪潮的工厂将会逐渐建筑在大都市之外，会比以往的工厂更小，组织内部单位也较小，每个人自我管理的范围都比以前更大了。

第三次浪潮的办公室和现在的办公室也不一样。办公室中最重要的一部分——纸张，会被大量（不过并非完全）取代。打字机的声音消失了，档案柜被移走了，电子装置可以撤销旧工作，带来新机遇，秘书的角色将会更新。在许多办公桌上来来往往的纸张，一再重打的文化，这一切的重要性都会逐渐消失，而决策的重要性会比以往增强，并且会有更多人参与到决策过程中来。

这些第三次浪潮的工厂和公司将会需要能做出正确判断、消息灵通的人员，单调的反应不在考虑之列，学校将会大幅调整目前的教学方法，以培养这类人才，而不再培养适合第二次浪潮单调作业的人员。

第三次浪潮文明最惊人的改变应该是把工人从办公室和工厂里送回家中。

并不是所有的工作都应该在家中进行，但是低成本的通信工具取代了高成本的交通工具，智力和想象力在生产中的地位日趋重要，体力和单调工作的地位日渐低落，将会有许多人把部分工作移往家中，工厂里剩下的只是必须亲自处理物料的人员。

我们可以从上述现象中揣摩出第三次浪潮的组织结构。有些学者认为，由于信息的重要性日增，大学将取代工厂的地位，成为明日的主力机构。不过这一纯粹来自学术界的观点，所依据的假设是唯有大学才能存储理论知识。这终究只是学院派人士期盼成真的梦想罢了。

跨国企业经营者认为他们的经理室才是未来的轴心；新出现的“信息经理”把计算机室视为新文明的中心；科学家注目于工业研究室；少数嬉皮士梦想重建农业社区，使之成为新世纪文化的中心；其他人可能会描绘出一个注重休闲的欢乐社会。

我的看法不属于上述任何一种，因为我看到的是家庭。

我相信家庭会在第三次浪潮文明中担任重要的角色。产消合一者的崛起、电子住宅的普及、新企业结构的出现、生产的自动化和多样化等现象都表明，家庭将会重新成为未来社会的核心，其经济、医药、教育、社会等各方面的功能都会较以往提高。

然而，任何机构（连家庭也不例外）都不可能扮演以往教堂和工厂的重要角色。因为社会将成为许多新机构的平行组合，而非阶级形式。

这也意味着明日的企业界（以及社会主义的生产组织）将不会凌驾于其他社会机构之上。在第三次浪潮社会，企业仍被视为复杂的组织，同时追求多种目标——不限于利润或生产配额。今天的管理人员只注意到一道底线，聪明的第三次浪潮管理人员却必须监视多道底线。

管理人员的薪水和红利将会反映出这种多职能的新趋势，因为不论出于主动还是被动，今天的企业界都必须兼顾生态、政治、社会、文化和道德等非经济因素。

第二次浪潮的效率观念往往建立在企业界转嫁间接成本给顾客或纳税人的能力上，现在却必须考虑形成延期经济成本的潜在社会、经济和其他成本。第二次浪潮管理人员扭曲的经济思想将会逐渐消失。

第三次浪潮文明出现之后，企业界和其他许多组织都会经历剧烈的变动。第三次浪潮文明不采用流水线的步调，而转向有弹性的韵律和节奏。第三次浪潮文明没有极端标准化的行为、思想、语言和生活方式，有的只是差异性和多样性。第三次浪潮文明不会将人口、能源和其他生活特征集中，而是将一切分散。第三次浪潮文明不以“越大越好”为原则，一味追求极大规模，因为人们将会了解“适当规模”的真谛。第三次浪潮文明不是一个高度集权的社会，它会认清分权决策的价值。

这些改变意味着旧式标准的官僚制度的惊人转变，各种新式的商业、政府、学校等组织将会出现。阶级制度的层级减少，寿命也比较短暂，许多新组织扬弃“一个人一个老板”的原则。这些情形处处显示出更多人得以分享决策权力。

迈入第三次浪潮社会的转型期，短期的失业问题将会出现。20 世纪 50 年代以来，白领阶层和服务工作的大量增加吸收了制造业的闲置人力。今天，白领工作渐趋自动化，目前的问题是传统服务业进一步的扩张能否吸收多余人力。有些国家以强迫雇用的方式，扩大公私官僚制度，输出多余人工，试图掩盖这一问题，但是在第二次浪潮经济结构下，问题仍然无法得到解决。

产消合一在此时显露出其重要性。在第三次浪潮经济下，为自用而生产取代了为交易而生产，为自己而做取代了为市场而做的观念。历时300年之久的市场观念，现在出现了大幅转变，从失业、福利到休闲、工作，所有的经济问题都必须以崭新的方式重新思考。

第三次浪潮也会使人们重新认识到家务工作在经济中扮演的角色，以及主要家务工作人员——妇女角色的基本改变。一度风行全球的市场观念逐渐褪色，未来的文明将出现许多意想不到的情景。

生存在第三次浪潮社会的人会接受自然、进化、进步、时间、空间、物价、因果各方面的新假设。他们的思想不容易再围绕着机器打转，过程、反馈、平衡的观念逐渐取得优势。他们会更加注意连续情况下产生的不连续状况。

新宗教、新科学观、新人性观、新艺术形式都会陆续出现，而且远比工业时代之多样化丰富。在新形成的群众冲突得到解决之前，多种文化仍会制造一些动乱。（目前的法律制度缺乏想象力，而且无法应付一个高度多样化的社会。）

社会差异日益增大，国家的角色分量也日渐减轻，但国家目前仍然是标准化的主力。第三次浪潮的权力将会被重新分配，国家的影响力较以往会变弱，但其他机构的重要性日增，如跨国企业、自治社区、独立的大都市。

在全国性的市场和经济崩溃之际，各区域会得到较大的权力，有些区域的市场和经济已经超越了以往全国性的规模。新的同盟不再以地理位置相近为着眼点，转而注重共同的文化、生态、宗教和经济关系。因此，北美的某一地区与欧洲、日本的某一地区之间的关系，可能比它与邻近地区，甚至中央政府的关系更为密切。各地区之间的联系并不是依靠单一的世界政府，而是新的国际组织所形成的紧密联络网。

除了发达国家外，占有世界人口3/4的非工业世界将会以新的工具来对抗贫穷，它们不再盲目模仿第二次浪潮社会，但是也并不满足于第一次浪潮的状况。新的“发展战略”将会反映出每一个地区的特殊宗教和文化背景，从而减小未来的冲击。

许多国家不愿亲手破坏宗教传统、家庭结构和社交生活，只为了创造另一个工业化的英国、德国或美国，希望能在过去的基础上求发展，汇合第一次浪潮社会的部分特色和第三次浪潮社会的高科技基础。

“实托邦”的概念

我们现在所见到的是一种全新的生活方式，其影响不仅涉及个人，而且波及全球。此处所描述的新文明实在不能被称为乌托邦，因为其中仍然激荡着许多问题，我们将会讨论到一部分的问题——自我意识和集体意识问题，政治问题，公正、平等和道德问题，新经济问题（尤其是就业、福利、自产自销形态之间的关系），这些问题将会引起激烈的争论。

第三次浪潮文明也不是“反乌托邦”，它既不是变本加厉的《1984》（*1984*），又不是活灵活现的《美丽新世界》（*Brave New*

World)。这两部名著及其他千百部科幻小说为未来描绘出高度集权、官僚主义、一切标准化的社会，个别差异被一笔抹杀，而我们现在走向的是一个完全相反的方向。

第三次浪潮为人类带来了巨大的挑战，从生态威胁到核恐怖主义和电子法西斯主义都赫然在目，但是绝非工业主义噩梦的无尽延伸。

我们这里所见到的是一个“实托邦”，它不是一个最好的世界，也不是一个最坏的世界，而是一个较以往略胜一筹的真实世界。实托邦不像乌托邦，不能免于疾病、战争和劣行，也绝非不真实的冰冷神品，当然，更不是过去空幻理想的翻版。

相反，实托邦中并没有乌托邦所标榜的明显缺陷，没有无情的反民主，没有执着的军国主义，不会制造没有面孔的整齐划一的国民，不会毁灭邻国、破坏环境。

总之，实托邦在可实现的现实范围内，给人类提供一个明确的甚至是革命性的选择。

第三次浪潮文明正是一个实托邦的未来。我们可以看到这个文明能容忍个别差异，拥抱（而不是压迫）各个种族、区域、宗教和支流文化。这个文明以家庭为重心。这个文明不是凝固的琥珀，而是创新的脉动，而且从中可以找到相当稳定的地带。这个文明面对着前所未有的历史性抉择，比如遗传和进化，而且必须以新的道德标准来处理这些复杂的问题。这个文明不再需要将全部精力倾注于销售工作。这个文明能够将情感注入艺术之中。这个文明至少基本上是要求民主和人性的，其生物环境较为平衡，而且不会以剥削他人维生。这个文明很难实现，但并非不可能实现。

今天的变化汇入时代的巨流中，指出一种有希望的新文明、一个扬弃落伍工业制度的新选择。

一切变化均指向同一个目标：实托邦。

错误的问题

为什么会发生这种变化？为什么旧日的第二次浪潮文明突然行不通了？为什么新文明的浪潮冲击着旧文明？

没有人知道，即使在300年后的今天，历史学家也仍然不能指出工业革命的“起因”。每一座学术殿堂、每一个哲学学派都有自己的解释。技术决定论者认为是蒸汽机，生态学家说是英国森林遭到砍伐，经济学家归咎于羊毛价格的变动，其他人则强调宗教和文化的改变、改革、启蒙运动等。

在今日世界，我们可以指出许多互为因果的力量。专家认为是石油需求量的增加、世界人口的膨胀、全球污染的威胁改变了地球的结构；有人说是第二次世界大战后科学和技术惊人的进步，以及继之而起的社会和政治变革引起的；有人则强调非工业世界的觉醒，以及廉价能源和原料引起了政治动荡。

一方面，人们可以举出巨大的价值变化——性革命、20世纪60年代的年轻人大反叛、工作态度的急速转变，人们也可以指出加速某类科技变化的军备竞争；另一方面，人们还可以搜索文化和认识层面的改变原因，这些原因可能比宗教改革和启蒙运动两者的结合更为深刻。

我们会发现许多的变化支流在无意间汇成了洪流；我们会发现社会系统中出现了惊人的积极反馈促成某些改变，同时也有消极反馈压抑了其他改变。在这一动荡时期，我们会发现类似科学家普利果金所描述的大“跃迁”——一个简单的结构在偶然的机会下突破原状，进入一个全新的复杂且多样的状况。

我们不会知道第三次浪潮的起因究竟是单一的独立变量还是多层的连锁关系。事实上，探究起因为何可能并不是一个好问题，说不定根本就是一个错误的问题。“第三次浪潮的起因为何？”这是第二次浪潮的一个问题。

这种看法并不是有意忽视因果关系，而是认识不到它的复杂性。然而第三次浪潮并不是历史发展的必然。第二次浪潮文明也许会摇摇欲坠，但这不意味着此处所描述的第三次浪潮文明必定会取而代之。任何力量都有可能会突然改变人类的愿景，战争、经济崩溃、生态灾害都是现成的例子。虽然没有人能够改变历史变化的浪潮，但是我们不能否认必然的宿命和偶然的机遇都是其中的因素。然而，这并不表示我们无力左右其方向。如果我所说的积极反馈不错，那么往往只要轻轻“一扬脚”，就可以带来大规模的改变。

今天，个人、团体和政府的决策都可以使变化之流转变方向。每个人对极力保护第二次浪潮的主张都会有不同的反应。苏联人是一种反应，美国人是一种反应，日本人、法国人、德国人、挪威人又是另一种反应，各个国家之间的差异将会越来越大。

一个国家内部的情形也是如此。小的改变可以产生大的影响，企业、学校、教堂、医院、社区都会受到波及。这就是为什么在一切的变化之中，个人仍有其重要性的道理。

未来的变化是冲突的结果，而不是自然的演进，因此在科技先进的国家里，落后的地区仍旧会致力于完成工业化，希望保护第二次浪潮的工厂和自身的工作，难免会因此与为第三次浪潮科技做准备的先进地区发生正面冲突，这些争执会使社会分裂，但是也会为良好的政治和社会措施制造许多机会。

第二次浪潮支持者和第三次浪潮支持者之间的大冲突并未抹杀其他冲突的重要性。阶级冲突，种族冲突，青年、老年与“中年帝国”的冲突，地区、性别、宗教冲突，都仍然绵延不息。有些冲突会日益尖锐，但是一切的冲突都会受文明冲突的左右，唯有文明冲突才是决定未来的要素。

同时，第三次浪潮带来了两项改变：一是社会更趋多样化，二是变化的速度日益加快。个人和组织承受了巨大的压力，文明冲突也更加尖锐。

个人和组织一向习惯于单调迟缓的变化，现在却发现自己突然必须面对多样高速的变化。个人的决策能力几乎无法承受这种双重压力，结果产生了未来的冲击。

我们只有一个选择：重新调整个人和组织以应付新的局面。

为了人类美好的未来，我们必须付出这份代价。然而，在做任何调整之前，必须以崭新的眼光观察两个尖锐的问题。这两个问题是和我们的存在息息相关却一直为大众所忽视的：人性的未来与未来的政治。

我们现在就开始吧！

第四部分

终局

第二十五章　心理领域

新的文明正在成形，我们该如何自处呢？今天的科技变化和社会动荡是不是意味着友谊、爱情、奉献、分享、关怀的结束？明日的电子奇迹会不会使得人际关系比今日更为空洞？

这些都是该问的问题。这些问题来自合理的恐惧，只有天真的科技专家才可能淡然视之。环视周遭，我们会发现许多明显的心理挫折现象，就像炸弹在我们的“心理世界”开花一样。事实上，我们不仅经历了第二次浪潮科技领域、信息领域、社会领域的相继崩溃，连心理领域也瘫痪了。

发达国家的麻烦早已为人所耳熟能详：青少年自杀率不断上升、酗酒人数直线上升、心理挫折日益普遍、暴力罪行难以遏止。美国的急诊室里挤满了酒鬼、吗啡中毒者、吸食大麻和海洛因的人，不用说，还有精神分裂症患者。

社会工作人员和心理健康机构随处可见。华盛顿一个由总统直接管辖的心理健康委员会宣布，美国有 1/4 的公民都承受着严重的情绪压力。美国全国心理健康中心的一位心理学家认为，几乎没有一个家庭能免于某种形式的情绪不平衡，他说：“对彷徨、困惑、担忧未来的美国社会而言，心理不安是一个严重的问题。”

浮泛的解释和不可靠的统计数据使疲惫不堪的人满腹狐疑，而早期的社会也断然无法作为今日心理健康的标准。总之，今日世界存在一些大错特错的事物。

日常生活中蕴藏着一些可怕的危机。神经受到压迫，怒气一触即发，由在地铁站和加油站发生的枪杀格斗即可窥见端倪。成千上万的人已经疲倦到了极点。

传播工具不断渲染罪犯、怪人、精神不正常者违反社会标准的行为，这使得人们更加困扰不已。在西方国家，一般人对疯狂的行为有一种不正常的浪漫想法，对“杜鹃窝”（疯人院）的病患抱着崇拜的心理。畅销书声称疯狂只是一个神话，加利福尼亚大学伯克利分校出版的一份文学刊物坚决主张，“疯狂、天才、神圣都属于同一王国，应该赋予其同样的称谓和地位”。

同时，几百万人疯狂地找寻自我，希望靠魔术式的治疗法来统一人格，使他们能立即产生亲密和热烈的感受，或者把他们带入更高的意识领域。

20 世纪 70 年代末，一个人类潜力运动由加利福尼亚州向东部发展，一时之间成立了 8 000 个不同的“治疗班”，其中包括各种流派的心理分析、东方宗教、性实验、游戏、复古运动。一篇重要的调查报告指出，“这些技术以整齐的包装到处传送，使用的名称不外乎心灵力学、阿里卡和席尔瓦心灵控制等。超觉静坐和速读一样流行。同时，美国的宗教狂热风起云涌，在全国各地大量筹集资金和征募同道中人”。

比人类潜力运动更重要的是基督教福音运动。这个“再生”运动以穷人和受教育程度较低的人为对象，巧妙地运用高功率的收音机和电视以壮大其声势。宗教贩卖者顺着这股浪潮，派遣追随他们的信徒到处唤醒人们，共同拯救这个在他们眼中颓废堕落的社会。

这股沉郁的风气并没有波及所有的科技先进国家，因此，其他各地的读者可能认为这只是美国一地的现象，而美国本身有部分人士仍然认为这只是另一股浅薄的加利福尼亚州狂热。

每一种观点都有道理。心理挫折与分裂以美国最为明显，而加利福尼亚州又是首当其冲。这种现象反映出有些地方受到第三次浪潮的影响较早，它们也比其他地方更急于推翻第二次浪潮的结构。

事实上，除了美国外，还有许多地区都出现了异常的现象。意大利的罗马和都灵都有恐怖分子横行。在巴黎和一向平静的伦敦，抢劫及暴力事件每日发生数起。芝加哥的老年人晚上不敢上街，纽约的学校和地铁都遭到破坏。加利福尼亚州的一份杂志教导读者如何使用手枪和其他枪支，避免狗类攻击的知识，装置防盗设备和自卫武器，学习自卫课程，以及安装计算机化的安全系统。

我们可以嗅出一股难闻的气息，这正是垂死的第二次浪潮文明发出的气味。

反击寂寞感

如果我们希望为明日文明创造一个充实、睿智的心理领域，就必须认清人类的三种基本需要：共同意识、秩序和意义。首先，我们应该了解第二次浪潮社会的崩溃对这三者所造成的伤害；其次，我们才能为自己及子孙后代设计一个更为健全的心理领域。

任何一个进步的社会都必须能孕育出一种共同意识。共同意识可以去除寂寞感，使人们有一种强烈的归属感。然而，今天培育共同意识的机构都在科技社会的压力下宣告解散，寂寞啃啮着每个人的心灵。

从洛杉矶到列宁格勒（今圣彼得堡），青少年、不快乐的夫妇、单身父母、普通工作人员、老年人都异口同声地抱怨自己被孤立了。父母埋怨孩子忙得没时间探望他们，甚至连电话也不打。在酒吧和洗衣店里，无聊的陌生人向你倾诉心事，被社会学家称为“凄然寡欢，心乱如麻”。单身俱乐部和舞厅成为失意的离婚男女的人肉市场。

寂寞是一个不受重视的经济因素。有多少中上阶层的家庭主妇，由于受不了富裕的郊区住宅中无边的静默，终于走入就业市场，企图维持神志的清醒；有多少宠物是用来打破一室的沉默的。寂寞助长了旅游业和娱乐业的发展，也导致人们滥用药物、情绪沮丧、生产力低下，更创造出“寂寞之心”这个行业，为寂寞的人找寻合适的伴侣。

当然，寂寞的痛苦并不是一件新鲜事，但是寂寞现在已经成为一种众人共有的体验了。

所谓的共同意识并不只是人与人情绪上的愉快联系，而是个人和组织之间强烈的情感。今天，成千上万的人不仅失去了与其他人的联系，而且与他们所参与的机构也毫无牵连，他们渴望能找到值得他们尊敬、爱护及效忠的机构。

企业界就是一个现成的例子。

公司的组织越来越庞大，越来越没有人性，越来越朝多方面发展，工作人员毫无认同感可言。共同意识根本不存在，“企业忠诚”被视为不忠于自我。在一本描述大企业的畅销小说《底线》（*The Bottom Line*）中，女主角对担任高级主管的丈夫说：“企业忠诚？真是恶心。”

除了日本仍采用终身雇佣制度和倡导企业家长作风外（其实就所有劳动力而言，所占的比例也已逐渐缩小），劳资关系日益缩短，而且十分不愉快。虽然企业界努力创造社交机会，比如举办年度郊游、赞助保龄球球队、设计圣诞舞会等，但是大多数劳资关系仍然非常脆弱。

因此，今天几乎没有人对身外的事物产生任何兴趣，而温暖的参与感只有在发生危机、压力、灾害的动乱时才会突然显现出来。20 世纪 60 年代美国的学生运动就曾经带来一股共同意识，今天的反核示威也是如此，但是运动和示威所掀起的情绪转瞬即逝，共同意识仍然缺乏。

社会日趋多样化也是寂寞的来源之一。多样化的社会强调差异而非雷同，人们各有其个性，更能发挥其潜能，但是人和人的接触也更为困难。因为人们越有个性，就越难找到兴趣、价值观、计划、品位完全相同的配偶或情人，连朋友都不容易获得，我们很挑剔来往的人，别人也一样，结果产生了许多不愉快的交情，甚至根本没有交情。

因此，划一社会的崩溃虽然承诺给我们更大的个人发展空间，但是至少在目前让我们饱尝了孤寂的痛苦。如果即将来临的第三次浪潮社会不是冷酷无情、没有良心的，它就必然会正视这一问题，重建共同意识。

我们从何处着手呢？

一旦我们认清寂寞不再是个人问题，而是第二次浪潮机构分裂后所产生的公共问题，我们就可以着手做很多事情。我们可以从共同意识的起点“家庭”开始，扩大已萎缩的机能。

工业革命以后，家庭中年长者的负担就日益减轻，也许现在正是重新赋予它一些责任的时候。只有笨蛋才会希望取消公私机构的养老金制度，或者使老年人和以往一样完全依赖家庭维生，但是我们为什么不可以用减税和其他措施，鼓励各个家庭自己照顾老年人，而不是把他们送到没有人情味的养老院去呢？我们为什么不可以在经济上奖励多代同堂的家庭呢？

同样的原则也可以适用于其他的家庭功能，家庭应该负起更大的教育责任。愿意自己在家中教育孩子的父母，学校应该支持他们，而不是把他们视为怪物和违法之徒，而且家长对学校应该有更大的影响力。同时，学校可以积极培养归属感，不必把学生的个别表现作为评分的依据，而是以全班或小组的表现为衡量标准，这样做会使学生及早明了我们每个人对别人的责任。只要稍加鼓励，教育工作者就会想出许多更好的方法来提高共同意识。

企业界也可以重新建立人际关系。第三次浪潮的生产作业趋向于分权和小工作单位。企业界可以要求员工组成小公司或小企业，彼此直接联系，共同工作，借此提高士气，建立归属感。

把大公司分散成自治的小单位，不仅可以产生新的活力，而且可以建立共同意识。

《经济学人》（*The Economist*）杂志副总编辑诺曼·麦克雷（Norman Macrae）认为，“由 6~17 个人组成的半自治团队可以像朋友一样并肩工作，市场只指导他们应该生产什么形式的产品，每单位产品的报酬如何，然后让他们自行生产”。

麦克雷又说：“成功的朋友团队对社会很有利，也许政府应该给予他们一些补助或者减税优惠。”（这种安排最有趣的地方在于，个人可以在一个营利机构中再创造一个合作团队，或者在社会主义的生产企业中创造一个获利的组织。）

公司也应该仔细研究其退休计划，断然辞退老年员工不仅使他们无法得到正常、全额的薪水，剥夺了他们生产性的角色，而且切断了他们许多的社交关系。为什么不大量采用部分退休计划，或者指派半退休人员参与人手不足的社区服务，让他们做志愿者或支付给他们部分薪水呢？

另一种培养共同意识的方法是使老年人和年轻人重新建立关系。地方上的老年人可以担任“助理教师”或“顾问”，在当地的学校传授他们的技术，或者专门指导一两位学生。依照学校的安排，退休的摄影师可以教授摄影，汽车技工可以教授引擎修理，记账员可以教授记账。在顾问和咨询者之间往往会产生一种超越教学关系的情感。

寂寞并非罪恶，在一个结构分崩离析的社会，寂寞也并不羞耻。伦敦《犹太纪事报》(*Jewish Chronicle*)上刊登的一封公开信中写道:“去一个显然大家都是去找异性朋友的地方,为什么‘不太好’呢?”同样的问题也适用于单身酒吧、舞厅和度假场所。

这封公开信指出,东欧地区的媒人往往能撮合想结婚的人,今天我们也一样需要约会介绍所、婚姻服务等机构。“我们应该敢于公开承认,我们在人际关系和社交生活上都需要帮助。”

我们需要用许多传统和新式的服务来成全寂寞的人。有些人现在要靠杂志上的“寂寞之心”广告来帮助他们找寻伴侣。不久之后,我们可能会在地方上的无线电视服务里看到现身说法征求伴侣的广告。(有人认为,这类节目的收视率一定会吓坏人。)

约会服务只能促成爱侣吗?为什么没有人提供服务或者场地给纯粹想交朋友的人呢?

社会需要这类服务,只要是公司纯正的服务,我们就不必羞见其成。

电信沟通

就长期的社会策略而言,我们应该迅速迈向“电信沟通”。希望重建共同意识的人更应该注意到上下班交通和高度移动性对社交所造成的影响。在第三次浪潮时代,建立共同意识的关键步骤之一就是选择性地以通信代替交通。

一般人担心计算机和电信会剥夺人与人之间的直接接触,使得人际关系更为浮泛,这种看法实在幼稚。事实上,情形正好相反。部分公司和工厂里的人际关系可能会日趋微弱,家庭和地方上的关系却因这些新科技而得以加强。计算机和通信设备可以帮助我们创造共同意识。

新科技的出现可以减少我们上下班的需要，离心力不会再在早晨把我们甩向肤浅的工作关系，而是唤醒我们在家庭中和地方上更重要的社交关系。新科技促使许多人在家中（或家附近的工作中心）工作，形成更美满、更紧密的家庭及更亲切、更理想的生活，电子住宅可能会成为未来典型的“父母公司”。正如我们在前文中所预言的，它会构成一个共同工作的新家庭，连孩子（有时还有外来成员）也能加入工作的行列。

夫妻白天在家中工作了一整天，可能希望晚上能外出散心。（今天典型的朝九晚五工作者回到家时已经疲惫不堪，再也不想出门半步。）通信取代朝九晚五之后，我们会看到邻近地区的餐馆、戏院、酒吧、俱乐部如雨后春笋般崛起，教堂和义务性质的活动又重新出现，这些发展都会增加人与人之间的直接接触。

人与人之间疏远的关系也同样会受到重视。问题不是疏远与否，而是被动和无力的感觉。一个害羞的人或一个病人不能离开家，不能直接面对人群，现在新兴的信息环境可以通过双向的电子设备，让他们立即和国内各地志趣相投的人互相联络，比如棋手、集邮爱好者、诗人、运动迷等。

这些关系虽然疏远，但是治疗寂寞的效果在电视之上，因为电视是单向输送的，被动的收视者无法和屏幕上的影像产生共鸣。

选择性地使用通信工具可以实现电信沟通的目标。

总之，在建立第三次浪潮文明之际，我们可以寻找很多途径来维护和扩大（而不是摧毁）共同意识。

生活需要秩序

重建共同意识只是大流程中的一小部分而已，第二次浪潮机构在崩溃的同时也摧毁了我们生活的秩序和意识。

个人需要有生活秩序。生活中缺乏明显秩序的人就像毫无目标的海上浮木，终会被浪潮吞噬。

秩序可以为我们提供固定的行事标准。这就是为什么对许多人而言，工作在心理上的重要性远超薪水待遇。工作清楚地瓜分了人的时间和精力，给人一个可以自由支配余暇的秩序。女儿对父母的需要、医生照顾病人的责任、信徒和某些国家政党所规定的严格纪律，都为生活规划出一个简单的秩序。

一些年轻人因为找不到明显的秩序，遂使用药物取而代之。心理学家罗洛·梅（Rollo May）认为，“吸食海洛因是年轻人的一种生活方式。年轻人长期以来一直生活在无目标的状态下，他们的秩序就是设法逃避警察、弄到他们想要的钱、想办法再干一次勾当，这些事情赋予他们一种新的活力，扬弃他们以往无秩序的世界。”

核心家庭、社会规律、固定的角色、明显的地位区分、可见的权威界限等因素为第二次浪潮时代的大部分人定下了妥当的生活秩序。

今天，第二次浪潮的崩溃瓦解了个人的生活秩序，而第三次浪潮新秩序下的机构又还没有出现，这也就是为什么成千上万的人会觉得他们的生活缺乏明显的秩序。

没有秩序又没有意义。我们生活的价值来自与周遭社会的良好关系，如家庭、公司、教堂、政治活动。当然，个人还需要视自己为一个更广大的体系——宇宙的一部分。

今天社会规则逐渐转变，角色、地位、权威都变得模糊不清，“碎片文化”笼罩着各地，最重要的思想体系和工业主义都粉碎无遗，种种现象把我们记忆中的世界震撼得摇摇欲坠。结果大多数人只看到一个混乱的世界，他们觉得自己软弱无力而又漫无目标。

我们现在把工业文明没落前的寂寞、无秩序、无意义拼凑在一起，从中可以看出一些令人万分迷惑的社会现象，宗教流派的崛起即是一端。

教派的秘密

为什么许多非常聪明又有成就的人会沉迷于各式各样的宗教流派？一个吉姆·琼斯（Jim Jones）凭什么能够控制追随他的信徒的生命？

据粗略估计，目前有300多万美国人分属于大约1 000个宗教派别，其中最大的教派诸如统一教、神明教、道教，每一种都在大都市设有教堂及分会。单单文鲜明（Sun Myung Moon）的统一教就宣称有6万~8万名会员，该教在纽约发行一份日报，有一座鱼罐头工厂，在弗吉尼亚州还有许多其他的生财企业，到处都可以看到其充满机械化热情的筹款员。

这类组织并非美国所独有。最近在瑞士发生的一件诉讼案，使得位于温特图尔的神明教中心成为世人瞩目的焦点。伦敦《经济学人》杂志说：“宗教派别最多的当属美国，因为美国在这方面领先其他国家20年，但是在东西欧及其他许多地方也会出现同样的情形。”为什么这类团体能够要求其成员完全奉献、完全服从呢？这个秘密很简单，它们知道人类需要共同意识、秩序及意义，而这正是一切教派所贩卖的东西。

教派起初给予寂寞的人以无私的友谊，统一教的一位主事者说：“遇到寂寞的人，我们就和他们聊天。这世界上有太多寂寞的人。”新加入的人会得到周遭人的友情和认可。许多教派要求信徒居住在一起。他们可以放弃家人和老朋友，捐献出一生的收入，抛弃药物和性关系，为的是可以立即得到温暖和关怀。

然而教派所出售的并不只有共同意识，它还给予人秩序。教派定有严格的行为规范，创造出许多规矩，其中有些规矩很过分，比如体罚、强迫服劳役，以及自定的流放和监禁。新泽西医学院的精神病学家H. A. S. 苏卡（H. A. S. Sukhdeo）访问了在圭亚那琼斯镇集体自杀的幸存者，并且参阅了“人民圣殿教”信徒所写的文章，最后他说：“我们的社会太自由了，人们有太多的选择权，而无法自己做出正确的决定，因而他们希望由别人做决定，他们愿意服从。”

舍温·哈里斯（Sherwin Harris）的前妻和女儿都追随琼斯死在了圭亚那，他说了一句意味深长的话：“这就是一个例子，有些美国人愿意牺牲自我以换取一些生活秩序。”

教派所带来的最后一件东西就是意义。每一种派别都有其对现实的看法，不论是对宗教、政治还是文化。教派保有唯一的真理，外部世界中不了解这一真理的人都认为教徒不是学坏了就是被魔鬼附身了。教派的教义被整日整夜不停地灌输给新进成员，持续不断地传授，使得信徒都能运用它的观念、词汇，甚至它所设定的生存目标。教派所谓的“意义”，在外人看来可能很荒谬，但是这并不要紧。

事实上，教义的实际内容并不重要，教派的力量主要在于整合，在周遭破碎的碎片文化中给予人们一种选择。一旦教派的信徒接受了其教义，就可以借此整理外来的复杂资料。不论教派所传授的观念是否符合外在事实，信徒都可以利用这一稳定的结构来存储外来的资料，解除负荷和困扰的压力。教派所给予人的并不是真理，而是秩序和意义。

教派出售共同意识、秩序、意义所要求的价格非常高，即要求全然放弃自我。对某些人而言，这是解决人格分裂的唯一途径，但是对我们大多数人而言，这种迷信方式的代价实在太高了。

如果我们希望建立一个健全民主的第三次浪潮文明，那么我们所需要的不仅是发掘新能源和运用新科技，我们还需要创造共同意识，建立秩序和意义。我们可以从一些简单的事情着手。

生活安排者与半教派

为什么不用最简单直接的方法组织一队专业的“生活安排人员”呢？比如一些能潜入本我和自我的心理治疗家、一些能够帮助我们安排日常生活的人。我们常听人讲一些难以置信的话，像“明天我要开始好好计划一下”或“我正准备采取行动”。

然而，在今天这种社会和科技十分动荡的情况下，安排个人的生活变得越来越困难。第二次浪潮正常秩序的崩溃，生活中过多的选择、计划和教育机会处处增加了我们的困难。对不太富裕的人而言，经济压力自然形成严格的秩序；对中产阶层，尤其是中产阶层的子女而言，情形正好相反。为什么我们不肯面对这个事实呢？

今天，少数精神病专家承担了安排生活的责任。除了临床治疗外，他们还实际帮助人们寻找工作、结交男女朋友、拟定金钱预算、传授节食方法。我们需要更多这一类的顾问，同时也不必羞于征询他们的意见。

在教育方面，我们必须着眼于以往为人所忽视的问题。我们花费了大量时间教授各种有关政治组织或变形虫组织的课程，但是有多少人研究过我们日常生活的组织状况，比如在这个复杂的社会中分配时间的方法、个人的开销状况、寻求帮助的途径？我们认为年轻人理所应当知道如何在这个社会生存，其实大多数人根本不知道职业和企业组织是怎么一回事。大多数学生根本不知道自己所在城市的经济、地方政府的运作，或到何处去控告一个商人。大多数人连自己学校的组织情形都不了解，更别说在第三次浪潮冲击下可能发生的改变了。

我们还需要从另一个角度来观察给予人们秩序感的机构，包括教派在内。一个明理的社会应该拥有各种不同的机构，有毫无组织者，也有组织严密者。我们需要有开放的教室，也需要有传统的学校。我们需要来去自如的组织，也需要严格的清规（不论是宗教组织还是非宗教组织）。

今天，教派全然的秩序和日常生活全然的无秩序之间的鸿沟似乎太宽了。

如果我们认为许多教派全面的镇压手段不值得效法，那么也许我们就应该鼓励人们组织“半教派”：一种介于无秩序的自由和秩序森严的统治之间的形式。宗教组织、素食者及其他各类团体可能会形成个别的小社会，按照他们自己的生活方式制定松紧不等的规则。这些组织可以通过发执照或者督导的方式管理，以确保它们不至于发生残害身心、挪用公款、欺诈等行为，需要外在秩序的人应该准许他们参加半年或一年的活动，不因其离去而施加压力或多方留难。

这类组织显示出，人们需要一些介于自在的平民生活和严格的军事训练之间的机构。何不由城市、学校或者企业界来组织各种平民服务团体，为地方提供有利的服务？这类组织雇用年轻人，施以严格的训练，付给他们相当于军队水准的待遇。“环境污染团”“公用卫生团”“知识传播团”“老人服务团”等组织会为个人和地方带来大笔红利。

这类组织除了能提供有用的服务和某种程度的生活秩序外，还可以为组织成员的生活带来意义。这不是玄妙的神学，也不是政治理论，而是为地方服务的单纯理想。

在这些方式之外，他们还需要使个人的意义融入更广阔的世界。单单让人们知道（或者以为自己知道）个人对社会的微薄贡献还不够，人们必须了解他们应如何配合这个大世界。在第三次浪潮来临之际，我们需要拓展一个新的整体世界观——紧密的整合，而非零散的碎片。

任何单一的世界观都再也无法捕捉全面的事实。我们唯有采纳各方面的匆促印象，才能得到全面的世界观。虽然这仍是一个不完整的画面，但认清这一事实并不意味着生命是无意义的。事实上，即使从宇宙的观点来看，生命也确实是无意义的，但我们仍然可以从良好的社会关系中创造意义，自视为绵密历史洪流中不可或缺的一分子。

因此，在建立第三次浪潮文明的过程中，我们不仅要摆脱寂寞，而且要赋予生活以秩序及目标。因为意义、秩序和共同意识乃是迈向未来不可分割的先决条件。

在着手于这些目标之前，我们应该首先了解令人感到痛苦的社交断绝、无人性、无秩序、无意义等现状都是既往崩溃的象征，而不是未来发展的轨迹。

仅仅改造社会还不够，因为我们固然可以通过日常的决策和行动来塑造第三次浪潮文明，而且第三次浪潮文明也可以反过来塑造我们，当一个新的心理领域出现在我们面前时，它会全然改变我们的性格，这正是我们即将讨论的——未来世界的人格。

第二十六章　未来世界的人格

在新文明萌芽之际，我们不免会怀疑自己是否已经落伍了。我们的习惯、价值观、规律、反应都产生了问题，难怪有时候会觉得自己既像过去时代的人物，又像第二次浪潮文明的遗老。如果说我们当中有些人是陈旧的古物，是不是也有些人属于展望第三次浪潮文明的未来派呢？一旦我们将周遭的没落和分裂归于历史，是不是就可以看出未来世界人格的端倪—— 一个“新人”的降临呢？

新人的出现并非没有先例可循。欧洲文化中心主任安德烈·雷斯勒（André Reszler）曾写过一篇精彩的文章，谈到以往人们对新人类来临所做的预测。比如，18 世纪末就有“美国亚当”（在北美出生的新人）的出现，据说这种新人身上没有欧洲人的恶习和弱点。20 世纪中叶，新人应该出现在希特勒统治下的德国。赫尔曼·劳施宁（Hermann Rauschning）曾说：“纳粹主义不单是一种宗教，更是一股创造超人的意念。”这种顽强的“雅利安人”应该是农夫、战士和上帝的混合体。希特勒曾经告诉劳施宁：“我看到过这个新人，他既勇猛又凶残，我在他面前满怀畏惧。”

约在一二十年前，弗朗茨·法农（Frantz Fanon）主张新人将会拥有一颗“新的心灵”。切·格瓦拉（Che Guevara）的理想人拥有更丰富的精神生活。每一种形象都不相同。

雷斯勒曾经指出，在这些新人的形象背后隐藏着一个熟悉的老面孔——文明的野蛮人，具有一切文明洗刷去的特质。雷斯勒审慎地探索了这种对原始人的浪漫观念，也提醒我们刻意创造新人政体往往会演变成极权主义。

因此，催生新人乃是愚不可及的事（除非纯就生物眼光来看遗传工程师的工作）。这种观念只是一种文明一厢情愿的理想模式，在这个急速趋于多样化的社会，根本就不可能实现。

然而，认为物质情况的大变动对个人人格和社会人格毫无影响，也是十分愚蠢的。社会的基本结构改变了，人也会有所调整。即使有人相信某些人性是不变的（我并不赞成这种看法），社会对某些特性的奖励和处罚也仍然会使这些特性的分配状况发生革命性的改变。

心理分析家埃里克·弗罗姆（Eric Fromm）对社会人格很有研究，他给社会人格下的定义是“团体中大部分成员所共有的人格结构”。他认为，任何文化中都有构成社会人格的共同特征，同时社会人格也会改造人们，使“他们的行为不是出自有意识地决定是否应遵从社会规范，而是身不由己，同时依照其文化的要求来行动，并可以得到报偿”。

因此，第三次浪潮的目标并不是创造某种理想的超人或某种英雄人物，而是促成社会普遍性格的大幅转变；不是新人，而是新社会人格。因而我们的工作也不是搜索神秘的“人”，而是搜索未来文明中最可能受到重视的人格。

这些人格不仅来自（或反映）人所感受到的外在压力，而且来自存在于人的内在欲望和社会的外在压力之间的紧张状态。然而，这些共同人格一旦形成之后，就会在经济和社会发展方面扮演重要的角色。

比如，第二次浪潮文明传播了新教道德观，强调节俭、不可逃避的苦难、延迟满足感，这些个性促使人们将大量精力投入经济发展工作。第二次浪潮还改变了对主观、客观的看法，个人主义，对权威的态度，抽象思考、理解力和想象力。

农民要想成为工业化的劳动力，必须先培养读写能力。他们必须接受教育，多方学习，了解另一种不同的生活方式。我们也需要很多能够揣摩新角色的人，他们的眼光要能超越目前的现象。在这种情况下，工业主义不仅要开放通信和政治，而且不得不解除对想象力的限制。

这些心理和文化改变的结果产生了不同的个性，出现了新的社会人格。今天，我们正面临同样的心理和文化剧变。

我们正逐渐远离划一的第二次浪潮时代，而又无法掌握新生的精神领域。对于未来这方面的发展，我们也只能揣测而已。

然而，我们可以指出将会影响第三次浪潮社会心理发展的巨大变化。我们不妨根据这些变化来构思问题，虽然没有结论，但这些问题会影响育儿、教育、青少年、工作，以及我们对自己的看法。除非我们将来能改变整体的社会人格，否则不可能改变这一切。

不同的一代

明天的孩子可能会在一个托儿中心比较少的社会中长大。

所有高科技化国家共同面临的人口老龄化问题，意味着大众会更关注老年人的需要，而减少对年轻人的关切。同时，妇女在工作和事业上的发展，也使得她们不再将全部精力投入传统的母性职责。

第二次浪潮时代，成千上万的父母将希望寄托在孩子身上，因为他们相信孩子在社交和经济方面都会比他们过得更好。这种向上发展的潜力鼓舞父母把大量精力投注在孩子身上。今天，许多中产阶层的父母只剩下幻灭的梦想，因为他们的孩子置身于一个更为艰难的世界，在社交与经济水准方面日趋下游，父母对孩子的寄望完全落空了。

因此，明日出生的婴儿可能会发现这个世界不再重视孩童的需要、期望、心理发展和满足感，甚至会对其抱以冷漠的态度。如果真是这样的话，明日的教育学家会呼吁人们给予孩子一个更有秩序、更为严格的童年生活，要求父母不可以采取过于放任的态度。

有人认为，青少年期也不会像今日这般漫长、痛苦。许多孩子在单亲家庭中长大，辛勤工作的父母被经济生活压得喘不过气来，再也得不到20世纪60年代子女所享受的富裕和从容。

孩子以后会在工作家庭或电子住宅中长大。正如许多第二次浪潮的家庭形成了家族企业，明日电子住宅中的孩子会直接投入家庭工作行列，很早就担负起生活的责任。

这些事实表明，童年期和青年期将会缩短，但是这段时期所负的责任和所发挥的生产力较以往都更大。孩子在家中和成年人一起工作，比较不会感受到同辈朋友的压力，将来可能会有更高的成就。

在新社会的转型期，工作很有限，第二次浪潮的工会组织不可避免地要努力将年轻人排除在劳动力市场之外。工会（和教师）将会要求延长义务和半义务教育的年限。如果他们成功了，许多年轻人将会被迫停滞在痛苦的青少年期。因此，我们可能会看到在电子住宅中提前承担工作责任的年轻人快速成长，而其他人则成熟得较为缓慢，两者形成鲜明的对比。

就长期而言，我们可能会看到教育方式的转变。人们在课堂外学到的知识比在课堂内学到的还多。虽然有工会的压力，但是义务教育的年限仍会缩短，而非延长。年龄的界限逐渐消失，老少都杂处在一起，教育逐渐和工作合一，普及人生的各个阶段。不论是为市场交易而生产还是为家庭自用而生产，工作年龄都将会比前一两代提早。基于上述理由，第三次浪潮文明可能孕育出完全不同个性的年轻人——不在乎同辈朋友、不以消费为目的、不沉溺于个人享乐。

不论这些是不是实情，可以确定的是，成长的过程将会和以往不同，所形成的人格自然也会有所差异。

新型工人

青少年成熟之后，进入就业市场，新的力量开始在他们的人格中显现出来，有些个性会得到奖励，也有些个性会受到惩罚。

在整个第二次浪潮时代，工厂和公司的工作越来越重复、专业化、急迫，雇主希望工人服从、守时、愿意执行单调的工作，因此学校的教育方式和企业界的奖励措施都集中于这些个性。

第三次浪潮来临之后，工作不如以往那么单调，也不如以往那么琐碎，每个人所做的工作都变得比较庞大。弹性工作时间和自订计划取代了以往划一的行为规律，工人不得不应付工作上更多的变动，以及难以预料的人事调动、产品变化和组织调整。

第三次浪潮雇主需要的员工必须能承担责任，了解如何与他人合作，可以处理重大任务，具有随机应变的能力，能敏锐地与身边的人互相配合。

第二次浪潮企业往往奖励迟钝的官僚行为，而第三次浪潮企业则需要更加有韧性、执行力更强的人员。西方电气公司内部教育负责人唐纳德·康诺弗（Donald Conover）说，其间的差别就相当于古典音乐家和爵士即兴演奏家之间的差别，前者的每一个音符都是照着预定的形式演奏的，而后者一旦决定了要演奏的曲子，就可以敏感地配合彼此的心意，决定下一个音符。

这些人很复杂、很独特，他们以自己的与众不同为傲。他们正是第三次浪潮企业所需要的多样化人员。

民意调查家丹尼尔·扬克洛维奇（Daniel Yankelovich）指出，只有 56% 的美国工人（多半是年纪较大的人）仍然重视传统的奖励方式。他们以严格的工作指示和清晰的工作责任为荣。他们不指望在工作中找寻“意义”。

相对地，有 17% 的工人已经反映出第三次浪潮社会的新价值观。扬克洛维奇表示，这些人多是年轻的中层管理人员，“渴望更大的责任和更重要的工作。他们愿意发挥自己的能力和技术”。他们既追求金钱报酬，又不放弃工作意义。

雇主如果希望雇用这种人员，就应该配合个别情况给予不同的报酬。这也就是为什么许多前卫的公司不再提供员工固定的福利，而让他们自行选择假期、医药福利、退休金和保险。每名员工都可以按照自己的需要享受适当的待遇。（克利夫兰一家科技公司就采用了这一方法。）扬克洛维奇说："任何一种奖励方式都不可能适合所有的劳工。"他还指出，兼用各种工作报酬之后，金钱的激励效果已经大不如从前了。

这并不表示这些工人不需要钱，他们当然需要，但是一旦达到某一收入水平，他们的需求就各不相同了。额外的金钱所产生的影响力不如从前。位于旧金山的美国银行要提拔助理副总裁理查德·伊斯利（Richard Easley）去仅仅20英里外的分行任职，却被伊斯利回绝了，因为他不愿意外出上下班。10年前，《未来的冲击》一书首度探讨工作调动带来的压力，当时只有大约10%的工人拒绝公司的调动。根据美林证券对调动管理的统计，虽然调动往往会带来更丰厚的待遇，但是拒绝调动的比例已经上升到1/3~1/2。塞拉尼斯公司的一位副总裁说："人们断然由尊重公司的决定转变为强调家庭关系和生活方式。"正如第三次浪潮企业的目标不止利润一端，第三次浪潮员工的目标也殊不相同。

同时，根深蒂固的权威形态也发生了变化。第二次浪潮企业的每一名员工都只有一位老板，员工的争执由老板解决。然而，在新的矩阵组织中，作风完全不同。员工同时有好几位老板，来自不同阶层、掌握不同技术的人可以组成临时项目小组，对这方面最有研究的戴维斯和劳伦斯在他们的代表性著作中说："争执的解决不必靠正式老板的仲裁。矩阵组织的前提是冲突为正常现象。差异受到尊重，人们即使知道别人不会同意，也要表达出自己的观点。”

这种制度不利于盲目服从的人员，而有节制的反驳会得到奖励。工人如果探求意义、怀疑权威，希望自行做决定，愿意承担社会责任，在第二次浪潮企业里他们可能会被认为是棘手的人物，但是如果第三次浪潮企业缺少了他们，企业就动弹不得。

我们在各地都可以看到，在经济制度的鼓励下，人格发生了微妙而深远的变化，这一变化必然会重新塑造未来的社会人格。

产消合一者的哲学

影响第三次浪潮文明人格发展的不只是育儿、教育和工作等事项，左右明日人类精神的是更深的力量，因为经济不只是职业和工作而已。

我在前文曾经提到，我们可以把经济分为两个部分：一是为交易而生产，二是为自用而生产；一是市场生产部分，二是产消合一部分。这两个部分对我们的心理都有影响，因为每一部分都自有其哲学、价值观及对成功的定义。

第三次浪潮带来了很多自助式的活动，也就是所谓的产消合一。这类为自用而生产的活动除了纯粹的爱好外，还有更大的经济功能。我们在这方面投入的时间和精力越来越多，我们的生活和社会人格也会随之调整。

市场哲学重视人们的财产，产消合一者的哲学则重视人们的作为。拥有巨额财富仍然是件令人羡慕的事，但是其他条件也有其重要性。这些条件包括自立、适应困难情况的能力、自己动手做事的能力（不论是砌一堵围墙、做一顿饭、裁一件衣服还是修理一件古董家具）。

同时，市场哲学推崇专一，产消合一者则希望兼容并蓄，多才多艺大为流行。在第三次浪潮经济社会，为交易而生产和为自用而生产比以往平衡，我们开始听到人们要求“平衡”的生活方式。

经济活动由生产部分转入产消合一部分也显示出人们生活的另一种平衡。参与市场生产的工作中，越来越多的人从事抽象的工作，如处理文字、数字、模式等，以及与不受关注的人打交道。

对许多人而言，这类“脑力工作”很有趣且很有意义，但随之而来的是一种与日常实际生活环境脱节的感觉。事实上，今天备受欢迎的手工、园艺、农民或蓝领工人的作风，以及所谓的“卡车司机式性格”可能都是生产部分日趋抽象化的补偿作用。

相反，在产消合一方面，我们往往可以面对更为直接的现实，直接与人和事接触。越来越多的人把他们的时间平均分配给生产工作和产消合一的工作，他们可以享受到实际的体力劳动和抽象的脑力劳动所带来的两种乐趣。产消合一者重新肯定了300年来备受歧视的手工工作的价值，而这一新的平衡可能会影响到社会人格。

同样的道理，工业主义出现以后，配合紧密的工厂工作使男人变得很客观，而家中缺乏协调的工作使女人变得很主观。今天，越来越多的女人进入生产市场，她们也逐渐倾向客观的想法。她们希望“像男人一样思考”。相对地，许多男人留在家里，分担家务事，他们的“客观性”会减弱，“主观性”会增强。

第三次浪潮的人把生活分成两部分：一部分是在关系紧密的大公司里工作，另一部分是在小生产单位为个人和家庭生产。在这种情况下，我们可能会见到男人和女人在主观、客观两方面取得新的平衡。

不平衡的“男性”观点和“女性”观点均不会受到重视，整个社会推崇的是能够从两个角度观察世界的人：一个客观的主观主义者或一个主观的客观主义者。

总之，产消合一制度在整个经济活动中所占据的地位越来越重要，我们也面临另一个心理变化。生产制度的转变，加上育儿和教育方面的重大改变，像300年前第二次浪潮一样重新塑造出我们的社会人格，一种新的社会人格正在成形。

事实上，即使上述见解都是谬误，即使所有的改变皆会逆转，我们也仍然有一个坚强的理由来支持新精神领域的出现，这个理由就是“媒体革命”。

拼凑成自我

媒体和人格之间存在着十分复杂而又不可分割的关系。我们不可能在改变所有的传播媒体之后仍然维持着昔日的自我，媒体革命必然会引起精神革命。

第二次浪潮时代，人们被淹没在批量生产的形象中。少数集中生产的报纸、杂志、广播电台、电视台、电影中充斥着批评家所谓的“统一意识”的声音。个人不断受到刺激，并拿自己去和少数角色做比较，以少数人占有的地位衡量他们自己的生活方式。结果，社会认可的人格形态变得十分狭隘。

今天，媒体多样化为人们带来各种作为衡量标准的角色和生活方式，同时，新媒体不再将僵化的完整形象强塞给我们，我们接收到的是破碎的形象。我们不再在完整的个性中做选择，而是将个人拼凑成一个轮廓。这是一项非常困难的工作，而这也正是许多人拼命找寻自我的原因。

在尝尽了寻寻觅觅的滋味之后，我们对自己独特的个性更为敏感，对自我的认识也因此发生了变化。我们希望被视为独特的人，而正当此时新生产制度也开始吸收大量具有特殊个性的工人。

第三次浪潮的传播人员除了帮助我们认清自我外，还使我们成为自我形象的生产者，或者说是产消合一者。

德国诗人兼社会评论家汉斯·马格努斯·恩岑斯贝格尔（Hans Magnus Enzensberger）曾说，昨日大众传播“机械化地将传送者和接收者一分为二，显示出社会对生产者和消费者的区别看待”。第二次浪潮时代，专业传播人员为大众制造消息，大众无法和消息传送者直接联络。

相对地，新传播方法最具革命性的特色就是，每个使用者除了可以从外界接收消息外，还可以制造或传送消息。双向无线电、录像带、便宜的复印机和录音机等使得个人可以掌握传播方法。

向前展望，我们可以想象到将来一般的电视会出现双向传播。我们不仅可以看到表演节目，而且可以和其中的人物对话，影响他们在节目中的表现。传播革命使我们每个人对自我的认识更不相同，人与人之间的差异更大，自我形象的变化过程更快，加速迈向新的自我。我们可以通过电子的力量，把我们的形象传递给整个世界。

没有人知道我们的人格会受到什么样的影响，因为我们不曾有过如此强有力的工具。我们逐渐拥有了掌握“自觉”的技术。

我们正快步迈向一个超越以往经验的世界，在这个世界面前，所有的心理预测都摇摇欲坠，唯一可以确定的是，所有的力量都汇聚在一起，改变了社会人格，推崇某些个性，压抑其他个性，在这一转换过程中改变了我们全体。

脱离第二次浪潮文明，并不仅仅是改变能源制度或转移科技基础，我们的心灵空间也掀起了革命。在这种情况下，企图用第二次浪潮的名词来描述第三次浪潮的人，实在荒谬。

如果我们的假设与事实相去不远，明天的个人会比今天更为活泼。他们的成长速度更快，更早表现出责任感，适应能力更强，也更为独特。他们比长辈更难接受权威。他们想要得到金钱，也会为之努力工作，但是除了在极端困苦的情况下，他们不会只为金钱而工作。

最重要的是，他们渴求生活的平衡——工作与游戏、生产与产消合一、脑力劳动与体力劳动、抽象与具体、客观与主观等各方面的平衡。他们对自我的认识比过去的人复杂千万倍。

第三次浪潮文明成熟以后，创造出的人物不是超越以往人类的理想人种，也不是歌德、亚里士多德、成吉思汗、希特勒的超人后裔，而是一个我们可以骄傲地直呼为“人类”的种族和文明。

然而，我们不可能期待这种局面，也不可能寄望新文明能安全度过转型期，除非我们肯面对一个无可逃避的问题：政治必须改变。我们怀着惊喜交加的心情，准备在结束本书之前探讨这个问题。未来世界的人格一定要配合未来世界的政治发展。

第二十七章　政治的归宿

我们已经揭开了能源、科技、家庭生活、性别角色，以及世界性传播的面纱，迟早会面临一场爆炸性的政治革命。

工业世界所有的政党、议会、国会、超级会议、总统、首相、法院、统治机构、政府官僚……总而言之，所有我们用以制定集体决策的工具都已经跟不上时代，需要改头换面了。第三次浪潮文明不可能容纳第二次浪潮的政治结构。

正如创造工业世纪的人无法使用封建制度的组织来治理国家一样，今天我们需要再度发明新的政治工具，这就是第三次浪潮的政治局面。

黑洞

今天，我们目睹一个严重的危机，这个危机并没有潜藏在某一个政府里面，而在于代议民主本身。第二次浪潮的政治技术在各个国家苟延残喘，犹做困兽之斗。

在美国，我们可以发现政治决策面临与社会生死攸关的问题时几乎完全瘫痪。石油输出国组织采取禁运行动后的整整 6 年内，对经济造成了重大的打击，威胁到国家独立和军事安全。国会进行漫长的研究，官僚组织不断重组，总统发表激动人心的声明，然而美国的整个政治机能仍然绝望地在原地打转，无法研究出一种和能源政策一样有条理的办法。

这种政策的真空状态并非异象。美国同样缺乏广泛深入的都市、环境、家庭与科技政策。外国批评家认为，美国甚至没有一个清晰的外交政策。即使这些政策确实存在，美国的政治制度也没有能力整合和实行这些政策。这一真空状况反映出决策的失败，前总统卡特在一次演说中不得不谴责他自己的政府“无能、呆板、举棋不定”。

不过，决策的失败并不是一个政党或一位总统的专利。自 20 世纪 60 年代初以来，这一现象日趋严重，根深蒂固的结构问题不是任何一位总统（不论是共和党还是民主党）在目前的制度下所能克服的。这些政治问题对家庭、学校、企业界等重要社会机构产生了不利的影响。

和家庭生活有直接关系的各种法律不是互相冲突就是互相抵消，使得家庭危机日趋严重。教育机构获得大笔的建筑经费，学龄人口却在此时开始减少，因此无用的学校建筑任其荒废，其他急需使用的经费却遭到删减。同时，企业界被迫忍受多变的政治环境，无法预测政府下一步的行动。

为了环境清洁起见，起初美国国会要求通用汽车公司和其他汽车制造公司在所有新车上安装触媒转换器。通用汽车公司花费了

3 亿美元在转换器上，签订了一纸制造转换器所用稀有金属的 10 年合约，价值 5 亿美元，政府却在这时宣布附有转换器的汽车排放出的二氧化硫量比一般汽车多出 35 倍。

同时，任性的立法机构大量制造无人能懂的条文，一年增加 4.5 万页复杂的新规定。单单钢铁生产一项，就有 27 个不同的政府机构管理 5 600 多条相关的全国性规定。（另有几千条适用于钢铁工业冶炼、销售、运输作业的附加条文。）著名的医药公司礼来花费在应付政府条文上的时间，比心脏病和癌症研究还多。埃克森石油公司提呈美国联邦能源局的一份报告厚达 44.5 万页，相当于上千本书的厚度！

复杂的官僚制度压抑了经济活力，而政府决策者反复不定的态度更鼓励了无政府主义的心态。政治制度动荡不停，基层社会组织的生存更加困难。

这一决策溃败的现象不单单出现在美国，法国、德国、日本、英国都显露出类似的症状。日本首相指出："我们不断听说世界性的民主危机。民主制度解决问题的能力，也就是所谓的统治能力，已经面临挑战。日本也是一样，议会民主制度正遭到审判。"

这些国家的政治决策机能所承受的压力越来越大，工作越来越重，无关紧要的资料不断涌入，而面对危险时却手足无措。我们所目睹的是无法明辨本末的政府决策者，他们汲汲营营的目标只是无数琐碎、不重要的小事。

即使真有重要决策，也往往宣布得太迟，无法达到预期的效果。一位激进的英国立法者说："我们利用法律解决了所有的问题。

我们通过了7项反通货膨胀条例，我们一再消弭不公平的情形，我们解决了生态问题。每个问题都利用法律解决了无数次，然而问题仍然存在，法律没有用处。”

一位美国电视播报员根据过去的历史，提出了一个不同的看法：“现在我觉得国家是一驾马车，马在前面跑，人想要勒住缰绳，马却毫不理会。”

这就是许多人（包括那些身居高位的人）都觉得软弱无力的原因。一位著名的美国参议员私下和我谈起他心中沮丧的感觉，似乎他无法做任何有用的事。他徘徊于破碎的家庭生活、疯狂的行动步调、冗长的工作时间、频繁的旅行、无休无止的会议、持续的压力之间。他问道：“这值得吗？”一位英国下议院议员也提出同样的问题，他还说：“下议院可以送进博物院展览了！”白宫一位高级官员向我抱怨，就连美国总统也觉得软弱无力，“总统觉得他好像在对着电话大吼，电话线的另一端却根本没有人”。

及时制定有效决策的能力已经消失了，社会基本的权力关系也随之发生变化。在正常的情况下，任何社会的领导阶层都会利用政治制度来执行他们的规定，实现他们的目的。他们的权力取决于他们趋吉避凶的能力。也就是说，他们必须有预测和控制事件的能力——他们勒住缰绳，马就应该止步。

今天领导阶层不再能够预测自身行动的结果，他们所应用的政治制度过时了，跟不上事态的发展。即使领导阶层为了自身利益严格地予以控制，也仍然会得到相反的结果。

我们也不能马上下结论，认为领导阶层所失去的权力转移到了社会上其他人的手中。权力不会转移，只会慢慢随机散布，没有人知道下一刻谁会掌管什么，谁会握有实权（不同于虚名），权力会维持多久。在这类似无政府的混乱状况下，一般人对于“代表他们的人”多方挑剔留难，甚至怀疑在根本问题上别人是不是可能代表他们。

结果，第二次浪潮的“再保仪式”——投票，逐渐失去了魔力。美国的投票率年年下降。1976 年选举总统时，有 46% 的合格选民留在家里，这表示总统是由大约 1/4 的选民选出的，事实上这大约只等于全国总人口的 1/8。最近，民意测验专家帕特里克·卡德尔（Patrick Caddell）发现，只有 12% 的选民仍旧认为选举是一件重要的事。

同样的道理，政党失去了吸引力。1960—1972 年，不附属于美国任何党派的独立人士增加了 400%，1972 年是一个世纪多以来独立人士的人数首度与一个大党的党员人数并驾齐驱的一年。

类似的情形随处可见。截至 1979 年，始终统治英国的工党已经萎缩到积极党员为数不足 10 万的地步，而其全国人口总数为 5 600 万左右。据日本的《读卖新闻》（*Yomiuri Shimbun*）报道，“选民对政府没有信心，他们觉得和领导人物很疏远”。政治觉醒运动横扫丹麦，一位丹麦工程师吐露出许多人的心声，他说：“政客没有办法阻挡潮流。”

在苏联，力持异议的作家维克拉·纳基巴勒夫（Victor Nekipelov）认为，“在过去 10 年内，我们看到了 10 年的动乱，穷兵黩武，经济失控，生活支出增加，基本的粮食生产不足，犯罪和酗酒事件增加，贪污和盗窃不止，而最严重的是目前领导阶层的声望在人们心中一落千丈”。

在新西兰，当权人士的愚蠢激发了一位反抗者的灵感，他要求改名为“米老鼠”，加入候选人的行列。许多人也随声附和，取名为“爱丽丝梦游仙境”，结果国会不得不赶紧颁布一项法令，禁止任何在选举前6个月内依法改姓名的人参加公众竞选。

人们不仅义愤填膺，进而更加厌弃、蔑视政治领导人和政府官员。政治制度应该成为变幻多端社会里的方向盘和稳定器，但是人们发现它自身已经破碎，无法加以控制了。

一群政治学家最近在华盛顿进行调查，希望知道“谁在掌管这个地方”，结果得到一个简单明了的答案。他们的报告由美国企业中心出版，英国埃塞克斯大学的安东尼·金（Anthony King）教授在结论中说：“答案很短，‘没有人。这儿没有人负责’。”

不单单是美国，许多遭受第三次浪潮冲击的第二次浪潮国家，都存在一个越来越大的权力真空地带——一个社会上的“黑洞”。

私人军队

只要我们回顾一下20世纪70年代中期的历史，就会发现这种权力真空状态所隐藏的危险。在石油输出国组织禁运之后，能源和原料起伏不定，通货膨胀率和失业率扶摇直上，美元升值，非洲、亚洲和南美洲纷纷要求制定新经济协定，第二次浪潮国家相继出现了政治问题。

在一向自认为容忍和文明之邦的英国，退役军人雇用私人军队来维持秩序，新法西斯运动（民族阵线）在 90 多个议会选区都提名了候选人。法西斯信徒和左翼人物在伦敦街头大打出手。意大利左翼的法西斯信徒（红色旅）扩大了绑票和谋杀的范围。波兰政府试图通过提高食物价格配合通货膨胀，致使整个国家濒临覆灭的边缘。德国遭到恐怖分子谋杀的威胁，神经过敏的政府立刻通过一连串麦肯锡式的法律镇压异己。

这些不稳定的政治迹象随着 20 世纪 70 年代末经济的部分（暂时）好转而逐渐消失。英国的私人军队并没有表现的机会，红色旅在谋杀了阿尔多·莫罗（Aldo Moro）后，一度偃旗息鼓，重新组织。日本新政权的转移非常平稳。波兰政府与反对者之间尽量维持和平的关系。美国前总统卡特以“反制度”赢得宝座（然后就拥抱制度），事后虽仍尽力支撑，但声望也已一落千丈。

然而，这些不稳定的迹象不禁让人怀疑，目前工业国家的第二次浪潮政治制度能否撑过另一度危机。20 世纪 80—90 年代的危机可能比以往更严重、更猛烈，也更危险。观察家相信，最坏的还没有结束，有许多事实可以证明。

如果把伊朗的输油管道封闭几周，美国的加油站就要发生骚动和暴乱事件。如果沙特阿拉伯的统治者被推翻了，这个世界（不仅是美国）会变成什么样子？南北也门不断发生战事，沙特阿拉伯国内涌入大量移民工人、激进的巴勒斯坦人，控制世界石油存量 25% 的沙特阿拉伯王室会永远掌握权力吗？华盛顿、伦敦、巴黎、莫斯科、东京、特拉维夫各地的政客，对利雅得的武装政变、宗教动乱、革命事件做何反应？对加瓦尔和阿布奎克石油工人的怠工呢？

假如事情不出谢赫·亚曼尼（Sheikh Yamani）所料，霍尔木兹海峡密布水雷，船只随时有被击沉的危险，世界半数的石油均被封锁，第二次浪潮中工作过度、神经紧张的政治领导人（不论东方还是西方）该怎么办呢？只要看看地图，就会发现连国内法律和秩序都很难维持的伊朗，正位于这个战略要点的狭窄海峡边上。

还有一件令人不寒而栗的事。墨西哥已经开展开采石油的工作，很快就会出现大量石油比索。暂且不提行政能力，统治阶层愿意将这些新财富分配给墨西哥境内营养不良、处境堪虞的农民吗？政府能够迅速采取措施，避免让小型游击活动演变成全面内战吗？一旦战争爆发，华盛顿会做何反应？加利福尼亚州南部与得克萨斯州贫民区里的大批西班牙语民族又会做何感想？在今天国会和白宫步调紊乱的情况下，这样大规模的危机能够得到一个尚可的决策吗？

在经济方面，无法控制总体经济环境的政府能应付国际货币体系的大幅波动，甚至全面崩溃吗？通货失去控制，欧洲通货继续扩张，消费者、企业界和政府的信用一直膨胀，有人敢预言经济会趋向稳定吗？通货膨胀率和失业率直线上升，信用破产，加上其他经济危机，我们可能会见到私人军队揭竿而起。

最后，在无数蓬勃的教派中，会有一些以政治目标为鹄的吗？重要的宗教组织受到第三次浪潮多样化的影响而宣告分裂后，牧师、传教士、教师很可能会成群结队地出现，其中有一些甚至会拥有受过训练的政治追随者。

我们不难想象美国会出现一些新的政党，像比利·格雷厄姆（Billy Graham）牧师这类人物，以权威的态度来主持“法律与秩序”“反色情业”等计划，或者像目前仍不知名的阿尼塔·布赖恩特一样，呼吁人们监禁同性恋者和有同性恋倾向的人。这些例子只是未来宗教与政治结合的先声。我们可以想象出各种以教派为基础的政治活动，升斗小民也可能成为霍梅尼第二。

我并不认为这种情形一定会出现，真实的情形可能和我的预测完全相反。即使这类事件不出现，其他危机也必然会产生，这些危机可能比以往更为严重。我们必须面对现实，承认目前第二次浪潮的领导者没有做好充分准备来应对这些危机。

事实上，由于第二次浪潮的政治结构比 20 世纪 70 年代时更糟糕，我们必须承认政府处理八九十年代危机的能力、想象力及见识都不如过去 10 年。

这一事实提醒我们，我们必须重新检讨一下那个根深蒂固的政治幻觉。

救世主情结

“救世主情结”就是以为我们能够更换当权者以获得救赎的一种幻觉。

第二次浪潮的政客在处理第三次浪潮的问题时显得无能，人们受到新闻界的挑拨后，把责任归纳成一个简单易懂的解释：领导人物的失败。但愿救世主复生于政坛，重振往日雄风！

今天，即使是最温顺的人民也渴望全能领导人物的出现，因为人们所熟悉的世界岌岌可危，环境变幻莫测，对秩序、结构和稳定的需求日渐增加。我们听到了奥尔特加·Y. 加塞特（Ortega Y.

Gasset）在 20 世纪 30 年代希特勒出征时所说的话，“恐怖的呼声像群犬吠日，要求一个人物来统治一切”。

美国总统遭到无情的抨击，人们说他“没有领导能力”。英国撒切尔夫人当选首相，因为只有她还能给人一种“铁人”的印象。苏联有一本小说极力推崇斯大林有能力做“必要的政治决定”。柴可夫斯基《胜利》（*Victory*）一书的出版被视为斯大林意志力的复活。斯大林的小照片出现在挡风玻璃上和家庭、旅馆、电话亭中。《愚人学院》（*Institute of Fools*）一书的作者纳基巴勒夫认为，“今天斯大林出现在挡风玻璃上代表了一股暗流、一种反抗，目前无领导能力的混乱状况已引起人们的反感”。

一个危险的 20 世纪 80 年代正揭开序幕，长久以来为人所遗忘的黑暗势力又开始蠢蠢欲动，要求“领导力”的呼声甚嚣尘上。据《纽约时报》报道，“法国右翼组织在沉睡了 30 年之后，部分有影响力的小团体又开始在知识分子间活跃，鼓吹第二次世界大战法西斯主义失败后即被打入冷宫的各种种族、生活、政治领导之理论”。

他们控制了一本重要的杂志《费加罗周刊》（*Le Figaro*），宣扬雅利安人种族优越论，并且极力反美。他们认为不同种族生来即不平等，应该用社会政策来维持这一不平等状况。他们引用 E. O. 威尔逊（E. O. Wilson）和阿瑟·詹森（Arthur Jensen）等人的资料，给他们反民主的恶毒偏见加上科学的色彩。

我和妻子不久前在日本交通拥堵的街上观赏了 45 分钟的卡车游行，车上坐着身穿制服、头戴钢盔的政治流氓，他们挥舞着双拳，抗议政府的一些政策。同行的日本朋友告诉我们，这些人属于一个类似黑手党的组织，幕后支持者是一群希望重行战前独裁政体的政治人物。

左派也有同样的情形，恐怖分子嘴上喊着社会民主的口号，但是心里准备用塑胶炸弹炸出极权统治的招牌。

在美国，除了有许多不稳定的征兆外，我们还可以看到种族主义的复活。1978年以来，三K党[①]重新活动，在亚特兰大烧死黑白混血儿，以武力占领亚拉巴马州迪凯特的市议会，扫射密西西比州杰克逊的黑人教堂和犹太人集会所，由西到东在21个州开展活动。北卡罗来纳州的三K党党员兼纳粹分子杀死了5个反三K的左派分子。

总之，要求领导能力的呼声未歇，希望从代议政府之颓势中获利的独裁团体又再度复活。星星之火立刻可以燎原。

人们渴望卓越的领导人物出现，在观念上犯了三个错误。第一个是迷信极权主义会带来效率。人们误以为独裁者即使别无用途，至少也“可以使火车不晚点”。今天许多机构崩溃了，未来也无法捉摸，成千上万的人宁愿付出一些自由（当然最好是别人的自由）来换取准时的经济、社会、政治列车。

然而，强有力的领导能力（甚至极权主义）和效率并无关联。虽然苏联的领导能力必然比美国、法国、瑞典“强有力”，也更为集权，但是并没有证据显示苏联很有效率。撇开军备、秘密警察及其他支撑政权的重要机能不谈，苏联其实是一个懒散的政府——苏

① 三K党是美国种族主义的代表性组织。——编者注

联新闻界也这么说。这个社会里充满了浪费、推诿、惰性、贪污，总而言之，充分显示出极权主义没有效率。

纳粹德国在消灭波兰人、俄国人、犹太人及其他非雅利安人时表现出卓越的效率，但是在别的方面毫无效率可言。英国国会议员雷蒙德·弗莱彻（Raymond Fletcher）曾经在德国受教育，也始终对德国的社会状况保持高度兴趣，他提醒我们注意一个为人所遗忘的事实：

> 我们把纳粹德国视为效率的模范。事实上，英国在战争动员方面比德国人要强。纳粹在鲁尔区不断生产坦克和装甲设备，后来他们发现没有足够的铁路来运送这些武器，他们也不懂得运用科学家。战时1.6万项重要的军事发明中，由于效率奇差，真正付诸生产的发明寥寥无几。纳粹情报人员彼此互相监视，而英国情报人员的表现则十分出色。英国动员大家捐献出铁栅和铁锅以供战事之用，同一时期德国还在生产奢侈品。英国很早就征募妇女参战，而德国始终没有。希特勒本人是一个典型的犹疑人物。以第三帝国作为军事和工业效率的代表实在是一个荒谬的神话。

由此可见，单凭强有力的领导仍然无法使火车准时开动。

要求强有力领导的第二个严重错误，就是假设以前行得通的某种领导作风在现在和未来也一样会奏效。一提到领导力，我们就想到过去的人物——罗斯福、丘吉尔、戴高乐。然而，不同的文明需要不同的领导才能，某一情况下的卓越领导可能对另一情况毫无作用。

第一次浪潮时代，文明以农业为基础，领导是天生的，而不是争取到的。君主只需要某些有限的实务能力：能领导人们去打仗，能控制贵族之间微妙的关系，能撮合一段于己有利的婚姻。读写能力和抽象思考的能力都不是基本条件。同时，领导人物可以使用任何奇怪的方式展露个人的权威，不需要受制于宪法、立法机关和大众舆论，即使需要认可，也只是少数贵族和教士的事。领导人物操纵这群人的力量非常强大。

第二次浪潮的领导者正好相反，他们的权力与个人无关，是一种抽象的权力。他们对于许多事物都有决策权，从控制媒体到管理总体经济。他们的决定要通过一连串的组织执行，他们必须了解并且配合这些组织之间的复杂关系。他们要识字，能进行抽象思考。他们手下没有贵族，却有复杂的领导阶层和分支领导阶层。同时，他们的权威（即使身为独裁者也一样）至少在名义上是受制于宪法、法律判决、政党条件及舆论力量的。

在这种冲突的情况下，“最强”的第一次浪潮领导者如果迈入第二次浪潮的政治架构，可能会比“最弱”的第二次浪潮领导者还要脆弱、糊涂、古怪、愚昧。

同样地，今天我们正迈入一个新文明时代，罗斯福、丘吉尔、戴高乐、阿登纳或斯大林等工业社会的“强人”都已经不合时宜了。人们希望找寻果断、坚强、顽固的领导人物，比如肯尼迪、康纳利、里根、希拉克或撒切尔夫人，但这只不过是一种怀旧的心理，希望根据落伍的假设找到一个父亲或母亲的形象。今天领导能力的衰弱与其说是个人条件的问题，不如说是领导权力导致的机构崩溃的结果。

事实上，“软弱”正是领导人物“权力”增加的结果。第三次浪潮把社会推向一个更多样化、更复杂的层次，所有的领导人物都必须仰仗更多人帮助他制定决策和执行决策。一个领袖能控制的工具（超音速飞机、核武器、计算机、电子通信）越有力，他的依赖性就越强。

这种关系是无法打破的，因为它反映出今日权力的基础渐趋复杂。这也就是为什么美国总统坐在核按钮旁边，随时可以粉碎这个世界，却觉得彷徨无助，好像“没有人在电话线另一端”一样。权力和无力是同一块半导体晶片的两面。

基于上述理由，第三次浪潮文明需要一种新的领导作风。第三次浪潮领导者所需要具备的条件现在还不是十分清晰。我们可能会发现，一个领导人物的能力不在于他的果断，而在于他肯倾听；不在于强制力，而在于想象力；不在于夸大其词，而在于承认新世界的领导工作限制良多。

明日的领导人物可能会面对一个权力更分散、参与感更强，比今日更趋多样化的社会。他们再也不是全知全能的人物。事实上，一个人再也不可能具备所有的条件。领导可能成为一份更短暂、更需要合作与协调的工作。

吉尔·特威迪（Jill Tweedie）在《卫报》一篇见解独到的专栏文章中即表述了这种改变，她认为，“要批评卡特很容易，他可能是一个软弱而又优柔寡断的人，但也可能其最大的过错就是默认了随着地球的缩小，问题日趋普遍、基础、互相牵制，以致难以像以前一样由一个人或一个政府来解决”。总之，她认为，我们正痛苦地转向一种新的领导者，这种转变并不是因为有人认为这是好事，而是问题的性质使然。昨日的强者可能会成为明日的弱者。

不论这种论调是否符合实情，主张我们需要政治上的救世主助我们脱离苦海的说法，都隐藏着可怕的错误。这种观点认为我们基本的问题在于人事，其实不然，因为即使由圣人、天才、英雄来统治，我们也仍然必须面对第二次浪潮的政治——代议政体的末期危机。

世界如网

如果我们唯一的麻烦就是选择“最好”的领导人物，那么目前的政治制度就足以解决问题，但是真正的问题并没有这么简单。总之，即使是最好的领导人物也无法施展拳脚，因为他们手下的机构已经落伍了。

我们的政治和政府结构在设计之初，国家正积极谋求独立。每个政府或多或少都能独立做决策。今天，我们会发现，虽然我们仍然维持着自主权的迷信，但是任何国家都难以完全独立做决策。通货膨胀变成国际性的传染病，连勃列日涅夫等人也无法阻止其蔓延。社会主义工业国家虽然有严格的内部控制，只略微受到世界经济的波及，但是仍然必须仰仗石油、食物、技术、资金及其他必需品等外来资源。1979 年，捷克把石油价格提高了一倍，匈牙利的消费者被上涨 51%的电费吓坏了。任何一个国家的决定都会给其他国家带来麻烦，引起连锁反应。

法国在阿格角建了一座核燃料后处理工厂，该处比英国风级反应器还要靠近伦敦，辐射尘或辐射气体一旦外泄，就会顺风飘到英国。墨西哥石油外溢污染了 500 英里的得克萨斯州海岸。如果沙特阿拉伯或者利比亚稍微调整石油产量，对许多国家的生态都会产生长期或短期的影响。

不论各国领袖如何运用辞令、展露武力，置身于这个息息相关的世界里，他们的力量都实在很微弱。他们的决定也往往会引起不利、危险的重大反应（不论是在国际上还是在本国内）。今日世界上，政府的规模和决策权力的分配都大错特错。

这只是目前政治结构落伍的原因之一。

整体问题

我们的政治机构还反映出一种不合时宜的组织观念。每个政府都有许多部门，分别掌管财政、外交、国防、农业、商业、邮政、交通等事项。美国国会和其他立法机构都有类似的委员会来处理这些部门的问题。然而即使是权力最集中的第二次浪潮政府也无法解决“整体”的问题：如何整合各单位的活动，产生有秩序的整体计划，消除矛盾与冲突的情形？

过去数十年内，我们至少应该学到一件事，那就是所有的社会和政治问题都是息息相关的。比如，能源会影响经济，经济会影响卫生，卫生会影响教育、工作、家庭生活等方方面面。企图在孤立状况下处理个别问题是工业主义的心态，这种心态只会造成困扰和不幸。然而，政府的组织结构正是第二次浪潮现实的方法。

这种落伍的结构造成了纠缠不清的权力争夺，提高了成本（每个机构都企图牺牲别人来解决自己的问题），也产生了反效果。这就是为什么每当政府想解决一个问题就会触发新的问题，而新问题往往比旧问题更严重。

政府经常希望通过集权的手法解决问题，任命一个“独裁者”去改革官僚制度。这个独裁者昧于一切不利的影响，大力进行改革，结果制造了更多的繁文缛节，而且很快就被免职，因为集权已经行不通了。另一个现象就是各部门间有数不清的委员会来协调和评估决策。结果决策必须通过的关卡越来越多，官僚制度的迷宫也日趋复杂。我们现有的政府和政治结构十分落伍，因为它们都是利用第二次浪潮的镜片来观察这个世界的。

这种情形造成了另一个问题。

速度加快

第二次浪潮的政府和议会在设计之初是以相当闲散的步调来拟定决策的。当时一个消息从波士顿或纽约到达费城要花上一周时间。今天霍梅尼在德黑兰逮住了人质，在库姆咳嗽一声，华盛顿、莫斯科、巴黎、伦敦的高级官员在几分钟内就要有所决定。迅雷不及掩耳的变化使政府和政客无所遁形，他们当然会觉得无助和困惑，这种情形新闻界说得最清楚。《广告时代》（*Advertising Age*）指出，“就在 3 个月以前，白宫还告诉消费者在掏腰包之前要多考虑，现在却敦促消费者自由花钱”。据德国《外交政策》（*Aussenpolitik*）杂志报道，石油专家曾预测石油价格会上涨，可是绝没有想到真实的上涨速度。1974—1975 年的经济衰退以《财富》杂志所谓的“令人眩晕的速度和威力”给美国的决策者当头棒喝。

社会改革的速度也越来越快，为政治决策者平添许多压力。《商业周刊》认为，在美国，“只要企业和人口的迁移速度和缓，国家的团结就有希望。但是在过去5年里，这方面的步调已经超出了目前政治机构所能调节的范围”。

政界人士自己的事业也加快了，事情往往出乎他们的意料。1970年撒切尔夫人预测，在她有生之年，英国政府不会任命女性出任内阁高职，1979年她自己却成为首相。

在美国，更有甚者，虽然新总统在选举后照例要到次年1月才能任事，但是卡特当时立刻就成为实际上的总统。选票还没统计完，人们就把有关中东和能源危机等问题都扔向他，而不是即将去职的福特。“瘸腿鸭”福特转瞬间就成了一只“死鸭”。政治时间太紧迫了，历史进展得太快了，我们不可能再像往日一样拖延。

同样的情形，新总统往昔最喜爱的新闻“蜜月”，现在其时间也缩短了。卡特在就职典礼之前就被批评他的内阁选择不当，因此不得不撤换原定的美国中央情报局首脑。稍后，还不到4年任期的一半，见解独到的政治评论员理查德·里夫斯（Richard Reeves）已经预言总统任期会缩短，因为“即时通信设备使时间较以往缩短，因此一个4年任期的总统会比过去8年任期的总统制造更多事情、更多麻烦、更多情报”。

政治寿命的步调加快，反映出变化的速度加快，更加速了政治与政府机构的衰退。简而言之，我们的领导人物被迫在配合缓慢社会而设计的第二次浪潮机构中工作，他们无法配合事情的进展，及时做出明智的决定。决定不是来得太晚，就是犹疑不决错过了机会。

约翰·霍普金斯大学高级国际研究学院的罗伯特·斯基德尔斯基（Robert Skidelsky）教授认为，“财政政策事实上毫无用途，因为就算国会大多数人肯通过，也要花上很长一段时间才能得到合适的法案”。这段文字是在 1974 年发表的，如今美国的能源困境已经进入第六个漫长的年头了。

变化的速度早已凌驾于我们的决策能力之上，今天的政治结构已经被淘汰（不论是哪一个政党、哪一种领导方式）。这些机构不仅在规模和结构上不妥当，而且在速度上也不合乎要求。还有下文呢！

意见不一致

第二次浪潮制造出一个划一的社会，第三次浪潮则趋向多样化，把整个社会制度推向一个更多变、更复杂的境界。这个革命程序就像进化过程中的生物变异一样，有助于了解今日备受瞩目的政治现象——意见不一致。

在工业世界中，我们到处都可以听到政界人士慨叹人们失去“国家目标”，缺乏昔日的“战斗精神”，不再以“国家统一”为念，同时政党中突然分裂出许多强势的小团体。最近在华盛顿经常听到的一个字眼就是“单一事件团体”，这是指新近崛起的数千个政治组织，其目标往往针对一个它们认为最严重的问题：堕胎、管制枪械、同性恋者权利、黑白学童混合校车、核能等。对这些事情的看法，不论是全国民意还是地方观点都存在分歧，政界人士和政府官员都无法对其了如指掌。

流动住宅的所有人联合起来反对县内土地重划，农夫争取输电线路，退休人士一致反对课征学校税。妇女运动者、西班牙语民族、平地采矿者、反平地采矿者、单亲家庭成员、反卖淫的教徒都有自己的组织。一份中西部的杂志甚至报道有一个组织叫作“同性恋纳粹”——这对异性恋纳粹和同性恋解放运动两者而言，无疑都是件很尴尬的事。

同一时期，全国性的大组织很难维系其向心力。一个义务工作组织的成员在会议上说：“地方上的教堂不再服从全国性的领导了。”一位劳工专家指出，除了美国劳工总会单一的政治力量外，分支工会也逐渐为了自身的利益而自行发起运动。

不仅选民扰乱了两党政治，而且党派本身的新陈代谢也逐渐加快，形成了一股活力充沛、难以理解的潮流。一位政府官员说：“在加拿大，我们现在假设新义工组织的寿命为 6~8 个月，团体的数目比以前多，寿命比以前短。”在这种情况下，速度和变化交互作用创造了一个崭新的政体。

这些进展把我们对于政治结合、同盟、联合阵线的观念全部打入冷宫。在第二次浪潮社会里，一个政治领导者可以集合半打主要团体——就像罗斯福在 1932 年的作为一样，这些团体的合作关系曾持续很多年。今天我们必须把成百上千个新生的小团体集合在一起，而这一结合本身的寿命也很短。这个新的结合可能会维持到选出一个领袖为止，然后在选举当天就解散，留下一个光杆司令。

政治寿命的多样化反映出我们曾讨论过的各种趋势——科技、生产、传播和文化，更进一步破坏了政界人士做决策的能力。他们一向习惯于玩弄少数组织清晰、严明的选民，现在却突然发现自己被困住了。无数任意组成的新选民从四面八方涌来，要求政界人士立即注意到他们狭隘、陌生的切身需要。

特殊的需要穿过每一道空隙，经过每一个邮袋、每一位邮差，越过门楣，挤进门缝，如潮水般涌入立法机构和官僚组织。这些堆积如山的需要不给人丝毫思索的时间。同时，由于社会的变化步调加速，迟做决定可能比根本不做决定还糟糕，每个人都要求立刻做决定。结果，国会忙得不得了，加利福尼亚州民主党众议员N. Y. 米内塔（N. Y. Mineta）说："那些家伙匆匆来去，没有时间有条理地好好思考。"

虽然各国的情况不同，但相同的是第三次浪潮为落伍的第二次浪潮组织带来的革命性挑战——第二次浪潮机构速度太慢，跟不上变化的步调，组织太划一，无力应对社会和政治的多样化。这些机构当初是为了一个比较缓慢、比较简单的社会而设计的，现在已经陷入绝境了。我们也无法以调整法规的方式来应对这一挑战，因为遭到挑战的是第二次浪潮政治理论最基本的假设——代议政治的观念。

多样化的出现意味着，虽然我们的政治制度在理论上建立于少数服从多数原则的基础上，但即使是生死攸关的大事恐怕也很难得到大多数人一致同意的决定。这种意见不一致现象表明，越来越多的政府是少数人的政府，建立在变动不居的结合上。

这些不露面的大多数人瞧不起标准的民主辞令，他们敦促我们去探讨在速度和变化的汇流下，是否有任何选民可以"被人代表"。在一个划一的工业社会，人的个性和需要相当统一，意见一致是一个可以达成的目标，而在一个多样化的社会里，我们不仅缺乏全国性的目标，而且缺乏区域性、州际性、地方性的目标。不论在法国、日本还是瑞典，变化多端的选民都使得被选出的“代表”不能名正言顺地代表一种意见。他们不能代表一般人的意见，理由很简单，因为根本没有一致认可的意见。那么，“代议民主”的观念该怎么处置呢？

提出这个问题并不是为了攻击民主（我们将会讨论到第三次浪潮如何开启通往更丰富、更广阔的民主之路），但是揭开了一个不可逃避的事实：第二次浪潮的机构已经落伍，就连这些机构所依据的假设也已经过时了。

工业时代的政治制度建立在错误的基础上，无力处理国际性的问题，无力应对息息相关的问题，无力满足快速增长的需要，无力配合多样化的环境，这个超载、超龄的政治制度即将在我们眼前崩溃。

决策爆炸

今天政治决策和政府决策软弱无力的表现，该归咎于太多陌生奇怪的问题和众多快速的决策，而不是“缺乏领导力”。我们的行政机构被决策爆炸震得眼冒金星。

在落伍的政治制度下，政府的决策能力迅速衰退。威廉·肖克罗斯（William Shawcross）在《哈泼斯》（*Harper's*）杂志上讨论到尼克松和基辛格的内阁政策时说：“所有的决策都要在白宫决定，没有时间仔细考虑任何一个决策。”事实上，白宫里塞满了决策——从空气污染、医药费用、核能到禁售有害玩具，一位总统顾问对我说：“我们正在遭受未来的冲击。”

行政机构也好不了多少。每个部门都被过量的决策压得喘不过气来，它们必须在高速度的压力下，每天实施无数规定，拟定大量决策。

美国国家艺术基金会在最近一次调查中发现，该基金会的委员会只花 4 分半钟考虑一个经费申请案件。报告称："申请的案件数还是超过基金会的决策能力。"

关于决策混乱方面的精彩研究不多，但其中最精彩的要数特雷弗·安布里斯特（Trevor Armbrister）1968 年对"普布罗号"事件的分析，该事件肇因于朝鲜扣押了一艘美国探测艇，两国外交情况陷入胶着状态。安布里斯特指出，进行"普布罗号"任务"危险性评估"的五角大厦官员，在批准之前，只有几个小时来衡量 76 项不同军事任务的危险性。这位官员拒绝回答他究竟花了多少时间来考虑"普布罗号"提案。

安布里斯特引用了国防情报局的官方解释："过程可能是这样的……一天早晨 9 点钟，他的桌上出现了一本册子，指示他在中午之前送还原单位。那本册子的厚度大致相当于西尔斯百货公司的商品目录。事实上他根本不可能仔细研究每一项任务。"然而，在时间的压力下，"普布罗号"任务的危险性被定为"极小"。如果国防情报局的这一解释不错，当天早上每一项军事任务的评估只占用了不到两分半钟的考虑时间，那么失败就不足为奇了。

五角大厦的官员曾经弄丢了 300 亿美元的外国武器订单，他们不知道这是由于会计账目出了大纰漏，还是忘记将应付款账单寄给买主，抑或是将这笔钱全部用作其他开销了。一位安全部门监察官说，这种亿万美元的烂账"就像甲板上一门行将散架的加农炮"。他承认，"最悲哀的莫过于我们不知道这件事情究竟牵涉多广，可能要花上 5 年时间才能找得出来”。如果满布计算机和防火信息设备的五角大厦都因太过庞大复杂而无法妥善管理，那么整个政府组织又如何呢?

旧日的决策机构不断反映出外在世界的变动。卡特的顾问斯图尔特·艾森施塔（Stuart Eizenstat）谈及“社会分裂成关心各种事件的团体”，同时“国会的权威人士也分裂成小集团”。面对这一新情况，总统再也无法任意指挥国会。

按照传统，一位在职总统可以会同 6 位德高望重的国会委员会主席做出决定，然后由他们去争取所需要的选票，批准总统的法案。现在国会委员会主席再也争取不到年轻国会议员的选票，正如美国劳工联合会和天主教拉不到成员的选票一样，对老一辈的人和备受煎熬的总统而言，这可能是一件不幸的事，包括国会议员在内，每个人都越来越有自己的想法，也越来越不愿意服从命令。因此，国会在目前的组织状况下，不可能为一件事情分散太多注意力，也不可能迅速应对国家的需要。

国会未来情报交换所在一份报告中提到“疯狂的进度”，清楚地指出目前的状况:“在一周内要表决解除天然气管制、津巴布韦、巴拿马运河、新教育部门、食物津贴、铁路权益、固体废物处理、濒临灭绝的物种等各个问题，这种日趋复杂的状况和依光速出现的危机，致使一度曾为审慎辩论中心的国会变成全国的笑柄。”

虽然各个工业国家的政治程度不同，但是都可以感受到同样的压力。《美国新闻与世界报道》指出，“美国并不是唯一一个陷于困境的国家。苏联又如何? 对美国的限制核武器提议没有反应，与社会主义和资本主义国家的贸易协定谈判拖延了很久，对法国总统德斯坦的回访表现出古怪的态度，中东政策举棋不定，对西欧共产党应与当地政府对抗还是合作一事给予矛盾的指示……即使在一党制度下，也绝不可能制定出稳定的政策，或迅速应对复杂的事件”。

在伦敦，一位国会议员告诉我们，中央政府“大量超负荷运作”。前内阁总理理查德·马什（Richard Marsh）爵士现任英国报纸发行协会负责人，他指出：“国会的组织结构在过去 250 年内几乎没有变动过，已经不能满足今天决策的需要了，整个机构毫无成效可言，内阁也好不了多少。”

瑞典如何呢？内部不稳的联合政府无力解决争执了将近 10 年的核问题。意大利呢？恐怖主义和一再出现的政治危机迫使新政府在 6 个月内垮台。

我们所面临的是一个迫在眉睫的新问题。眼前的政治动荡和危机不能够仰赖领导人物来解决，不论他们是强是弱，因为领导人物自身就陷溺在许多超负荷、不当、破碎的机构中。

一个政治制度不仅要能够拟定和进行决策，而且必须有适当的规模，能够统一分歧的政策，以正确的速度做决定，能反映和应对多样化的社会。如果无法做到上述各点，就会造成祸害。我们的问题不在于左翼还是右翼、强领导还是弱领导，决策制度本身形成了一种威胁。

最令人惊讶的是我们的政府仍旧照常作业，没有一家公司的总经理会拿 18 世纪祖先用鹅毛笔画的组织图去经营一家大公司，这些祖先的管理经验最多不过是经营一个农场罢了。没有一个神志清醒的飞行员会用布莱里奥（Blériot，单翼飞机发明人）或林德伯格（Lindbergh，首个成功进行不经停跨大西洋飞行的美国人）的老式航空和控制仪器去驾驶超音速飞机。然而这正是我们的政治企图。

第二次浪潮政治制度迅速退化，整个世界充斥着核武器，经济和生态都处于崩溃的边缘，这种种现象对整个社会构成极大的威胁——不仅是“圈外人”，而且包括“圈内人”；不仅是穷人，而且包括富人，连非工业国家也在内。我们所面临的危险不单是执政者有计划地使用权力，更重要的是官僚制度的政治决策体系已经太过落伍，即使是真诚的善意也会演变成危险的后果，这种计划之外的副作用才是我们最应该关切的问题。

我们所谓的“现行的”政治制度是抄袭工业制度出现以前的模式——当时没有罐头食品、冰箱、煤气灯和摄影术，没有酸性转炉和打字机，没有电话机，没有莱特兄弟的机翼，没有汽车和飞机，没有左右我们心灵的收音机和电视机，没有工业化的杀人方式，没有神经毒气和核导弹，没有计算机、复印机、避孕药、晶体和激光。在设计这些政治制度时，世界是什么模样，我们实在难以想象——那个世界里没有马克思，没有达尔文，没有弗洛伊德，也没有爱因斯坦。

这就是我们所面临的最重要的政治问题：我们最基本的政治和政府机构已经落伍了。

在向第三次浪潮迈进的过程中，有识之士不可能单靠守卫我们目前的机构来谋求人类的自由。我们应该向 200 年前美国“开国之父”学习，创造新的行政体制。

第二十八章　21世纪的民主

致开国元老：

你们是革命先烈。你们是在遥远的美洲海岸创造了新国家的男士、女士、农民、商人、技工、律师、印刷学者、宣传专家、小生意人、军人。你们当中有55人在1787年的炎夏聚集于费城，拟定出轰动一时的《美国宪法》。你们创造的未来变成了我们的现在。

这份文件和1791年的《权利法案》同为人类历史上最伟大的成就。和许多人一样，我也不断询问自己，你们如何在社会和经济的动乱与压力之下提出高瞻远瞩的观念？你们听到明日遥远的呼唤，意识到一个文明已经死亡，另一个文明正在萌芽。

我认为你们不得不顺应潮流的发展，以免软弱的政府被不当的原则和落伍的结构拖垮。

很难想象这样一份庄严的工作是由个性完全不同（聪明、不驯、以自我为中心）的人做出来的，这些人各有不同的宗教信仰和经济见解，但是皆因不能忍受现任政府可怕的“无力”

状态而团结在一起，成立一个以完全不同的原则为基础的新政府。

直到今天，这些原则仍然影响着我们，以及世界上无数的人。我承认在读杰斐逊和潘恩（Paine）的文章时，常常因其美丽和真诚而感动得落泪。

我要感谢你们，革命先烈，因为你们我得以在法治而非人治的环境中度过了半个世纪，尤其是宝贵的《权利法案》，它不仅使我能够思考和表达不受人欢迎的见解——不论这些见解是愚蠢的还是荒谬的，而且可以毫无恐惧地写出以下文字。我现在写出的看法很容易受到当代人的误解。有些人无疑会视之为煽动性的文字，然而我相信你们很快就会了解这是一个令人痛苦的事实。因为你们所塑造的政府制度（包括你们所依据的原则）已经逐渐落伍了，也因而危及我们的福祉。这个制度必须彻底改变，再创造一个新的政府制度——一个21世纪的民主。

你们比我们清楚，没有一个政府、一种政治制度、一本宪法、一篇宪章、一个统治政权是永久的，以往的决定不能永远成为未来的束缚，为某一种文明而设计的政府无法妥善应付另一种文明。

因此，你们应该了解为什么连《美国宪法》都需要重新修订，这不是说要删减联邦预算或要加入一两个狭隘的原则，而是要扩充《权利法案》，容纳以往无法想象的威胁和自由，创造一个全新的政府结构，为我们拟定新世界生存所不可或缺的睿智和民主的决策。

我手中没有现成的未来宪法蓝图，我不信任那些自以为得到答案的人，因为我们连问题都还没有想好，但是现在我们必须想象全新的可能性，从根本上讨论、争执、辩论、设计明日民主的结构。

我们不是出于愤怒、肯定或一时冲动，而是基于广泛的咨询及和平的大众参与，我们必须一起重建美国。

你们应该了解这一需要，因为这是你们的子孙杰斐逊在深思之后所宣布的："有人以假装尊敬的眼光来看待宪法，认为它像（装有《摩西十诫》的）盟约之柜一样神圣不可亵渎。他们赋予往昔的人超人的智慧，认为他们的作为是不可动摇的……当然我并不主张不断修改法律和宪法……但是我也知道，法律和制度必须与人类的心灵并肩前进……一旦出现新发明，揭露新真理，心态和舆论就要与时俱进，制度必须同时进步，跟上时代的脚步。"

这番见解最应该感谢杰斐逊先生，他协助创立了长久以来造福我们的制度，现在这个制度必须被取而代之。

阿尔文·托夫勒

于华盛顿

这是一封存在于想象中的信。相信在许多国家，有机会的话，一定会有人表达出同样的想法，因为今日许多政府的落伍情形并不是我一个人独有的秘密，也不是美国独有的病症。

然而，事实是在旧日废墟上建立新的文明必须由许多国家同时设计出更合适的新经济制度。这是一个必须执行的痛苦计划，如此惊心动魄的规模可能要花费数十年才能完工。

我们可能要经历一场漫长的战争，才能彻底修正甚至淘汰美国国会、英国下议院和上议院、法国众议院、德国联邦议会、瑞典和丹麦议会，以及许多国家庞大的行政部门和附属的文官、宪法和法院制度，总之，是代议政府中许多不合适、行不通的组织。

这一政治冲突不会仅仅止于国家层面。几十年后，从联合国到市议会的整个“全球法律机器”都必然会面临不可抗拒的重组呼声。

这些组织都必须彻底改变，并不是因为它们秉性邪恶，也不是因为它们被某一阶层或集团控制着，而是因为它们渐渐不起作用了，不再能够适应一个变动世界的需求。

这项工作会牵连许多人，如果大幅修正遭到激烈的反抗，可能会演变成流血暴动。手段和平与否需视许多因素而定：目前的领导阶层弹性如何，经济崩溃是否会加快变化的速度，是否会引起外来的威胁和军事干预。风险显然很高。

然而，不修正制度的风险更高，我们越早着手就越安全。

要建立一个新的政府，要进行可能是我们一生中最重要的工作，我们必须抛弃第二次浪潮时代的陈腔滥调，重新考虑以 3 个主要原则为基础的政治生命。

事实上，这可能就是明日第三次浪潮政府的基本原则。

少数权力

第三次浪潮政府的第一个原则就是少数权力原则。第二次浪潮时代最重要的多数统治原则逐渐落伍了。现在是少数占上风，而不是多数占上风。我们的政治制度必须逐步反映出这一事实。

杰斐逊代表他那个时代的信仰，他认为政府必须“绝对认可多数人的决定”。当时处于第二次浪潮初期的美国和欧洲刚开始迈入工业化的划一社会，多数统治的观念非常适合这个社会的需要。

今天，我们已经把工业主义抛在脑后，迅速演变为一个多样化的社会。结果要组成多数，甚至组成一个统治联盟都变得越来越困难。这就是意大利接连 6 个月、荷兰接连 5 个月都处于无政府状态的原因。在美国，麻省理工学院的一位政治学家说：“今天在任何事情上，我都看不到绝对的多数。”

由于第二次浪潮领导阶层的地位有赖于这一原则，他们往往会代表多数人发言。美国政府是“民有、民治、民享”，苏联共产党为“劳动阶层”说话，尼克松声称代表美国“沉默的大多数人”，而今天的美国新保守党知识分子攻击新兴的少数团体，如黑人、妇女、西班牙语民族，声称自己代表伟大、团结、平稳、中流砥柱的大多数人的利益。

以东北部大学为根据地的华盛顿智囊团，极少涉足俄亥俄州的玛丽埃塔或者堪萨斯州的萨莱纳等小地方，学术界的新保守党显然认为美国中部充斥着愚昧无知、反知识分子的蓝领工人和乡民，然而这些人并不如知识分子和政客所想象的那么划一。美国中部和其他地方一样很难达成一致的协议，最多也只不过是在少数事件上产生短暂、有限的协议。新保守党人士以虚构的大多数来掩饰他们反对少数的政策。

继目前这个等级严密、少数重要团体联合组成大多数的社会之后，我们将会拥有一个结构复杂的社会，其中有几千个少数团体，而大部分存在的时间都很短暂，很少能针对重要问题达成51%的协议。第三次浪潮文明因而削弱了许多现行政府的合法地位。

第三次浪潮也向我们传统的多数统治和社会正义发起挑战。在这方面也和其他方面一样，我们看到惊人的历史动荡。第二次浪潮时代，争取多数统治乃是合乎人性、提倡自由的举动，在继续进行工业化的国家，比如今日的南非，情形仍然如此。在第二次浪潮社会，多数统治几乎永远代表为穷人谋福利，因为穷人以前是大多数。

然而，今天受到第三次浪潮冲击的国家，其情形往往正好相反。真正穷困的人不再占大多数，在许多国家内，他们和每个人一样都变成了少数。除非进行经济大屠杀，否则他们仍会维持原状。

因此，在迈向第三次浪潮社会的途中，多数统治不仅不足以构成一个合法的原则，而且不再合乎人性、合乎民主。

第二次浪潮社会千篇一律地责怪划一社会的崩溃，没有看到崭新的多样化社会是人类发展的一个机会，反而攻击“分裂”“割据”的情形，将之归咎于少数人的“自私”，这些浅见倒果为因。少数团体新兴的活动并不是人们突然自私所产生的后果，这种现象反映出一个新生产制度的需要，我们必须建立一个更加多彩多姿、开放多元的社会。

重建第三次浪潮的民主之前，我们必须抛弃一个可怕的错误假设：更多的变化会为社会带来更多紧张和冲突。事实正好相反，社会冲突不仅是必要的，而且在某一限度之内是值得追求的。如果 100 人都拼命追求一枚铜戒指，那就一定会发生打斗；如果 100 人中每个人都有一个不同的目标，他们就可以交换、合作，形成共生关系。如果有适当的社会措施，多样化就可以塑造一种安全稳定的文明。

由于今天缺乏适当的政治机构，加剧了少数团体之间的冲突。也正是由于缺乏此类机构，寻求大多数也变得越来越难。

这些问题的答案不是压制异己，也不是指控少数人自私（好像领导阶层和他们的专家都不是为了个人利益似的），而在于以富有想象力的新措施来配合多样化的局面，新机构要能迅速觉察到众多少数团体不断变化的需要。

多样化文明挖掘出许多没有解决的深刻问题：多数统治的未来、机械化投票制度表达民意的程度。未来的历史学家可能会回顾选举制度和多数统治，视之为传播原始人的古老模式。然而，在今天这个危险的世界上，我们不能将全部的权力授予每个人，不能放弃多数制度下任何一丝微弱的影响力，不能允许少数人做出统治其他少数人的重大决定。

这就是为什么我们必须大幅调整追求大多数的第二次浪潮的方法。我们需要为少数民主设计新方法：以显露差异为主，而非以陈旧的投票方式、严格的选举程序组成不真实的大多数力量。总之，我们需要革新整个制度，提高各种少数团体的地位，准许它们形成多数力量。

然而，这样做必须大幅改变许多政治结构，从民主的象征——投票箱开始。

在第二次浪潮社会，以投票来决定民意对领导阶层而言是一个重要的反馈来源。如果情况对大多数人而言变得无法忍受，这51%的投票人就可以表达出他们的不满，领导阶层至少可以更换政党、改变政策，或者做出其他调整。

即使对昨日的划一社会而言，这51%的原则也绝对是一种纯粹数量化的迟钝工具。以投票来决定大多数，无法告诉我们民意的质量如何，只是让我们知道在某一时刻有多少人想要某物，但是我们并不知道他们想要的程度如何。最重要的是，我们不知道他们愿意用什么东西来交换某物，这个情报对由许多少数团体组成的社会来说是非常重要的。

如果一个少数团体觉得受到威胁，或者把某一事件视为生死攸关的大事，那么他们的观点或许应该占有较重的分量，但是在目前的制度下我们无法得知实情。

在一个划一的社会，这些多数统治的缺点众所周知，只是大家都隐忍不发，因为大部分少数团体没有行政力量来瓦解这一制度。在今天这个组织如此复杂的社会，我们都是少数团体的一员，上述情况已经不能成立了。

对一个多样化的第三次浪潮社会来说，过去工业时代的反馈制度实在太不完美了，因此我们必须以崭新的方式来进行选举。

我们不要再采用简单的是非选择，而要清楚潜在的交换条件，询问："如果我放弃堕胎的立场，你愿不愿意放弃国防支出和核能的立场？”“如果我同意明年多缴一点儿个人所得税，以赞助你的计划，你怎么报答我呢？”

在即将来临的新世界中，借助快捷的通信技术，人们不需要进投票所就可以用很多方式来表达这类观点。同时，我们很快就可以看到有很多将这些观点纳入政治决策过程的方法。

我们可能会希望重新调整选举法，取消反对少数团体的偏见。可行的方法很多，最传统的方法就是接受一些相左的意见，目前许多公司都用这种方法来保障少数股东的权益。这种方法可以使选民表达出他们的喜好和他们所做选择的强度及秩序。

我们必须放弃陈旧的党派结构，因为它的对象是一个由大量交易与划一活动构成的缓慢变动的世界，同时我们必须创造暂时的模式党派为变动不居的少数团体服务，这就是未来插头式随插随拔的党派。

我们可能需要任命“外交官”或“大使”去调节每个国家内部的少数团体。我们可能需要创造出准政治机构去帮助少数团体迅速方便地组成及解散合作关系，不论这些少数团体是职业、种族、性别、宗教、区域还是娱乐组织。

我们可能需要提供一些场所，让不同的少数团体可以轮流或者任意交换问题，协调意见，解决争端。如果把医生、飞车党、计算机程序设计师、耶稣再临论者、灰豹党全聚集在一起，加上懂得明辨是非、分清先后、解决争执的内行人士的协助，或许可以组成非常具有建设性的团体。

至少各方面的差异可以表达出来，政治谈判的基础也可以确立。这些方法不会（也不应该会）消弭所有的冲突，但是可以将社会和政治争执提升到一个更睿智、更具建设性的层面，尤其是有关长期目标的争执问题。

今天，事情的复杂程度使得谈判产生许多不同的论点。然而，政治制度不是要利用这一现状。不为人注意的私下同盟关系致使各团体之间的情势更为紧张，也致使现行的政治机构不胜负荷。

最后，我们必须赋予少数团体束缚自身行动的权力，鼓励它们制定长期目标。我们可以帮助某一地区、某一支流文化、某一种族团体的人在州政府的监督下建立自己的年轻人法院，训练自己的年轻人，而不要依赖州政府。这类机构会树立起共同意识和自我形象，对法律和秩序有所贡献，同时解除政府机构不必要的负荷。

我们可能会发现自己必须超越这些改革措施。为了加强少数团体在新政治制度中的代表性，我们可能仍然必须以最古老的方式——抽签来选出部分公职人员，因此有些人很正经地建议我们用今日选择陪审团和军人的方式去挑战明日的立法委员与国会议员。

夏威夷大学法律与政治学教授西奥多·贝克尔（Theodore Becker）曾问道："为什么生死攸关的事情可以由陪审团的人决定，而托儿中心和国防支出的预算却留给人民的'代表'决定？"

身为宪法权威的贝克尔攻击目前的政治措施有意欺骗少数团体，他提醒我们非白人占美国人口的20%以上，而他们在1976年时只拥有4%的众议院席位和1%的参议院席位。女性占人口的50%，却只在众议院占有4%的席位，参议院席位中则没有女性。

穷人、年轻人、不善言辞的聪明人和许多其他人同样居于不利地位。这种情形不仅出现在美国，德国议会中女性仅占 7% 的席位，许多其他政府的类似偏见也很明显。这种不正常的现象使整个制度拙于感受没有代表的团体的需求。

贝克尔说：“国会应该任意从 50%~60% 的美国人中选取代表，就像实行征兵制度一样。”乍看之下，这个建议十分惊人，却迫使我们认真考虑随机选择代表会不会比今天使用的方法更糟糕。

如果我们放任自己的想象力，就可以想象出更多新鲜的选择方法。事实上，我们现在已有足够的技术去选择比陪审制度和征兵制度更具代表性的样本。我们可以为未来建立一个更具创造性的国会和议会，而且可以尽量减少对传统的干扰。

我们不必用抽签的方式选出一群人，把他们硬生生地凑在一起，像华盛顿、伦敦、波恩、巴黎、莫斯科的众多不起眼人物一样。如果我们愿意的话，我们可以维持现行代表，但是只允许他们对各种事件投一半的选票，而把另一半选票分给随机抽样选出的民众。

通过计算机、先进的通信技术、投票制度，不仅可以选出一个随机代表，而且可以不断更新代表，把有关事件最新的资料送到代表手中。一旦需要制定一种新法规，依照传统方式选举出来的代表就会聚集在国会思考、讨论、修正、制定法律。

一旦面临最后的决定时刻，选举出来的代表就可以投一半的选票，而目前的随机样本（他们不聚集在国会，而是散布在自己家中和办公室里）可以利用电子设备投下另一半的选票。这种方式不仅比“代议”政府更具代表性，而且对目前拥挤于国会走廊上的特殊利益团体和说客施以当头棒喝。这些团体将不得不去说服所有的人，而不只是少数选出的代表。

我们可以进一步想象出一个地区的选民不是选出一个人作为代表，而是以人口的随机样本作为代表。这个随机样本可以直接进入国会，和个体一样，样本的意见可以由统计数字换算成选票。样本也可以推选一个人作为“代表”并指导他如何投票。

新通信方式的排列组合很多，也很特别。一旦我们意识到目前的行政机构和国会已经落伍，就必须开始找寻新方法，各种惊人的政治途径突然间全都出现在面前。如果我们希望能左右迈向 21 世纪的社会，就必须以 20 世纪可能的技术和观念作为工具。

重要的不是这些建议。只要我们肯思考、肯合作，就一定可以想出更易执行、更和平、更好的方法。重要的是我们选择的路径。我们可以压抑今日新兴的少数团体，也可以重建政治制度来配合新的变化。我们可以继续使用第二次浪潮政治制度的拙劣工具，也可以设计出一套敏感的新工具，以应对明日的少数民主。

第三次浪潮使划一的第二次浪潮社会趋向多样化，我相信时势的压力会有所选择。如果第一次浪潮时代的政界人士算是“前多数主义”，第二次浪潮时代是“多数主义”，明日很可能就是“迷你多数主义”——融合多数统治和少数权力。

半直接民主

第二个明日政治制度的绊脚石就是“半直接民主”——由依赖代表转为代表自己。两者的混合就是半直接民主。

我们已经说过，意见分歧推翻了代表的意念。家乡的选民没有一致的意见，代表能“代表”谁呢？同时，立法者越来越依赖幕僚的支持和外来的专家以修改法律。英国议员比政府官僚软弱得多，因为他们缺乏足够的幕僚支持，所以不得不将很多权力由国会转向行政官员。

美国政府想要平衡行政官僚的影响，结果却创造了自身的官僚制度——国会预算部、技术评估部及其他必需的机构和附属机构，因而国会人员在过去10年内由1.07万人增至1.84万人，但这种做法只是使问题由外转内。我们所选出的代表越来越不了解他们决策所依据的各种规定，因此必须仰仗他人的判断。代表不再能代表他们自己。

在理论上，议会、国会、州议会都应该是协调少数团体意见的地方，他们的“代表”可以替他们争取公道，但是今天这种老式迟钝的政治工具不足以使立法者详细了解他们所代表的许多团体，更不用说替他们努力争取了。美国、德国、日本的国会负荷越重，情况越恶劣。

这也就是单一事件团体不稍妥协的原因。他们了解国会和立法机构无法达成协议，因此对制度的要求毫不让步。以代议政府作为经纪人的理论也不能成立了。

就长期而言，谈判破裂、决策无用、代议机构瘫痪都意味着现在由少数代表所做的决定将来会逐渐交还给选民自己。如果我们选出来的经纪人不能为我们做成生意，我们就得自己出马。如果他们所定的法律不合乎我们的需要，我们就必须自己修订。因此，我们需要新的制度和新的技术。

创造今日代议制度的第二次浪潮人士很了解直接民主的可能性。从1793年制定的《雅各宾宪法》中就可见直接民主的痕迹。美国革命人士也懂得新英格兰的市政厅和小规模的共识形成机制。后来在欧洲，马克思及其信徒经常将巴黎革命自治团体视为市民参与制定及执行法律的模式。直接民主的缺点和限制也是众所周知的，并且在当时更具劝导性。

美国全民投票提案的撰写者麦考利（McCauley）、鲁德（Rood）和约翰逊（Johnson）曾说："在'联邦主义者'当中，对这种想法有两个反对意见。第一，直接民主对群众暂时的情绪反应无法审核或缓和；第二，当时的通信技术不能采用这种方法。"

这些都是必须正视的问题。比如，20世纪60年代，愤怒激动的美国民众如何投票决定应不应该往河内扔原子弹？痛恨恐怖分子的德国民众对设立"同情者"集中营的提议做何反应？在勒内·勒维克（René Lévesque）夺权的当周，加拿大人有权对魁北克问题做全民决议吗？被选出的代表应该比一般人的情绪更稳定、更慎谋能断。

不过，大众过分情绪化的反应可以通过许多方式克服，比如在以全民投票或其他直接民主方式进行重要决定之前，给予一段冷静的时间，或提供第二次投票机会。

瑞典在20世纪70年代中期实地进行一项颇具创意的计划，当时政府要求大众参与制定全国能源政策。政府了解大多数公民对各种能源（从太阳能到核能、地热）缺乏足够的技术知识，因此开办了一门10小时的能源课程，邀请任何修习这门课或其他相当课程的人向政府提出正式的建议。

同时，工会、成人教育中心、各党各派也都开办个别的 10 小时课程。据估计会有 1 万个瑞典人参加，结果出乎意料，有 7 万~8 万人参与了家庭和地方上的讨论。根据美国规模来算，这相当于 200 万个公民一起考虑一个全国性的问题。我们可以采用这种制度来克服全民选举或直接选举“过分情绪化”的缺点。

另一个反对意见也有办法解决。因为旧日的通信障碍不再能够遏止直接民主的发展。通信技术的惊人进步首次揭开了公民直接参与政治决策的可能性。

不久之前，我有幸在俄亥俄州哥伦布市的Qube无线电视系统上欣赏到一件历史上的大事——世界上第一座“电子市政厅”。哥伦布小城郊区的居民可以利用这一通信系统，通过电子设备实际参与地方规划会议。只要在客厅里按一下按钮，他们就可以立刻表决地方区划、住宅法规、拟议中的高速公路工程等实际案件。他们不仅可以投票赞成或反对，而且可以参与讨论，发表自己的意见，甚至可以按一下按钮通知主席何时该进行下一个项目的讨论。

这只是明日直接民主最原始的形象。通过先进的计算机、人造卫星、电话机、无线电、选举制度及其他工具，一个受过教育的公民可以自行做出政治决定，这是件前所未有的大事。

这不是一道是非题。问题不在于直接民主还是间接民主、自我代表还是他人代表。

两种制度都有好处，我们应该可以找出一些具有创意、以前没有使用过的方法来融合直接公民参与代议政治，创造一个新的半直接民主。

比如，我们可以仿照加利福尼亚州和奥地利的做法，对类似核发展等易起争论的问题举行全民投票；我们也可以不把最后的决策权直接交给选民，而是仍然由一个代表团（比如国会）来举行辩论，做最后的决定。

因此，如果民众投票支持核能，就把预定的选票分给国会中支持核能的人。他们得到大众的支持后，根据民众意愿的强烈程度，在国会中占有 10%~25% 的优势。这样做不会立刻采纳民众的意见，但是这些意见会占有一些分量。这是全民投票方式的一种变体。

还有许多其他方式可以用以融合直接民主和间接民主。现在国会和其他议会及立法机构的人员都设立了自己的委员会。普通民众无法强迫立法者创造一个委员会来处理一些被人忽视或引起争论的问题。可是为什么投票人不能通过请愿的方式直接敦促立法机构设立委员会，讨论大众而非立法者认为重要的问题呢?

我提出这些“不着边际”的意见，并不是因为我绝对赞成这些意见，而是想举出一个要点：有许多方法可以拯救这个濒临崩溃、不具代表性的制度，但是我们必须跳出过去 300 年来陈旧的思想轨道。我们不再能以第二次浪潮残余的心态、模式和结构来解决现在的问题。

这些新方法仍有很多不确定的后果，因此在大规模实施之前，我们必须先进行仔细的地方性试验。不论我们对各项提议的看法如何，反对直接民主的声浪都较以前更微弱，而反对代议民主的人数则较以前更为浩大，半直接民主在有些人眼中可能显得很危险、很怪异，但这是一个可以帮助我们设计未来新机构的和平原则。

决策分工

容纳更多的少数权力，让公民在自治活动中扮演一个更直接的角色，这些做法都是为时势所趋的，但是仍显不足。明日政治第三个重要的原则就是要打破决策的混乱状态，把决策放到适当的位置。这种做法并不是重新调配领导人物，而是针对政治无能所下的一剂解药，我称之为“决策分工”。

有些问题不能靠地方力量来解决，有些问题不能靠全国力量来解决，而有些问题则需要各方面同时行动。甚至最适当的解决机构并不在于一点，而是与时俱进。

要解决今日机构负荷太重所引起的决策混乱问题，我们必须将决策分开，然后重新分配——把问题分配到各个阶层，视问题性质更换决策单位。

今天的政治措施完全违背了这一原则。问题转手了，可是决策权仍留在原地，因此许多决策仍然集中于中央政府，而全国性行政机构的组织最为繁复。相反，国际性的决策不够，这方面的组织都还没有开发。此外，次级组织的决策太少，比如各地区、各州、各省、各地方及非地域性的社会团体。

我们曾经指出，全国政府所掌握的许多问题都已经超出了能力范围，对任何单一政府而言都嫌太大，因此，我们迫切需要设立新的国际性机构，将许多决策转交给新机构。比如，我们不能靠严格的国内立法来应付跨国企业无地域限制的权力，我们需要新的国际策略来建立和执行全球公司的行为准则。

就贿赂问题而言，美国公司的对外贸易受到美国反贿赂法规的严重影响，因为其他政府允许，甚至鼓励其厂商贿赂外国顾客。同样的道理，只要国际上没有适当的法规，遵守环保规定的跨国公司就会面临其他公司不公平的竞争。

我们需要国际粮食仓库和突发灾难救助组织；我们需要新的全球机构及早提出作物灾害警告，平衡重要资源的价格起伏，控制武器交易的蔓延；我们需要非政府联盟和组织来解决各种国际问题。

我们需要较为理想的机构来约束如脱缰之马的通货膨胀；我们需要在国际货币基金组织、世界银行、经济互助委员会、北大西洋公约组织等机构之外设立新的机构或将原有机构重新改组；我们必须设立新的机构来传播科技的优点，防止科技的不利影响；我们必须加速设立强大的国际机构来管理外太空和海洋；我们必须彻底整修僵化、官僚的联合国。

在国际事务上，我们仍然停留在原始、未开化的政治阶段，正如300年前工业革命开始时，我们对国内事务一无所知。把一些决策由国家交给更上层的单位，不仅可以使许多目前最迫切的问题得到有效的处理，而且可以减少中心单位“国家”的决策负担，决策分工势在必行。

把决策向上转移只完成了一半的工作，还有大量决策必须由中心向下转移。

这个问题也不是一道是非题。这不是绝对的分权和集权。问题是如何合理地重新分配决策，目前的制度过于强调集权，以致中央决策者无法消化不断涌入的新资料。

政治分权并不是民主的保证，邪恶的地方专制政体仍然有存在的可能。地方政治往往较中央政治更为腐化。同时，许多分权措施，比如尼克松政府的重组，只是为集权者利益着想的假分权。

虽然有这么多缺点，但是许多政府如果不大量转移中央权力，就不可能重建理性、秩序和管理“效率”。我们必须把大部分的决策向下转移。

这样做并不是因为浪漫的无政府主义者希望重建“乡村文明”，也不是因为有钱的纳税人愤慨地要求减少提供给穷人的福利，而在于任何一个政治组织（就连拥有IBM 370 计算机的银行也包括在内）都只能处理有限的信息，做出定质定量的决策，而现在的决策爆炸情形已经超出了政府的负荷量。

同时，政府制度必须和经济结构、信息系统及其他文明动态发生关系。今天，传统的经济学家没有注意到，我们正面临分散式的生产和经济活动。事实上，全国经济已经不再是基本的经济单位了。

正如我所强调的，我们在每一个全国经济单位之内都看到大规模、组织紧密的区域性经济单位崛起。这些次级经济单位彼此极不相同，各自拥有完全不同的问题，有的存在失业问题，有的则担心劳工短缺。比利时的瓦隆人抗议政府将工业移交给法兰德斯人，落基山一带各州拒绝成为西岸的“能源殖民地”。

华盛顿、巴黎、波恩划一的经济政策对这些次级经济单位产生相当不同的影响。同一经济政策对某一地区或某一工业有利，却会伤害其他地区或工业，因此许多经济政策必须授权给地方单位。

就企业界而言，我们不仅见到内部分权，而且发现依地理区域分权的情形（通用汽车公司的 280 位经理最近花了两天时间集会讨论如何打破官僚结构，分散中央权力）。《商业周刊》指出，“越来越多的公司把工厂和办公室迁往交通不便的地区，美国经济出现区域性不平衡的现象”。

这一切正反映出社会信息流程的大幅变化。随着中央权力的萎缩，我们已进入分散式通信时代。我们眼见无线电、磁带、计算机、私有电子邮政系统的蓬勃发展，这一切都朝分散的方向进展。

一个社会不可能分散经济活动、通信方式等重要事项而仍然维持集权的政府决策。

我们所需要的不是现行政治机构表面的改变。在预算控制、税赋、土地、能源和其他资源方面都可能掀起激烈的战争。决策分工绝非易事，但在过度集权的国家里这是绝对不可避免的。

我们一直把决策分工视为突破瓶颈的方法，让政治制度得以重新恢复活动。然而，这不是一蹴而就的事，因为执行这些原则不单是减轻全国政府的决策分量而已。基本上，领导阶层的结构改变，必须配合新兴文明的需要。

扩大领导阶层

对任何想要了解民主的人而言，“决策负荷”的观念非常重要。所有的社会都需要一定数量和质量的决策才能运行。事实上，每个社会都有自己独特的决策结构。所需的决策越多、越不同、越频繁、越复杂，政治的“决策负荷”就越重。分担这一负荷的方式会影响社会的民主程度。

在工业社会之前，劳动分工还很粗放，变化也很缓慢，推动事务进行的政治和管理决策很少，决策压力很小。受过一点儿教育、非专业化的领导阶层就可以独立处理事情，自行承担整个决策压力。

我们现在所谓的民主是在决策负荷突然超过旧领导阶层的应付能力时才产生出来的。第二次浪潮的来临带来了贸易扩张、精细的劳动分工，社会跃入一个复杂的新阶段，当时决策混乱的情形正和今日第三次浪潮时代一样。

结果，旧领导团体的决策能力被否定了，人们不得不起用新的领导阶层和分支领导阶层来应付决策负荷。革命性的新政治机构也因而崛起。

工业社会日趋复杂，领导阶层也不得不继续起用新人手帮助他们处理繁重的决策。这一不可见的政治程序使越来越多中产阶层进入政治圈内。决策的需求增加，行政机构的分支部门增加，也必须起用更多人手。

第二次浪潮国家许多激烈的政治冲突都和领导阶层的新职位分配有关，比如美国黑人要求统一，英国工会会员要求平等的教育机会，妇女争取政治权利。

然而，在任何时期，政府领导阶层所能吸收的人员都有一个限度，而这一限度是依决策压力的分量而定的。

不论第二次浪潮社会如何掩饰，许多人都在种族、性别等考虑下被排除于领导阶层之外。经过一段时间，社会跃入一个更为复杂的新境界，决策负荷加重，原先被排斥的团体意识到这个新机会，就会努力争取平等的权利，领导阶层也会因而把门开得大一点儿，整个社会可以感受到更为民主的气氛。

如果这番景象大致不差，我们可以看出民主的程度不尽是仰仗文化、战斗的勇气、滔滔雄辩、政治意向，最重要的还是社会的决策压力。沉重的压力终究得通过更民主的参与方式分摊给大众。只要社会制度的决策压力不断加大，民主就不是一个抉择问题，而是演化上的必然现象，否则制度无法维持。

这些状况表明我们正处于另一个民主进步的边缘。决策爆炸的现象使我们的总统、首相、政府制度备受打击，然而却也是工业革命以来首度为我们揭开一个令人兴奋的远景——大幅度的政治参与。

未来的主要竞争

新政治机构的需要也反映出我们对新家庭、教育机构和企业机构的需要，同时牵连我们在新能源基础、新科技、新企业方面的研究。政治上的需要也反映出通信技术的变动和重建与非工业世界之关系的需要。总之，这些不同领域的激烈变化都反映在政治方面。

如果我们不了解其中的关联，就不可能掌握周围发生的大事。今天最重要的政治冲突不再是贫富、种族、贵族、资本主义与共产主义之争，决定性的争执在于支持维护工业社会的人和准备超越这一阶段的人之间的冲突，这是明日的主要竞争。

其他传统的冲突，比如阶层、种族、意识形态，并不会消失。

如前所述，这些冲突可能会愈演愈烈，尤其是当我们必须经历大规模的经济动荡时。所有的这些冲突都会融入主要竞争之内，因为这一竞争的范围遍及所有的人类活动，从艺术与性到商业与选举。

这就是为什么我们发现有两场政治斗争同时向我们逼近。一方面，我们见到第二次浪潮团体惯有的政治冲突，彼此争夺眼前的利益；另一方面，更深入地看，这些传统的第二次浪潮团体联合反对第三次浪潮新兴的政治势力。

这也就是为什么我们现存的政党虽然在结构和意识上都非常落伍，但是彼此的形象十分酷似。民主党和共和党、保守党和工党、基督教民主党和戴高乐主义者、自由党和社会党，撇开其间的差异不谈，都是第二次浪潮的党派。这些党派虽然在内部争权夺利，但是基本上都在尽力保护没落的工业秩序。

换言之，我们这一代最重要的政治发展就是两大阵营的崛起，一个阵营致力于第二次浪潮文明，另一个阵营则致力于第三次浪潮文明。一个阵营固执地要保守工业社会的重要机构——核心家庭、划一的教育制度、庞大的企业、统一的工会、集权的国家、代议政府的政治；另一个阵营认识到今日最迫切的问题——从能源、战争、贫穷到生态破坏和家庭关系的崩溃，不能再用工业文明的架构来解决。

这两个阵营之间的界限还不是十分明显。就个人而言，我们大多数人都是脚踏两条船，情况仍然很暧昧。同时，每个阵营中都有许多团体各自追求其狭隘的利益，而没有放眼全局的见识。虽然任何一个阵营都没有一个统一的道德标准，但是双方都不乏有识之士。然而，这两种政治组合之间的差异不可以道里计。

卫护第二次浪潮的人士反对少数权力，他们讥笑直接民主是“民粹主义”，不赞成分权、区域主义、多样化，抗议分散学校的措施，保护落伍的能源制度，推崇核心家庭，轻视生态问题，强调工业时代传统的国家主义，反对朝更公平的世界经济秩序发展。

相反，第三次浪潮的势力赞成由少数团体分享权力的民主制度，他们打算实施更直接的民主政治，支持国际主义，也赞成转移基本的权力。他们希望打破庞大的官僚制度，希望在核心家庭之外能给人更多的选择余地，争取更独特、更不划一的学校，很重视环境问题，认识到必须重建一个更平衡、更合理的世界经济制度。

最重要的是，当第二次浪潮的保护者还在大玩传统的政治游戏时，第三次浪潮的人已经开始怀疑所有的政治候选人及政党（即使是新的政党也不例外），他们意识到和我们生死攸关的重大问题不可能在目前的政治结构中得到解决。

第二次浪潮的阵营中包括了社会上大多数的名义权力持有者——政界人士、商人、工会领袖、教育家、大众传播首脑，不过他们中有很多人也为第二次浪潮不甚妥当的世界观而感到忧心忡忡。虽然第二次浪潮阵营仍然声称他们获得大多数人民自发的支持，但是在各阶层民众之间弥漫着悲观的气氛和觉醒的意念。

第三次浪潮的支持者很难定型，有些人是大企业的首脑，有些人是与企业作对的热心的消费者权益保护者；有些人是紧张的环境至上者，有些人则更关心性别角色、家庭生活和个人成长；有些人只专注于开发新的能源，有些人则乐见通信革命所带来的民主社会。

有些人是第二次浪潮的右派，有些人是第二次浪潮的左派——自由市场推动者及自由化运动者、新社会主义者、妇女运动者、民权运动者、以往的嬉皮士、正派中最正派者；有些人是和平运动的长期推行人，有些人则从来没有参加过游行示威；有些人是虔诚的教徒，有些人则是绝对的无神论者。

学者可能会滔滔不绝地讨论这个散漫的团体可不可以被称为一个“阶级”，如果称为阶级，那么这是不是一个由教育水准很高的信息工作人员、知识分子和技术人员组成的“新阶级”。当然，在第三次浪潮阵营中有许多是受过高等教育的人。当然，许多人直接参与信息的生产与传播，或加入服务业，如果要在称呼上做文章，我们也可以称他们为一个阶级，但是这样做，我们还是一头雾水。

事实上，把工业社会推向多样化的主要团体中包括相对受教育程度极低的少数民族团体，这些团体的成员中许多都不是手提公文包的知识工人。

竭力打破第二次浪潮社会固定角色的妇女应该归入哪一类？加入自助运动的几百万民众又如何呢？许多不能够嵌入阶级观念的“精神受害者”又怎么说呢，比如无数寂寞的牺牲者、破裂家庭和单亲家庭的成员、性行为与众不同的少数人？这些人可能来自社会上任何阶层、任何职业，然而他们都是第三次浪潮运动重要的力量来源。

事实上，连“运动”这个字眼都用得不准确，因为这个字眼暗示着较目前之境界为高的共同意识，而且第三次浪潮的人不再信任过去所有的划一运动。

然而，不论这些人是构成一个阶层、一种运动，还是单单作为一个变动的个人和短暂的团体，他们对旧日的制度都有一层深切的领悟，共同认识到旧的制度现在已经破败得不可收拾了。

这些第二次浪潮势力和第三次浪潮势力之间的主要竞争在阶层、党派、年龄、种族、性偏好和支流文化之间画了一道锯齿状的线条。我们的政治生活因而得以重新排列组合。未来社会不是一个没有阶层、没有冲突、没有意识形态的存在，在最近的未来，危机日益严重，社会极不安定。许多国家都会出现大量的政治纷争，所争夺的不是谁将从工业社会的废墟中获利，而是谁将参与塑造和控制继起的社会。

这一主要竞争必然会影响明日的政治及新文明的形态。在这场竞赛中，不论我们有没有觉察到，我们每个人都扮演着一个角色。这个角色可能是破坏性的，也可能是建设性的。

创新的使命

有些时代是为创造而生的，有些时代则是为保有一种文明而生的。掀起历史上第二次浪潮变动的时代受环境所迫不得不成为创造者。孟德斯鸠、穆勒、麦迪逊等各派人士发明了我们目前袭用的大多数政治体制。他们生活在两种文明的夹缝之间，注定要负起创新的使命。

今天，在社交生活的各个领域，在家庭、学校、企业和教会，在能源制度和通信系统等各方面，我们都需要去创造新的第三次浪潮形态，成千上万的人在许多国家里已经起步了。然而，最落伍、最危险的莫过于我们的政治领域。今天在任何领域内我们都找不到像这么缺乏想象力、缺乏实验精神、缺乏自发的热忱去策划改变的制度。

就连在自己的工作岗位上敢于创新的人（不论是在律师事务所、实验室、厨房、教室还是公司），似乎都怯于指出我们的法律和政治制度已经落伍，需要彻底的修正。政治改革的风险很高、前途堪忧，因此现状似乎突然成为最美好的世界。

相反，在每个社会里都有一群假革命分子沉迷于落伍的第二次浪潮的假设，对这些人来说，没有一种改变称得上激烈。无政府浪漫主义者、左翼激进分子、温室的游击队、只对神负责的恐怖分子，梦想出现集权科技统治或中世纪乌托邦。我们已经冲入新的历史领域，他们却还在昨日发黄的政治制度中大做革命美梦。

然而，随着第二次浪潮人士和第三次浪潮人士之间的竞争日益激烈，我们面前出现的不是以往革命戏剧的再现，没有“前进派”引导大众推翻统治阶层，没有由恐怖主义促成的自发式的群众动乱。第三次浪潮文明的新政治制度不是来自单一的剧烈动乱，而是各地、各阶层几十年无数革新与冲突的结果。

在迈向明日的途中，暴力仍然可能出现。从第一次浪潮转向第二次浪潮文明，经历了长期的浴血战争、叛乱、饥荒、强迫迁移、武力改变和浩劫。今天代价更大，时间更短，速度更快，风险也更高。

后果大半须视今日各领导阶层的韧性和智慧而定。如果这些领导团体和以往大多数统治集团一样短视、僵化、恐惧，他们会竭力压抑第三次浪潮，致使暴力和毁灭的风险变得更高。

相反，如果他们顺应第三次浪潮的潮流，如果他们了解必须建立更开放的民主制度，事实上可以加入创造第三次浪潮文明的行列，正如最明智的第一次浪潮领导阶层预见科技化工业社会的来临，即投身于创造时代的工作。

我们大多数人都知道或感觉到我们生存的世界有多么危险；我们知道社会不安和政治动荡可以造成暴戾之气；我们知道战争和经济变动的结果如何，也记得集权主义往往来自高贵的动机和社会的崩溃。然而，大多数人似乎都忽略了现在和过去具有积极意义的不同之处。

各国的情况不同，但是在历史上从来没有这么多受过良好教育的人，具备各行各业的知识；从来没有这么多人享受过这么富裕的生活，经济也许不稳定，但是足够的收入使他们能够将时间和精力分配给社会问题与社会活动；从来没有这么多人能够旅行，去交换和学习其他文化；最重要的是，从来没有这么多人只要保证进行和平的改革（必要和彻底的改革）就能大有所获。

领导阶层不论多么聪明，都无法自行创造一个新文明。全体人民的努力仍是不可或缺的，但是这些努力有待发掘。事实上，如果我们身为高科技国家的成员能够订下明确的目标，为下一代创造出全新的机构和法律，我们就能够发掘出比能源还要有力的“集体创造力”。

根据上述 3 项原则——少数权力、半直接民主、决策分工，我们越早着手设计新政治机构，和平移转的机会就越大。会增加危险的不是改革本身，而是阻止改革的企图。盲目地保护落伍的观念会造成流血的危险。

也就是说，要“避免”暴力动乱，我们必须现在就开始关注世界性的政治结构落伍之问题。我们不仅要就这个问题请教于专家、宪法学者、律师、政界人士，而且要请教一般民众——人民组织、工会、教会、妇女团体、少数民族、科学家、家庭主妇、商人。

我们必须举行大规模的公众辩论，讨论配合第三次浪潮文明需要的新政治制度。我们需要以会议、电视节目、竞赛、模拟练习、宪法实验会议的方式来激发富有想象力的政治重组计划，挖掘各种新颖的构想。我们应该使用最为先进的工具，从人造卫星、计算机到录像带、双向电视。

没有人清楚地知道未来是什么模样，或者第三次浪潮社会最重视什么。因此，我们不应该只想到由上而下的一次集体重组或一项革命性的改变，而要同时想象出成千上万个自动自发的小型试验，在地方和区域事务上试验新的政治决策，然后再应用到全国和国际事务上。

同时，我们必须开始在全国和国际机构的选民组成上进行类似的试验和全新的设计。今天反对第二次浪潮政府的怒气、怨气和觉悟可以被视为要求独裁领导的狂热，也可以被导入民主重建的工作。

我们借着大规模的社会学习方式，在许多国家同时进行更民主的试验，就可以驱散集权主义的狂热。我们可以让人们对即将来临的错乱与危机有所准备，也可以技巧性地对现行政治制度施加压力，以加快改革的速度。

没有这些基层的强大力量，我们不可能指望许多今日的挂名领导人物向制度挑战，这个制度不论怎么落伍，都给了他们声望、金钱和权力的幻觉，即便不是权力的试验。部分见识不凡的政界人士和行政人员会乐于支持政治移转活动，但是大多数人只会在外界需要不可抗拒或危机严重、濒于暴力、无计可施时才采取行动。

因此，改革的责任在我们身上。我们必须从自己开始，训练自己不要封锁心灵，忽视新鲜、突兀、似乎很前卫的意见。也就是说，我们不要盲目指责任何新建议不切实际，坚持现存的一切才合乎实际，而不管现状多么荒谬、多么无理、多么窒碍难行。我们要争取表达的自由，人们有表达意见的权利。

最重要的是，重建工作现在就要开始，不要等到现行政治制度解体、专制铁蹄横行、无法和平转入 21 世纪民主时才后悔莫及。

如果我们现在开始，我们和我们的子女可以加入令人兴奋的重建工作，不仅重新修正我们落伍的政治结构，而且兼及文明本身。

就像革命先辈一样，我们的使命注定是创造未来。